# 站用交直流电源系统典型故障诊断与分析

EPTC 直流电源系统专家工作委员会　组编

李平　朱林　主编

中国电力出版社
CHINA ELECTRIC POWER PRESS

# 内 容 提 要

本书紧密结合变电站站用交直流电源系统实际应用情况,全面系统地归纳了站用交直流电源系统各种典型故障原因、处置方法及新一代交直流电源系统发展前景与展望等。全书共分 7 章,包括站用交直流电源系统概述、站用交流电源系统典型故障诊断与分析、站用直流电源系统典型故障诊断与分析、蓄电池故障分析与处理、DC/DC 变换电源及电力用不间断电源典型故障诊断与分析、交直流电源系统故障诊断与运维新技术、交直流电源运维设备。

本书可供从事站用交直流电源系统运维的管理岗位人员、技术人员、一线员工和研究制造行业相关人员使用,也可供对站用交直流电源系统技术和发展感兴趣的读者学习参考。

**图书在版编目(CIP)数据**

站用交直流电源系统典型故障诊断与分析/EPTC 直流电源系统专家工作委员会组编;李平,朱林主编 .—北京:中国电力出版社,2024.9

ISBN 978-7-5198-8918-0

Ⅰ.①站⋯ Ⅱ.①E⋯ ②李⋯ ③朱⋯ Ⅲ.①变电所－交流电－电源－故障诊断 ②变电所－直流电源－故障诊断 Ⅳ.①TM63

中国国家版本馆 CIP 数据核字(2024)第 099116 号

出版发行:中国电力出版社

地　　址:北京市东城区北京站西街 19 号(邮政编码 100005)

网　　址:http://www.cepp.sgcc.com.cn

责任编辑:杨淑玲(010-63412602)

责任校对:黄　蓓　常燕昆

装帧设计:王红柳

责任印制:杨晓东

印　　刷:廊坊市文峰档案印务有限公司

版　　次:2024 年 9 月第一版

印　　次:2024 年 9 月北京第一次印刷

开　　本:787 毫米×1092 毫米　16 开本

印　　张:12.75

字　　数:299 千字

定　　价:82.00 元

# 本书编委会

主　　编　李　平　朱　林

副 主 编　田孝华　刘　垚　王瑞宏　刘磐龙

顾问专家　赵宝良　樊树根　杨忠亮　王　洪

编写人员（排名不分先后）

苗树国　李秉宇　田金虎　杨　扬　马鑫晟

赵应春　王中杰　吴志琪　王英明　杨　帅

郑永青　吕伟钊　马　磊　苏　平　孙耀斌

罗　鑫　李　博　袁文迁　陈凌宇　李　谦

赵文庆　吴玉柱　巨或龙　刘　斌　张　源

黄　开　牛方华　吴　曦　杨世皓　崔力心

王永年　胡　波　黄　南　徐玉凤　马延强

王　斌　肖术明　孙　毅　黎　锋　顾范华

杨朋静　丁子凡

# 本书参与单位

组编单位　EPTC 直流电源系统专家工作委员会

支持单位　国家电网有限公司

国网宁夏电力有限公司

国网陕西省电力公司

深圳供电局有限公司

国网冀北电力有限公司张家口供电公司

国网辽宁省电力有限公司电力科学研究院

国网天津市电力公司

国网重庆市电力公司

国网山西省电力公司

国网河北省电力有限公司

国网河北省电力有限公司电力科学研究院

国网冀北电力有限公司电力科学研究院

国网重庆市电力公司超高压分公司

中能国研（北京）电力科学研究院

国网浙江省电力有限公司

国网黑龙江省电力公司哈尔滨供电公司

贵州电网有限责任公司

贵州电网有限责任公司电力科学研究院

国网甘肃省电力公司

华电电力科学研究院有限公司

国网江苏省电力有限公司无锡供电分公司

国网上海市电力公司

河北创科电子科技有限公司

广州市仟顺电子设备有限公司

深圳市泰昂能源科技股份有限公司

珠海泰坦科技股份有限公司

福州福光电子有限公司

浙江浙能电力股份有限公司

# 前　　言

随着电网规模不断扩大及电网新技术不断升级应用，站用交直流电源系统对变电站安全稳定运行的影响日益深远，其安全与稳定直接关系到变电站正常运行与功能的发挥。因此，有效解决变电站交直流电源系统在应用过程中出现的故障，可以促进变电站工作水平与质量的提高，从而提升整个电网的安全稳定运行。

本书主要围绕变电站交直流电源系统运行维护工作中的关键环节，重点对站用交直流电源系统的实际应用情况和故障处理现状进行分析，详细阐述了变电站交直流电源系统的基本组成、运行维护要点、常见故障类型、新技术应用等，提出了规范标准的站用交直流电源系统典型故障诊断与分析方法，为站用交直流电源系统的故障处理提供参考，以期对促进站用交直流电源系统的可靠运行和进一步创新发展有所裨益。

本书共分 7 章，主要内容有站用交直流电源系统概述、站用交流电源系统典型故障诊断与分析、站用直流电源系统典型故障诊断与分析、蓄电池故障分析与处理、DC/DC 变换电源及电力用不间断电源典型故障诊断与分析、交直流电源系统故障诊断与运维新技术、交直流电源运维设备。本书紧密结合站用交直流电源系统实际应用情况，全面系统地归纳了站用交直流电源系统各种典型故障原因、处置方法及新一代交直流电源系统发展前景与展望等。

本书在编写的过程中，得到了国家电网有限公司、国网宁夏电力有限公司、EPTC 电力技术协作平台等单位领导和专家的大力支持。同时，本书在编写过程中也参考了一些业内专家和学者的著作，在此一并表示衷心的感谢。

由于当前科学技术发展日新月异，站用交直流电源系统关键技术发展迅速，产品不断更新，应用不断扩展，加上编写时间紧，书中难免有疏漏和不足之处，诚挚欢迎业内同行和广大读者提出宝贵意见和建议。

编者

2024 年 8 月

# 目　　录

# 第1章 站用交直流电源系统概述

站用交直流电源系统是保障变电站（升压站、降压站、用户站、开关站、串补站、换流站等统称为"变电站"）站内设备安全、可靠运行的重要组成部分，担负着站内所有电气设备、辅助控制系统可靠运行以及连续供电的关键任务，主要由交流电源系统、直流电源系统、不间断电源系统等部分组成，站用交直流电源系统构架如图1-1所示。

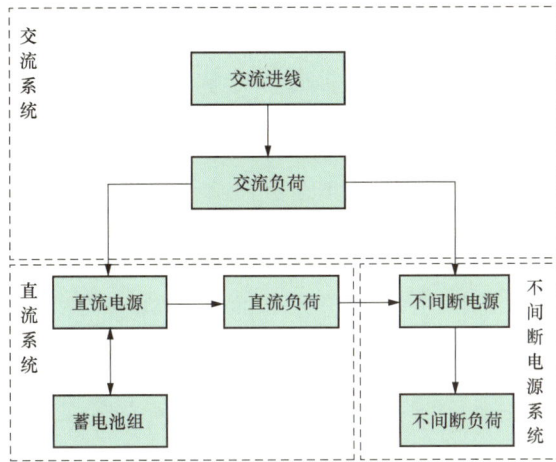

图1-1 站用交直流电源系统构架

## 1.1 站用交流电源系统

站用交流电源是变电站的重要组成部分，通常承担着变电站断路器储能、主变压器冷却器运行、直流系统供电、不间断电源系统供电、设备加热电源、照明生活电源等重要负荷的供电任务，站用交流电源系统框架如图1-2所示。

### 1.1.1 配置原则

交流电源配置与变电站的电压等级、运行方式和供电重要性相适应，一般应从不同主变压器低压侧引接2回容量相同、可互为备用的工作电源，重要变电站增配1～2路站外电源。

当初期只有1台主变压器时，35kV变电站应从主变压器电源进线断路器前T接1回工作电源；远期扩建第2台主变压器时，宜从该变压器低压侧引接第2回工作电源。当终期为1台主变压器时，工作电源宜从主变压器电源进线断路器前T接，并从变压器低压侧引接第2回工作电源。对于初期只有1台主变压器的110（66）～

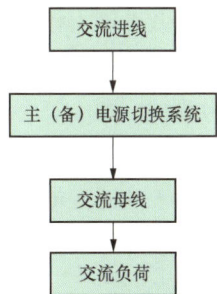

图1-2 站用交流电源系统架构

220kV 变电站除从其低压侧引接 1 回工作电源外，还应从站外引接 1 回可靠的电源，变电站的站外引接电源应独立可靠，不应取自本站作为唯一供电电源的变电站，本站全停时站外电源仍能可靠供电，两回工作电源低压侧主要有两种接线形式，图 1-3 所示为 2 台站用变压器 ATS 典型接线，图 1-4 所示为 2 台站用变压器非 ATS 典型接线。

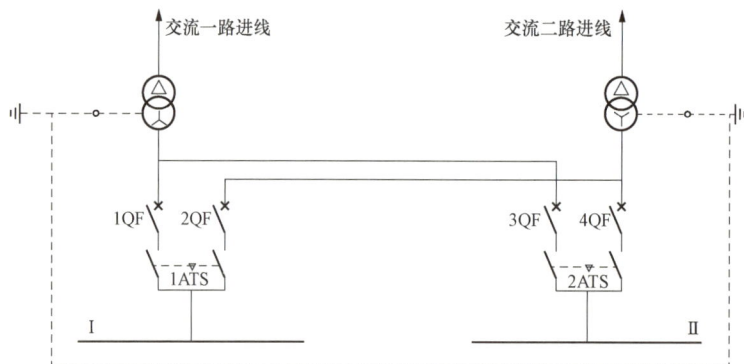

图 1-3　2 台站用变压器 ATS 典型接线

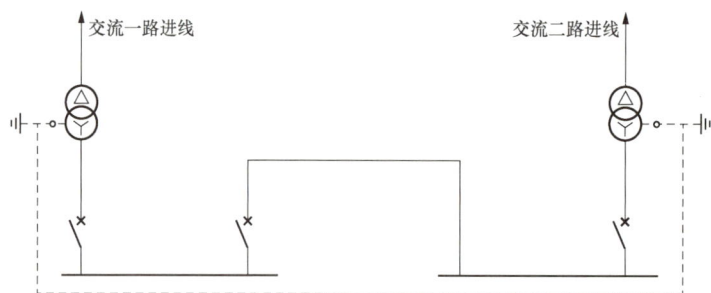

图 1-4　2 台站用变压器非 ATS 典型接线

330~1000kV 变电站站用交流电源应从不同主变压器低压侧分别引接 2 回容量相同、可互为备用的工作电源，并从站外引接 1 回可靠站用备用电源。330~750kV 变电站初期只有 1 台变压器时，除从其低压侧引接 1 回电源外，还应从站外引接 1 回可靠的电源，当周边地区难以引接站外可靠电源时，可配置专用应急电源。1000kV 变电站初期只有 1 台变压器时，除从其低压侧引接 1 回电源外，宜再从站外引接 2 回来自两个不同变电站的可靠电源，当周边地区难以引接第 2 回站外可靠电源时，可配置专用应急电源，目前 3 回站用交流电源典型分为两种，图 1-5 所示为 3 台站用变压器 ATS 典型接线，图 1-6 所示为 3 台站用变压器非 ATS 典型接线。

由于地下变电站环境的特殊性，应考虑全站停电时通风、消防、排水等负荷的使用要求，需从站外引接 1 回可靠的站用备用电源，难以引接站外可靠电源时，应配置专用应急电源。

开关站应从站外引接 2 回可靠电源，当站内有高压并联电抗器时，其中 1 回可采用高压电抗器抽能电源。串补站应从站外引接 2 回来自两个不同变电站的可靠电源。对于可控串补

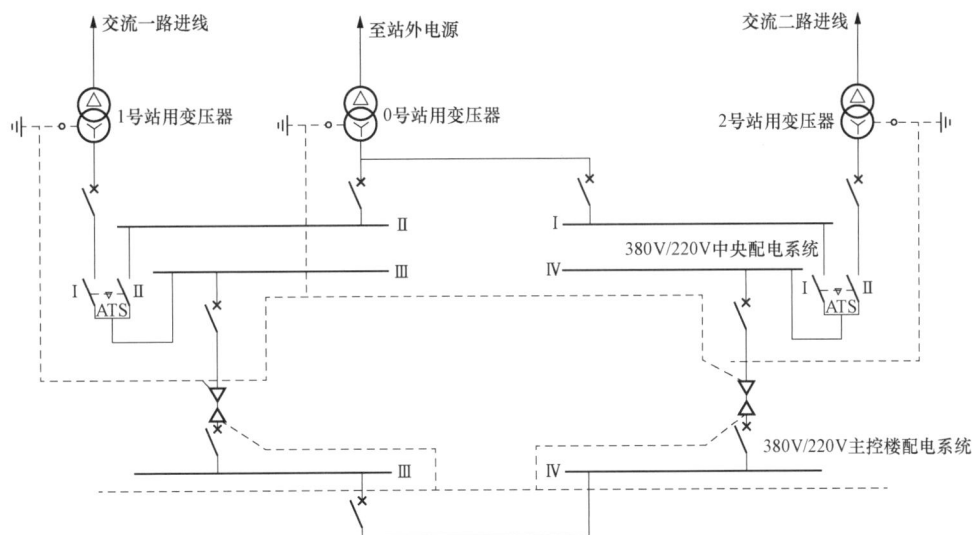

图 1-5　3 台站用变压器 ATS 典型接线

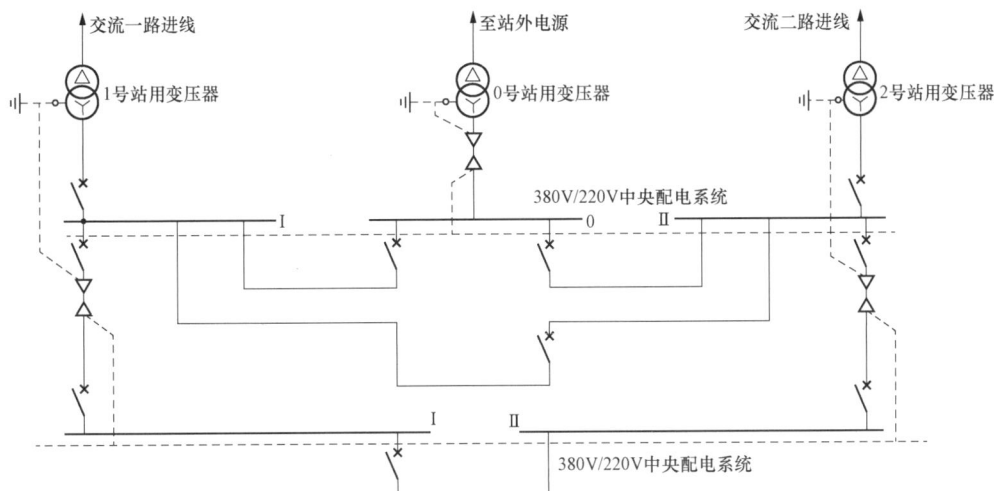

图 1-6　3 台站用变压器非 ATS 典型接线

站，根据可控串补装置在系统中的地位和作用，经论证后可再增设 1 回交流电源。

## 1.1.2　系统接地方式

在低压配电系统中有 TT、TN 和 IT 接地方式，IT、TT、TN 的第一个字母表示电源端与地的关系，T 表示电源变压器中性点直接接地，I 表示电源变压器中性点不接地或通过高阻抗接地。IT、TT、TN 的第二个字母表示电气装置的外露可导电部分与地的关系，T表示电气装置的外露可导电部分直接接地，此接地点在电气上独立于电源端的接地点；N 表示电气装置的外露可导电部分与电源端接地点有直接电气连接，目前变电站站用交流接地普遍采用 TN 接地方式。IT、TT 接地方式如图 1-7 所示。

TN 接地方式即电源中性点直接接地，是设备外露可导电部分与电源中性点直接电气连

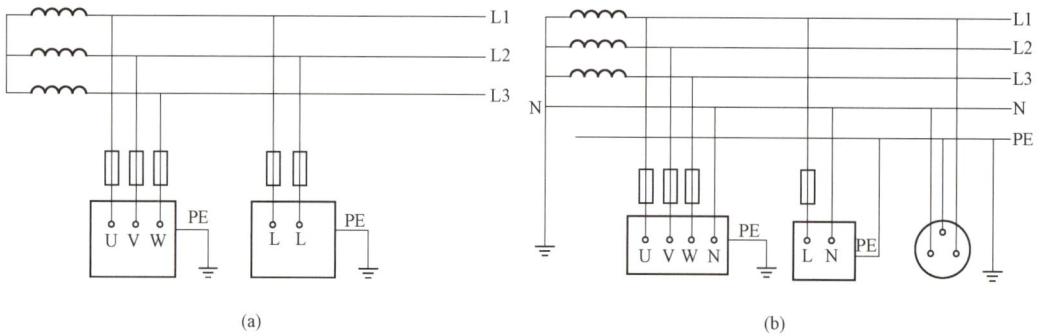

图 1-7 IT、TT 接地方式

（a）IT 系统；（b）TT 系统

接的系统。在 TN 接地方式中，所有电气设备的外露可导电部分均接到保护线上，并与电源的接地点相连，这个接地点通常是配电系统的中性点，电气装置的外露可导电部分通过保护导体与该点连接。TN 接地方式通常是一个中性点接地的三相电网系统。其特点是电气设备的外露可导电部分直接与系统接地点相连，当发生碰壳短路时，短路电流即经金属导线构成闭合回路，形成金属性单相短路，从而产生足够大的短路电流，使保护装置能可靠动作，将故障切除。如果将工作零线 N 重复接地，碰壳短路时，一部分电流就可能分流于重复接地点，会使保护装置不能可靠动作或拒动，使故障扩大化。

在 TN 接地方式中，也就是三相五线制中，因中性线 N 线与保护线 PE 线是分开敷设，并且是相互绝缘的，同时与用电设备外壳相连接的是 PE 线而不是 N 线。因此我们所关心的最主要的是 PE 线的电位，而不是 N 线的电位，所以在 TN-S 系统中重复接地不是对 N 线的重复接地。如果将 PE 线和 N 线共同接地，由于 PE 线与 N 线在重复接地处相接，重复接地点与配电变压器工作接地点之间的接线已无 PE 线和 N 线的区别，原由 N 线承担的中性线电流变为由 N 线和 PE 线共同承担，并有部分电流通过重复接地点分流。由于这样可以认为重复接地点前侧已不存在 PE 线，只有由原 PE 线及 N 线并联共同组成的 PEN 线，原 TN-S 接地方式所具有的优点将丧失，所以不能将 PE 线和 N 线共同接地。

TN 接地方式中，根据其保护零线是否与工作零线分开而划分为 TN-S、TN-C、TN-C-S 三种接地方式。

1. TN-C 接地方式

如图 1-8 所示，在 TN-C 接地方式中，将 PE 线和 N 线的功能综合起来，由一根称为 PEN 线的导体同时承担两者的功能。在用电设备处，PEN 线既连接到负荷中性点上，又连接到设备外露的可导电部分。由于它所固有技术上的种种弊端，现在已很少采用，尤其是在民用配电中，已基本上不允许采用 TN-C 接地方式。

TN-C 接地方式的特点如下：

（1）设备外壳带电时，接零保护系统能将漏电电流上升为短路电流，实际就是单相对地短路故障，熔丝会熔断或自动开关跳闸，使故障设备断电，比较安全。

（2）TN-C 接地方式只适用于三相负载基本平衡的情况，若三相负载不平衡，工作

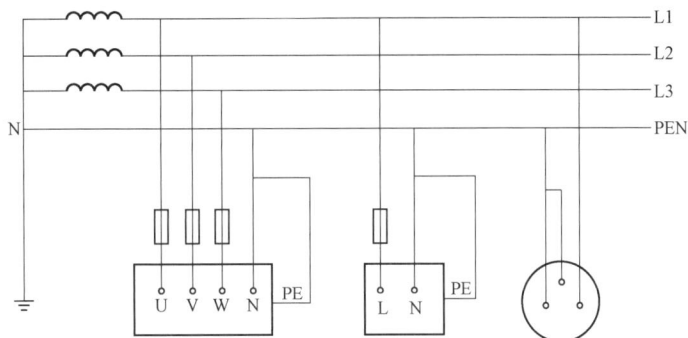

图1-8 TN-C接地方式接线图

零线上有不平衡电流，对地有电压，则与保护线所连接的电气设备金属外壳有一定的电压。

（3）如果工作中性线断线，则保护接零的通电设备外壳带电。

（4）如果电源的相线接地，则设备的外壳电位升高，使中线上的危险电位蔓延。

（5）TN-C接地方式干线上使用漏电断路器时，工作零线后面的所有重复接地必须拆除，否则漏电开关合不上闸，而且工作零线在任何情况下都不能断线。所以，实用工作中零线只能在漏电断路器的上侧重复接地。

2.TN-S接地方式

如图1-9所示，TN-S接地方式中性线N与TT系统相同，与TT系统不同的是，用电设备外露可导电部分通过PE线连接到电源中性点，与系统中性点共用接地体，而不是连接到自己专用的接地体，N线和保护线PE线是分开的。TN-S接地方式的最大特征是N线与PE线在系统中性点分开后，不能再有任何电气连接，这个条件一旦破坏，TN-S接地方式便不再成立。

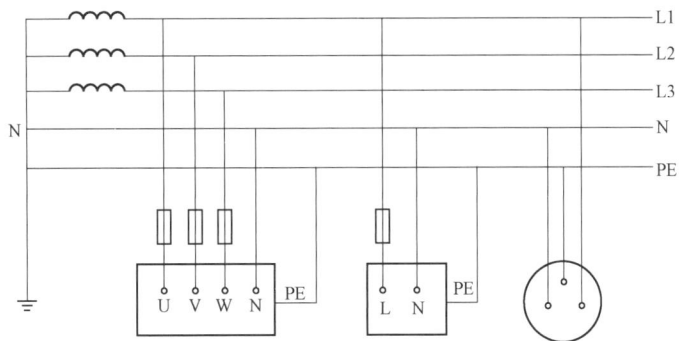

图1-9 TN-S接地方式接线图

TN-S接地方式的特点如下：

（1）系统正常运行时，专用PE线上没有电流，只是N线上有不平衡电流。PE线对地没有电压，所以电气设备金属外壳接零保护是接在专用的保护线PE线上，安全可靠。

（2）专用保护线PE线不许断，也不许进入漏电开关。

（3）干线上可使用漏电保护器，所以 TN - S 系统供电干线上也可以安装漏电保护器。

（4）TN - S 方式供电系统安全可靠，适用于工业与民用建筑等低压供电系统。

### 3. TN - C - S 接地方式

如图 1 - 10 所示，TN - C - S 接地方式是 TN - C 和 TN - S 接地方式的结合形式，在 TN - C - S 接地方式中，从电源出来的一段采用 TN - C 接地方式。因为在这一段中无用电设备，只起电能的传输作用，到用电负荷附近某一点处，将 PEN 线分开形成单独的 N 线和 PE 线。从这一点开始，相当于 TN - S 接地方式。

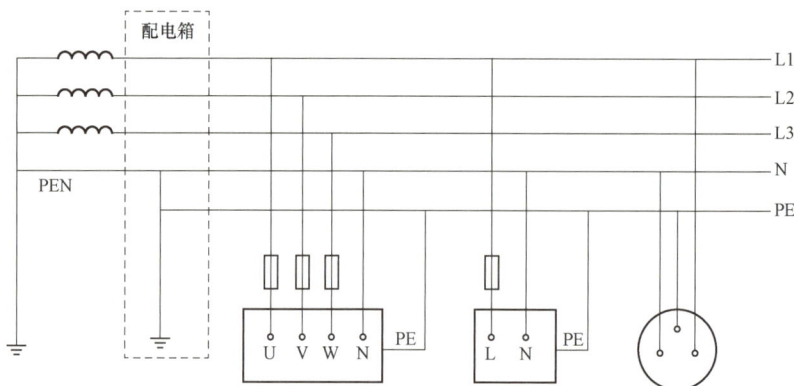

图 1 - 10    TN - C - S 接地方式接线图

TN - C - S 接地方式的特点如下：

（1）TN - C - S 接地方式可以降低电动机外壳对地的电压，然而又不能完全消除这个电压。这个电压的大小取决于负载不平衡的情况及线路的长度。要求负载不平衡电流不能太大，而且在 PE 线上应做重复接地。

（2）PE 线在任何情况下都不能进入漏电保护器，因为线路末端的漏电保护器动作会使前级漏电保护器跳闸造成大范围停电。

（3）对 PE 线除了在总箱处必须和 N 线连接以外，在其他各分箱处均不得把 N 线和 PE 线相连接，PE 线上不许安装开关和熔断器。

实际上，TN - C - S 接地方式是在 TN - C 接地方式上变通的做法。当三相电力变压器工作接地情况良好、三相负载比较平衡时，TN - C - S 接地方式在施工用电实践中效果还是不错的。但是，在三相负载不平衡、建筑施工工地有专用的电力变压器时，必须采用 TN - S 接地方式。整个系统应全部采用单独的 PE 线，装置的 PE 线可另外增设接地。同时考虑变电站接地网敷满整座变电站且接地性能良好，站用低压交流电源系统各馈出回路存在五线制（有单独 PE 线）、四线制（将接地网作为 PE 线）等不同接线方式，均可视为 TN - S 接地方式。对于全户内、半户内或地下站站用交流电源系统，接地方式应为 TN - S 接地方式。

对于一个具有多电源的 TN 接地方式，在设计不适当的情况下，一些工作电流就可能通过不期望的路径流通，这些电流可能引起火灾、腐蚀、电磁干扰等。对于户外站，站用交流电源系统接地方式可采用 TN - C - S，如图 1 - 11 所示，图中多电源系统为以满足电磁兼容性

（EMC）要求为唯一目的的 TN-C-S 接地方式。

多电源 TN-C-S 接地方式运行中应注意以下要点：

（1）不应在变压器的中性点或发电机的星形点直接对地连接。

（2）变压器的中性点或发电机的星形点之间相互连接的导体应是绝缘的，这种导体的功能类似于 PEN；然而，不得将其与用电设备连接。

（3）在诸电源中性点间相互连接的导体与 PE 导体之间，应只连接一次，这一连接应设置在总配电屏内。

（4）对装置的 PE 导体可另外增设接地。

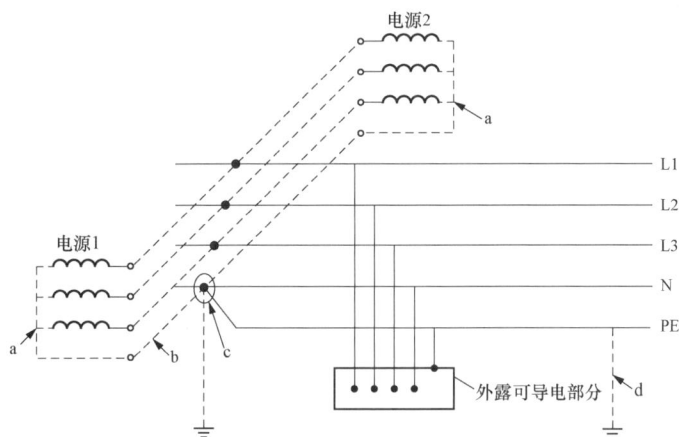

图 1-11  多电源 TN-C-S 接地方式

对于多电源系统在总配电屏内一点接地后，配电回路采用三相四线制时，中性线不再重复接地，将变电站接地网看作独立 PE 线的接地方式，视为非典型的 TN-C-S 接地方式，在交流配电柜后为非典型 TN-S 接地方式。

### 1.1.3  组件功能

站用交流电源系统一般由站用变压器、切换装置、交流配电柜（屏）、交流断路器、低压交流电缆、供电负荷以及监控装置等组成。

#### 1. 站用变压器

站用变压器作为整个站用交流电源系统的主要设备，起到变换电压作用，将主变压器低压侧或外接电源高压变换为站用交流电压，一般为 400V，目前常见站用变压器有油浸式变压器、干式变压器。油浸式变压器绝缘介质是油，冷却方式有自冷、风冷，其优点是冷却效果好，可以满足大容量。干式变压器结构简单，一般不需要维护，占用空间少，方便判断故障，干式变压器绕组散热利用空气自然散热或强迫风冷（用风机强迫空气对流），没有火灾、爆炸、污染等问题，属环保型产品，主要是应用在需"防火、防爆"的场所，一般大型建筑、高层建筑上宜采用。

#### 2. 切换装置

交流切换开关是当工作电源因故障或其他原因消失后，能迅速自动地将备用电源投入工作，使工作电源被断开的负荷不致停电的一种装置。交流切换装置主要有 3 种：一是接触器（电磁式）切换装置；二是微机型备自投切换装置；三是自动切换开关电器（ATSE）。

（1）接触器（电磁式）切换装置功能介绍。

接触器切换回路以交流接触器为切换执行部件，通过用接触器线圈、常开（常闭）辅助触点组成二次回路实现控制切换功能，典型的接触器切换回路如图 1-12 所示。通过接触器 1KM、接触器 2KM 实现第 1 路交流电源（主电源）与第 2 路交流电源（备用电源）切换功能，当两路电流均有电时，接触器 1KM1 触点吸合，主电源供电；当主电源失电、备用电源有电时，接触器 2KM 触点吸合，备用电源供电。另外，为避免两路电源同时投入造成所用电源低压并列运行故障，通过在控制回路串入辅助触点 1KM3、2KM3 实现两路电源联锁功能。灯 1L、2L 用于直观监视两路电源运行状态。

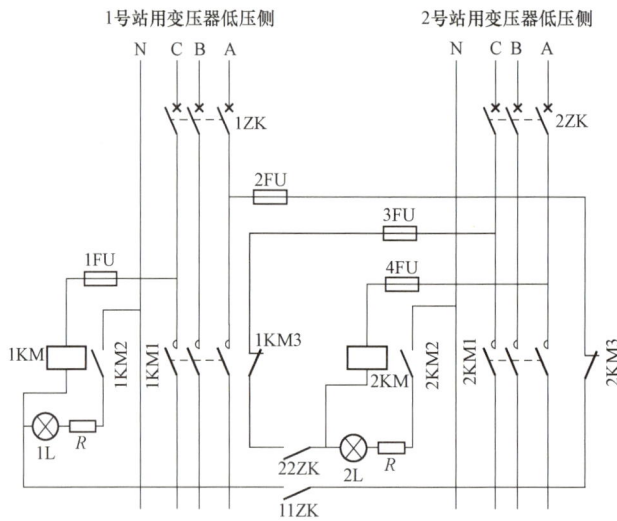

图 1-12  两路电源接触器切换回路

（2）微机型备自投切换装置功能介绍。

微机型备自投有分段备自投和进线备自投两种工作方式。分段备自投方式如图 1-13 所示，主要用于两个电源互相备用时的电源切换。正常运行时，1 号、2 号站用变压器低压侧断路器 1QF、2QF 合闸，分段断路器 3QF 断开，两路工作电源分别供电，各带一段低压交流母线，两个电源互为暗备用。当其中一路电源失电、备自投满足动作条件时，备自投动作，合上分段断路器 3QF，使两段母线并列运行。该方式优点是两路工作电源各带一段母线，两台站用变压器负载均匀，缺点是低压交流Ⅰ、Ⅱ段负荷不在同一个低压系统内。

部分变电站采用明备用的方式，正常运行时，1 号站用变压器低压侧断路器 1QF 合闸，2 号站用变压器低压侧断路器 2QF 分闸，分段断路器 3QF 合闸（或 2 号站用变压器低压侧断路器 2QF 合闸，1 号站用变压器低压侧断路器 1QF 分闸，分段断路器 3QF 合闸），即只有一路工作电源供电，带两段低压交流母线，一路交流电源失去后，自动切换到另一路备用电源供电，该方式优点是低压交流Ⅰ段、Ⅱ段负荷在同一个低压系统内，缺点是两台站用变

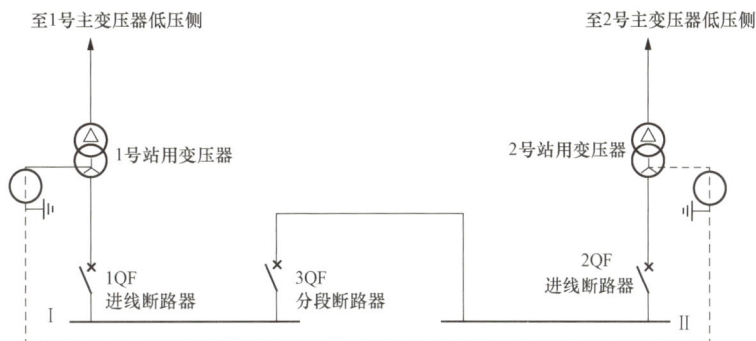

图 1-13　微机型备自投切换原理接线图

压器无法做到负载均衡。

（3）自动转换开关电器功能介绍。

自动转换开关电器（Automatic Transfer Switching Equipment，ATSE 或 ATS）是由一个（或几个）转换开关电器和其他必需的电器组成，本身具有运动性，传动机械简单紧凑，如图 1-14 所示。ATS 可监测电源电路工作状态（失电压、过电压、欠电压、断相、频率偏差等），能够在遇到断电或停电时，将一个或几个负载电路从一个电源自动转换到另一个电源的电器。ATS 可代替两个接触器或空气断路器，使交流电源系统得到简化，提高了低压供电的可靠性。另外，ATS 可通过电气联锁、机械齿轮传动完成机械联锁功能。

ATS 可分为 PC 级、CB 级：PC 级 ATS 能接通、承载但不用于分断短路电流；CB 级 ATS 配备过电流脱扣器，其主触头能接通并用于分断短路电流。CB 级 ATS 结构复杂，实际运行可靠性不高，因此为提高运行设备的可靠性，目前变电站站用交流电源系统采用的 ATS 大多为 PC 级。

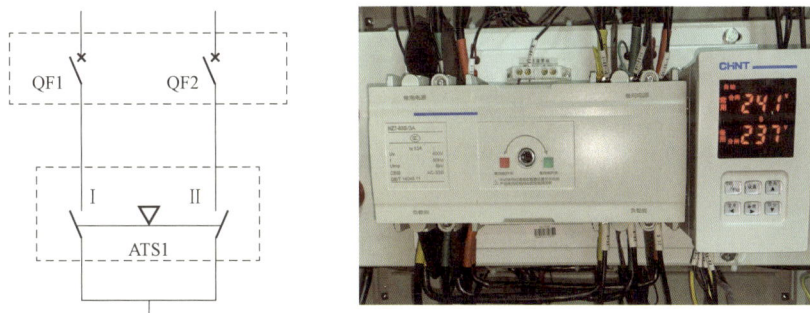

图 1-14　变电站交流系统自动转换开关电器

3. 交流配线柜（屏）

交流配电柜（屏）中装配有交流进线、交流母线、交流馈线及其相关元件，实现交流电源运行方式切换及交流负荷分配监控。每套屏柜应有防止直接与危险带电部分接触的基本防护措施，如绝缘材料提供基本绝缘、挡板或外壳，在一个柜架单元内，主母线与其他元件之间的导体布置应采取避免相间或相对地短路的措施，屏柜基础型钢应有明显且不少于两点的可靠接地。

### 4. 交流断路器

交流断路器起到接通和切断交流回路的作用，可根据自动装置指令完成自动切换交流回路作用，在故障时可根据保护指令切除故障电流。如图 1-13 所示，1QF、2QF 为进线断路器，3QF 为分段断路器。

低压站用电进线断路器应按照低压所用电容量和低压负载容量选择，低压交流系统中的重要负荷应满足上下级级差配合的要求，即下级首端相间短路故障时，不能越级跳闸，低压站用电馈线断路器级差应满足供电持续可靠，以及灵敏度核算的正确性，极差配合示意图如图 1-15 所示，其中 $I_r$ 表示过载长延时脱扣电流整定值，$I_i$ 表示短路瞬时脱扣电流整定值。

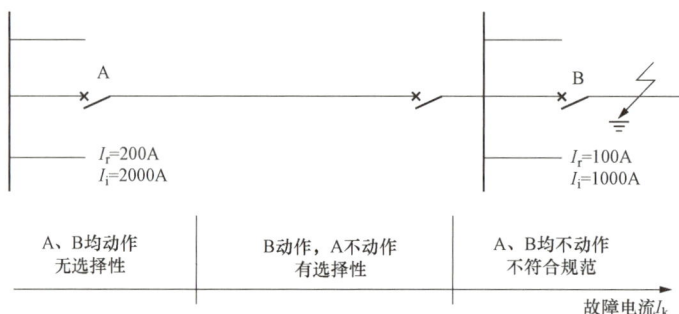

图 1-15　极差配合示意图

### 5. 低压交流电缆

低压交流电缆将交流电源引接至各设备区或用电元件，目前变电站常用的电缆是交联聚乙烯电缆，这类电缆具有运行温升高、载流量大、老化慢、寿命长、电气性能好等优点。低压交流电缆在电缆沟道、竖井等区域密集分布，并可能存在和控制电缆同沟铺设的情况，交流电缆运行工况对于全站设备稳定运行有重要影响。2000 年以前投运的变电站存在电缆敷设密集混乱，动力、控制电缆混合交叉、缠绕共沟情况严重等问题，成为变电站安全运行的重要隐患，所以，低压交流电缆管理方法和状态监测手段研究是站用交流系统重点关注的问题。

### 6. 供电负荷

供电负荷是变电站内使用交流供电的设备，如风冷系统、不间断电源系统、直流系统交流输入电源、生活电器等。站用交流供电系统重要负荷元件（如主变压器冷却系统、直流充电系统、消防电源等）应采用双回路供电，且接于不同的站用电母线段上，并能实现自动切换功能，见表 1-1 变电站各站用供电负荷单、双电源配置要求。

表 1-1　　　　　　　　　　变电站各站用供电负荷单、双电源配置表

| 类型 | 双电源 | 单电源 |
| --- | --- | --- |
| 生产区域照明 |  | ● |
| 空调 |  | ● |
| 检修电源 |  | ● |

| 类型 | 双电源 | 单电源 |
|---|---|---|
| 通信设备电源 | ● | |
| 主变压器冷却器电源 | ● | |
| 消防水泵电源 | ● | |
| 其他水泵电源 | | ● |
| 交流不间断电源 | ● | |
| 直流系统充电机电源 | ● | |
| 二次交流屏/试验电源屏 | ● | |
| 动力电源 | ● | |

7. 监控装置

站用交流电源系统监控装置应能接入变电站监控系统，其中进线断路器跳闸、分段断路器跳闸、自动切换装置动作等事故信号及重要告警信号宜采用硬接点信号直接接入变电站公用测控装置，其运行工况和信息数据应以标准格式接入变电站监控系统。站用变压器低压总断路器、母线分段断路器等回路的操作电器以及站用变压器有载调压分接开关等元件宜由变电站监控系统进行控制。

站用交流电源系统常用表计有电压表、电流表、电能表，其精度配置要求中站用交流电源系统每段应配置 0.2 级精度要求的交流进线电压表、母线电压表、交流进线电流表及 0.5S 级精度要求的有功电能表，站外电源应配置 0.2S 级电能计量精度要求的有功电能表，宜采用规定格式接入变电站电能量采集系统。

### 1.1.4　运行维护

站用电系统出现问题，将直接或间接影响变电站安全运行，严重时会造成一次设备停电，因此，在变电站的设备运行维护中应加强对站用电系统的运行维护及巡视检查。

1. 总体要求

（1）站用变压器高压侧用熔断器做保护时，熔断器性能必须满足站用电系统的要求。

（2）站用变压器室应保证空气流通和清洁，特别是变压器的绝缘子，如发现有过多的灰尘聚集，则必须清扫。

（3）站用变压器室的门应采用阻燃或不燃材料，门上标明设备名称、编号并应上锁。

（4）监视仪表指示，掌握站用变压器运行情况。

（5）在最大负载期间测量站用变压器三相电流，并设法保持基本平衡。

（6）站用交流电源系统的运行方式，在变电站现场运行规程中规定。

（7）站用变压器投入运行及巡视检查时，应在变压器周围的隔离栅栏外，禁止触摸变压器主体，以防事故发生。

（8）日常巡视时，要仔细检查站用变压器的运行状态、站用变压器室的温度、接头发热、所带负荷等情况，特别是导电部位有无生锈、腐蚀的痕迹，还要观察绝缘表面有无爬电痕迹和碳化现象，必要时应采取相应的措施进行处理。

（9）交流电源相间电压值应不超过 420V、不低于 380V，三相不平衡值应小于 10V，电压变化范围一般不超过−5%～+10%。

（10）交流电源不应与交流断路器、交流熔断器组合使用。

（11）任何运行方式下，两路不同站用变压器电源供电的负荷回路原则上不得并列运行，两段工作母线间不应装设自动投入装置，站用交流环网严禁合环运行。如果不慎并列，则可能造成事故或不正常运行状态。对于接自外来电源的站用变压器，同样不允许并列运行。

（12）站用交流电源系统涉及拆、接线工作后，恢复时应进行核相，接入发电车等应急电源时，应进行核相。

（13）站用变压器送电的原则是先高压侧、后低压侧、再馈线侧；停电顺序与之相反。

（14）备用站用变压器应定期进行启动试验，切换试验前后应检查直流系统、不间断电源系统、主变压器冷却系统电源情况，强油循环主变压器还应检查负荷及油温。

（15）站用交流系统异常、缺陷的发现、处理、消缺等均应做好完整记录，以备查阅。

2. 油浸式站用变压器

（1）正常运行时，油浸式站用变压器的上层油温不超过 95℃，温升不超过 55K。正常运行时，上层油温不宜经常超过 85℃。

（2）有关过负荷运行的规定，应根据制造厂规定和导则要求在现场运行规程中明确。

（3）变压器的油色、油位应正常，本体声响正常，无渗油、漏油，吸湿器应完好、硅胶应干燥。

（4）套管外部应清洁、无破损裂纹、无放电痕迹及其他异常现象，应在站用变压器高、低压侧接线端子处加装绝缘罩，引线部分应采取绝缘措施。

（5）变压器外壳及箱沿应无异常发热，引线接头、电缆应无过热现象。

（6）变压器室的门、窗应完整，房屋应无漏水、渗水，通风设备应完好。

（7）各部位的接地应完好，必要时应测量铁心和夹件的接地电流。

（8）各种标志应齐全、明显、完好，各种温度计均在检验周期内，超温信号应正确可靠。

（9）消防设施应齐全完好。

（10）发生有载分接开关油箱内绝缘油劣化及储油柜的油位异常时，站用变压器有载分接开关禁止调压操作。

3. 干式站用变压器

（1）干式站用变压器的温度限值应按制造厂的规定执行，干式站用变压器的绝缘系统温度及绕组平均温升不超过表 1-2 中所列出的相应限值。

表 1-2　　　　　　　干式站用变压器的绝缘系统温度及绕组平均温升限值

| 绝缘系统温度（绝缘等级）/℃ | 额定电流下的绕组平均温升限值/K |
| --- | --- |
| 105（A） | 60 |
| 120（E） | 75 |

| 绝缘系统温度（绝缘等级）/℃ | 额定电流下的绕组平均温升限值/K |
|---|---|
| 130（B） | 80 |
| 155（F） | 100 |
| 180（H） | 125 |
| 200 | 135 |
| 220 | 150 |

（2）干式站用变压器的正常周期性负载、长期急救周期性负载和短期急救负载，应根据制造厂规定和导则要求，在现场运行规程中明确。

（3）变压器的温度和温度计应正常。

（4）变压器的声响正常。

（5）引线接头完好，电缆、母线应无发热迹象。

（6）外部表面无积污。

**4. 自动切换装置**

（1）站用电切换及自动转换开关、备用电源自投装置动作后，应检查备自投装置的工作位置、站用电的切换情况是否正常。

（2）站用电正常工作电源恢复后，备用电源自投装置不能自动恢复正常工作电源的需人工进行恢复，不能自重启的辅助设备应手动重启。

（3）备自投装置闭锁功能应完善，确保不发生备用电源自投到故障元件上，造成事故扩大。

（4）备自投装置母线失电压启动延时应大于最长的外部故障切除时间。

（5）正常运行方式的站用电失电压，自投装置不动作，要迅速进行事故处理，确保迅速恢复站用电系统，保证站内设备的安全稳定运行。

（6）备自投装置应带有机械和电气联锁装置，防止两路电源同时闭合。

**5. 交流配线柜（屏）及断路器**

（1）屏柜内电缆孔洞封堵完好，柜体应设有保护接地，接地处应有防锈措施和明显标志。门应开闭灵活，开启角不小于90°，门锁可靠。

（2）屏柜上的开关、把手应在正确位置，表计指示正确。

（3）屏柜内支持母线的金属构件、螺栓等均应镀锌，母线安装时接触面应保持洁净，螺栓紧固后接触面紧密，各螺栓受力均匀，屏柜的接地母线应与主接地网连接可靠。

（4）站用交流电源柜内各级开关动、热稳定，开断容量和级差配合应配置合理。

（5）具有脱扣功能的低压断路器应设置一定延时。低压断路器因过载脱扣，应在冷却后方可合闸继续工作。

（6）若交流配电屏各支路的空气断路器跳闸，允许立即强送一次，如不成功，则查明事故原因，将失电支路的负荷转到另一段母线供电。

（7）交流回路中的各级保险、快分开关容量的配合每年进行一次核对，并对快分开关、熔断器（熔片）逐一进行检查，不良者予以更换。

（8）漏电保护器应定期进行动作试验。

（9）当各支路配电箱的熔丝熔断时，允许用相同规格的熔丝更换一次，若投入后再次熔断则应查明原因，消除故障后再试送。严禁增大熔丝规格或采用铜丝代替。

### 6. 其他站用交流设备

（1）站用交流设备外壳清洁、无破损、无异常，各种标志应齐全、明显、完好。

（2）电缆运行环境要满足要求，站内长期运行的电缆要入沟，不得长期放置在变电站场地，电缆沟道运行环境要满足要求，湿度不得大于 85%，温度不得高于 70℃，对于不满足要求的电缆沟道和电缆夹层要有通风和排水措施，对于玻璃盖板要有遮阳措施。

（3）电缆沟道防小动物措施要完善，电缆沟封堵完好，电缆沟道排水通道要设置防小动物滤网，电缆沟盖板要保持完好，并正常封盖，电缆施工过程中有防小动物临时措施。

（4）防止电缆火灾事故措施要完善，电缆消防保障措施齐备，在电缆沟道附近进行动火作业时要有电缆防护措施，外来临时施工、检修动力电缆不得临时放入电缆沟运行。

（5）防止电缆外破事故措施要完善，直埋电缆要有明显电缆走向标志，在变电站开挖、取土要有防止直埋电缆的措施，开启电缆井井盖、电缆沟盖板时要使用专用工具，同时注意防止电缆沟盖板掉落损伤电缆，为了便于电缆沟道的维护，建议变电站非承重部位电缆沟盖板使用轻质材料盖板。

## 1.2　站用直流电源系统

站用直流电源系统是变电站的重要组成部分，在正常状态下为断路器跳/合闸、继电保护及自动装置、通信设备、蓄电池、不间断电源等提供直流电源。直流系统是一个独立的电源，在站用电失去的情况下，能继续保证系统设备正常运行一段时间。

### 1.2.1　配置原则

站用直流电源系统配置与变电站电压等级、重要程度有关，直流网络宜采用集中辐射型供电方式或分层辐射型供电方式。下面介绍各电压等级变电站直流电源系统配置。

1. 330kV 及以上和重要的 220kV 电压等级变电站直流系统配置

（1）采用两组蓄电池组、三台充电装置的供电方式，如图 1-16 所示。

（2）采用两母线接线方式，两段直流母线之间应设专用联络电器。正常运行时，两段直流母线应分别独立运行。

（3）每组蓄电池和充电装置应分别接于一段直流母线上，第三台充电装置（备用充电装置）可在两段直流母线之间通过切换电器切换。

2. 220kV 电压等级和重要的 110kV 变电站直流系统配置

（1）采用两组蓄电池组、两套充电装置的供电方式，如图 1-17 所示。

（2）采用两母线接线方式，两段直流母线之间应设专用联络电器。正常运行时，两段直流母线应分别独立运行。每组蓄电池和充电装置应分别接于一段直流母线上。

3. 其他 110kV 及以下电压等级变电站直流系统配置

（1）采用一组蓄电池组、一台充电装置的供电方式，如图 1-18 所示。

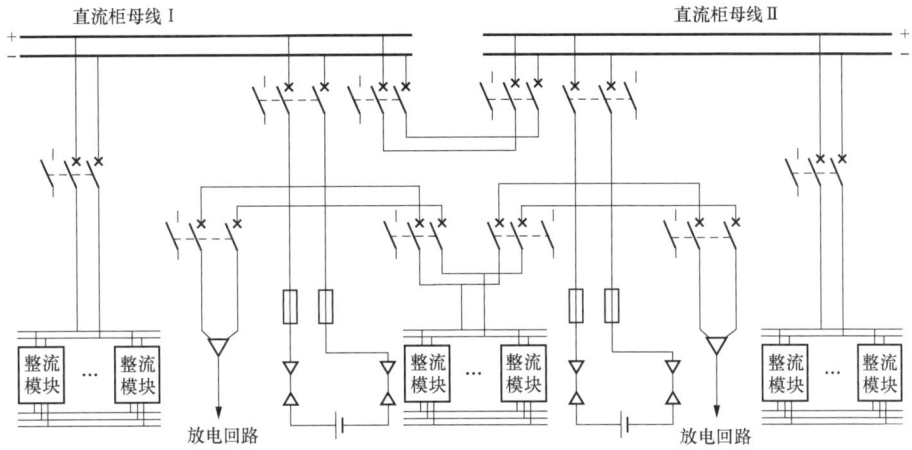

图 1-16　两电三充典型接线示意图

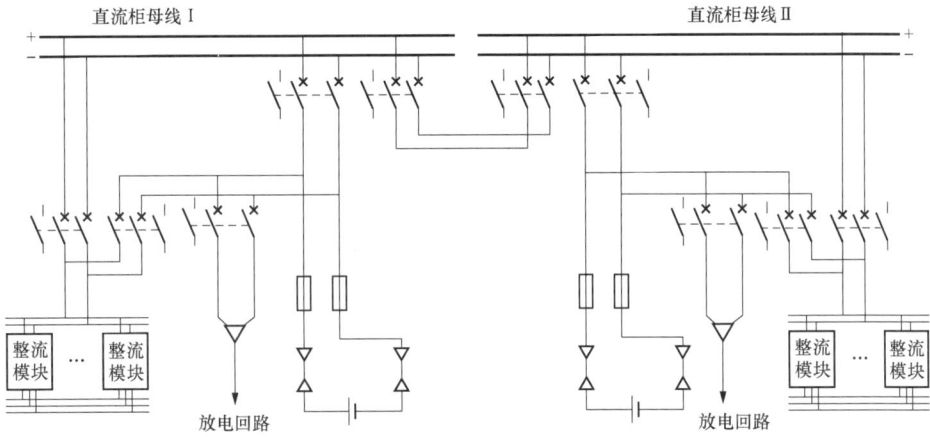

图 1-17　两电两充典型接线示意图

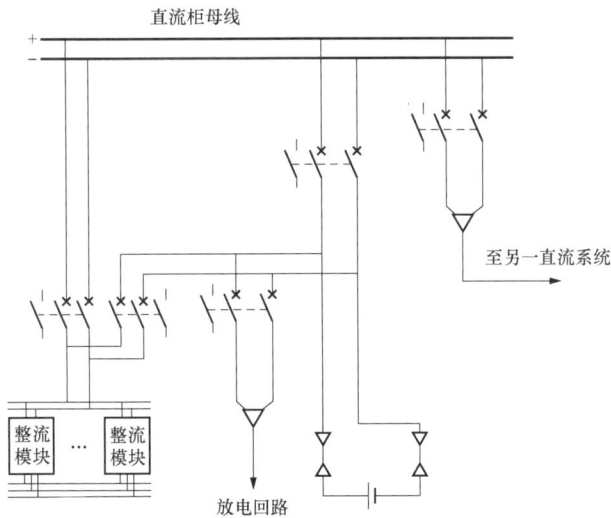

图 1-18　单电单充典型接线示意图

（2）宜采用单母线接线方式。

### 1.2.2 组件功能

变电站站用直流系统主要由交流进线单元、直流充电装置、蓄电池组、蓄电池组巡检装置、微机监控装置、绝缘监察装置、直流断路器、直流馈电柜等组成（图1-19）。

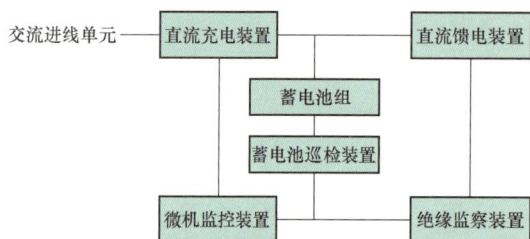

图1-19 直流系统组成框图

#### 1. 交流进线单元

交流进线单元指对直流柜内交流进线进行检测、自投或自复的电气/机械连锁装置。正常情况下充电柜的交流输入必须有两路分别来自不同站用变压器的电源，通过交流接触器、ATS或其他方式实现主备交流进线电源的自动切换功能。当交流主电源异常时，备用电源能够自动投入。同时交流回路中配置防雷设备，防止过电压对充电装置的冲击，从而确保充电装置能够正常工作。

#### 2. 直流充电装置

直流充电装置的主要功能是将交流电源转换成直流电源（AC/DC），并对充电机进行必要的保护，保证输出的直流电压以及直流电源的技术性能指标满足要求，其主要功能是实现正常直流负荷供电及蓄电池的均、浮充电功能，由变压器、整流器、滤波器、稳压器等器件组成。目前，高频开关电源型直流充电装置使用最为普遍。

#### 3. 蓄电池组

蓄电池组是一种独立可靠的电源，它不受交流电源影响，在变电站发生事故时，甚至在全站交流电源都停电的情况下，仍能保证直流系统继续提供满足要求的直流电源。变电站正常运行时，蓄电池组通常与直流充电装置并联，处在满容量浮充电状态，能够保证在大电流冲击条件下，直流系统输出电压保持基本稳定。

#### 4. 蓄电池组巡检装置

蓄电池巡检装置是监测运行蓄电池组中单只蓄电池性能的设备，以电池内阻、端电压、温度为主要监测参数，是一种对蓄电池组进行状态监测及分析的辅助设备。它的一个重要功能是可以避免蓄电池极端状况的发生，如蓄电池开路、接触不良导致的放电电压降低等，从而保证了直流系统的安全性和可靠性。

#### 5. 微机监控装置

微机监控装置主要进行直流系统管理，其功能包括：

（1）负责对直流系统各单元（如电压/电流采集单元、充电模块、绝缘监测、电池巡检等）运行状态与数据的采集、显示。

（2）对系统内各单元的运行参数进行设置，并控制各单元的正常运行以及将系统运行状态及参数发送给上级监控设备。

#### 6. 绝缘监察装置

直流电源系统是不接地系统。发电厂和变电站的直流系统比较复杂，而且通过电缆线路与室外配电装置的端子箱、操作机构等相连接。由于布线范围广、接线端子多等原因，易发生直流接地。当直流电源一极接地后，再发生另一点接地容易产生寄生回路，造成保护设备误动或拒动、直流电源短路等故障。因此，直流电源系统必须配置绝缘监测装置，用于监视直流系统是否接地并立即告警。

绝缘监察装置能够及时发现直流电源系统的接地故障。目前变电站广泛采用的直流绝缘监察装置能在绝缘电阻低于规定值时自动发出灯光和音响信号，并且可以分辨出是哪一极的绝缘电阻降低，并通过换算确定出正、负极的绝缘电阻值。其主要功能是对直流母线和各支路的对地绝缘状况进行监测，绝缘异常时发出告警信号并将告警信息传送到监控后台，显示系统的故障情况。

7. 直流断路器

直流断路器又称直流开关，是一种用于控制电路的电气开关设备。它由电子线路、触头系统及灭弧系统等组成。

直流断路器的功能是接通和分断正常回路电源，以保护其后的用电设备免受过电压的损害。主要用途包括：作为电源转换开关，用以接通和断开交流与直流电路，从而实现对交流与直流的转换操作；作为过载保护装置使用；作为电动机起动和控制电器使用。

8. 直流馈电柜

直流馈电柜用于全站直流电源的调整、分配和检测。

直流馈电柜结构与直流母线结构、馈线保护、直流供电方式有关，对馈线柜（屏）要求是运行可靠及柜（屏）面布置简单明了，电源走向一目了然，负荷名称清晰准确。

## 1.2.3 运行维护

1. 总体要求

（1）直流电源系统设备的运行维护工作按设备管理权限划分。

（2）运行主管单位每年应对所辖运行直流电源系统进行检查评价，落实直流电源系统设备缺陷，综合分析直流电源系统存在的问题，正确做出设备状态评估，提出技术改造和检修意见。

（3）现场运行规程中应有直流电源系统运行维护和事故处理等相关内容，并应符合本厂、站直流电源系统实际。

（4）运行单位应有直流电源系统维护管理制度。

（5）对直流电源系统进行定期维护工作应纳入年度、月度工作计划。

（6）运行人员对发现的直流电源系统缺陷，应按维护管理职责和权限及时处理或上报。

（7）具备两组蓄电池的直流系统应采用母线分段运行方式，每段母线应分别采用独立的蓄电池组供电，并在两段直流母线之间设联络开关或隔离开关，正常运行时该联络开关或隔离开关应处于断开位置。

（8）直流熔断器和空气断路器应采用质量合格的产品，其熔断体或定值应按有关规定分级配置和整定，并定期进行核对，防止因其不正确动作而扩大事故。

（9）直流电源系统同一条支路中熔断器与空气断路器不应混用，尤其不应在空气断路器的上级使用熔断器，防止在回路故障时失去动作选择性。严禁直流回路使用交流空气断路器。

（10）直流网络应采用集中辐射型供电方式或分层辐射型供电方式，分层辐射型供电网络应根据用电负荷和设备布置情况，合理设置直流分电柜。

（11）直流电源系统馈出网络应采用集中辐射或分层辐射供电方式，分层辐射供电方式应按电压等级设置分电屏，严禁采用环状供电方式。

（12）直流电源系统设备发生短路、交流或直流失电压时，应迅速查明原因，消除故障，投入备用设备或采取其他措施尽快恢复直流电源系统正常运行。

（13）直流储能装置电容器击穿或容量不足时，必须及时进行更换。

（14）220V 直流电源系统两极对地电压绝对值差超过 40V 或绝缘降低到 25kΩ 以下，110V 直流系统两极对地电压绝对值差超过 20V 或绝缘降低到 15kΩ 以下，应视为直流电源系统接地。及时消除直流电源系统接地缺陷，同一直流母线段，当同时出现两点接地时，应立即采取措施消除，避免由于直流同一母线两点接地，造成继电保护或开关误动故障。当出现直流电源系统一点接地时，应及时消除。

2. 充电装置

（1）应定期对充电装置进行如下检查：交流输入电压、直流输出电压、直流输出电流等各表计显示是否正确，运行噪声有无异常，各保护信号是否正常，绝缘状态是否良好。

（2）交流电源中断，蓄电池组将不间断地向直流母线供电，应及时调整控制母线电压，确保控制母线电压值的稳定。当蓄电池组放出容量超过其额定容量的 20% 及以上时，恢复交流电源供电后，应立即手动启动或自动启动充电装置，按照制造厂规定的正常充电方法对蓄电池组进行补充充电，或按恒流限压充电—恒压充电—浮充电方式对蓄电池组进行充电。

（3）在满足安全的条件下定期进行一次清洁除尘，各装置的通风口应重点清扫。清扫运行设备时应认真仔细，防止振动、误碰，并使用绝缘工具（毛刷、除尘设备等）。

（4）每半年应至少进行一次专业检查，包括：根据装置运行状况，调整运行参数；检查交流进线切换装置运行状况；检查充电模块进线断路器状况。

（5）对于处在备用状态的充电装置，应每半年进行一次带电轮换运行，以保证备用设备处在完好状态。

（6）充电装置出现异常或发生故障时，应进行维护调整或更换。

（7）充电、浮充电装置在检修结束恢复运行时，应先合交流侧开关，再带直流负荷。

（8）当直流充电装置内部故障跳闸时，应及时启动备用充电装置代替故障充电装置运行，并及时调整好运行参数。

3. 蓄电池组

（1）蓄电池组正常应以浮充电方式运行，浮充电压值应控制为（2.23～2.28）V×N，一般宜控制在 2.25V×N（25℃时）；均衡充电电压宜控制为（2.30～2.35）V×N。

（2）运行中的蓄电池组主要监视蓄电池组的端电压值、浮充电流值、每只单体蓄电池的电压值、运行环境温度、蓄电池组及直流母线的对地电阻值和绝缘状态等。

（3）蓄电池组在运行中电压偏差值及放电终止电压值应符合相关规定，见表 1-3。

（4）在巡视中应检查蓄电池的单体电压值，连接片有无松动和腐蚀现象，壳体有无渗漏和变形，极柱与安全阀周围是否有酸雾溢出，绝缘电阻是否下降，蓄电池通风散热是否良好，温度是否过高等。

表 1-3　　　　蓄电池组在运行中电压偏差值及放电终止电压值的规定

| 标称电压/V | 2 | 6 | 12 |
|---|---|---|---|
| 运行中的电压偏差值 | ±0.05 | ±0.15 | ±0.3 |
| 开路电压最大最小电压差值 | 0.03 | 0.04 | 0.06 |
| 放电终止电压值 | 1.80 | 5.40 | 10.80 |

（5）新安装的阀控蓄电池在验收时应进行核对性充放电，以后每 2 年应进行一次核对性充放电，运行了四年以后的阀控蓄电池，宜每年进行一次核对性充放电。

（6）备用搁置的阀控蓄电池，每 3 个月进行一次补充充电。

（7）阀控蓄电池的浮充电电压值应随环境温度变化而修正，其基准温度为 25℃，修正值为 ±1℃ 时 3mV，即当温度每升高 1℃，单体电压为 2V 的阀控蓄电池浮充电电压值应降低 3mV，反之应提高 3mV；阀控蓄电池的运行温度宜保持在 5～30℃，最高不应超过 35℃。

（8）根据现场实际情况，应定期对阀控蓄电池组进行外壳清洁工作。

（9）蓄电池室应照明充足，并应使用防爆灯；凡安装在台架上的蓄电池组，应有防震措施。

（10）应定期检查蓄电池室调温设备及门窗情况。每月应检查蓄电池室通风、照明及消防设施。

（11）两组蓄电池组的直流系统，应满足在运行中两段母线切换时不中断供电的要求，在切换过程中，两组蓄电池应满足标称电压相同，电压差小于规定值，且直流电源系统处于正常运行状态，允许短时并联运行，禁止在两系统都存在接地故障情况下进行切换。

（12）站用直流电源系统运行时，禁止蓄电池组脱离直流母线。

（13）蓄电池组熔断器熔断后，应立即检查处理，并采取相应措施，防止直流母线失电。进入蓄电池室前，必须开启通风。

（14）检查和更换蓄电池时，必须注意核对极性，防止发生直流失电压、短路、接地。工作时工作人员应戴耐酸、耐碱手套，穿着必要的防护服等。

4．监测类装置

（1）在满足安全的条件下定期对监控装置、蓄电池在线监测装置、绝缘监察装置进行清洁除尘，防止振动、误碰，并使用绝缘工具（毛刷、除尘设备等）。

（2）每月应至少进行一次专业检查，包括：根据各装置运行状况、维护运行参数和告警定值；检查监控装置遥测、遥信功能是否正常；检查各装置接线有无松动和绝缘破损。

（3）装置出现异常或发生故障时，应进行维护调整或更换。

# 1.3 站用交直流一体化电源系统

站用交直流一体化电源由交流电源、直流电源、交流不间断电源（UPS）和直流变换电源（DC/DC）等装置组合为一体，如图 1-20 所示，共享直流电源的蓄电池组，并统一监控的成套设备，它取消了传统 UPS、通信电源的蓄电池组和充电单元，采用电力专用 UPS 和通信用 DC/DC 直接由直流母线变换取得交流不间断电源和通信电源。设置一体化电源的总监控装置，负责收集显示变电站交流电源、直流电源、UPS 电源和通信电源的有关运行信息，从而建立了统一的网络化信息管理平台，实现站用电系统运行全参数监控，对防雷单元统一优化配置，针对 UPS 和 DC/DC 的直流输入进行特殊设计和 EMI 处理，满足 EMC 要求，目前应用比较广泛。

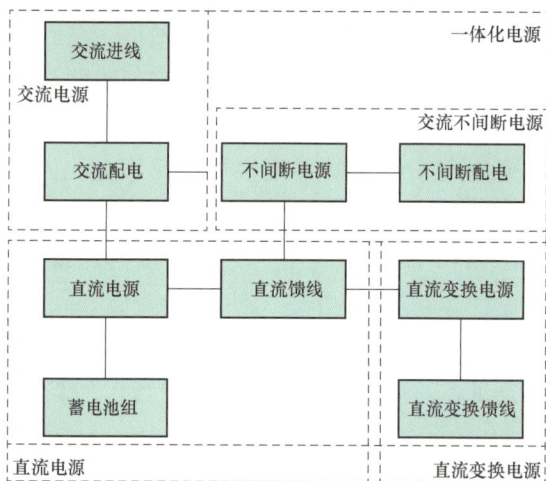

图 1-20 站用交直流一体化电源结构框图

## 1.3.1 配置原则

### 1.110kV 及以下变电站典型配置

交流电源两路进线（来自 1 号站用变压器和 2 号站用变压器），通过 1 个 ATS 形成单母线接线方式（一般不分段），直流电源采用单电单充（单套电池组和单套充电机），直流电源母线采用单母线接线，UPS 和通信电源单套配置，如图 1-21 所示。

### 2.220kV 变电站典型配置

交流电源两路进线（来自 1 号站用变压器和 2 号站用变压器），通过 3 个具有电动操作的断路器（非 ATS）或 2 个 ATS 形成单母线分段接线方式，直流电源采用两电两充（两套电池组和两套充电机），直流电源母线采用单母线分段接线形式，UPS 和直流电源充电机两路交流进线来自同一段交流母线，2 套直流电源充电机交流进线配置了进线自动切换装置，通信电源配置两套，其直流输入分别来自两段直流母线，均分变电站内的通信负荷，两套独立运行，不设联络。UPS 电源配置两套，其直流输入分别来自两段直流母线，均分变电站内需要不间断供电设备的交流负荷，两套 UPS 有主从运行和分列运行两种工作方式，如图

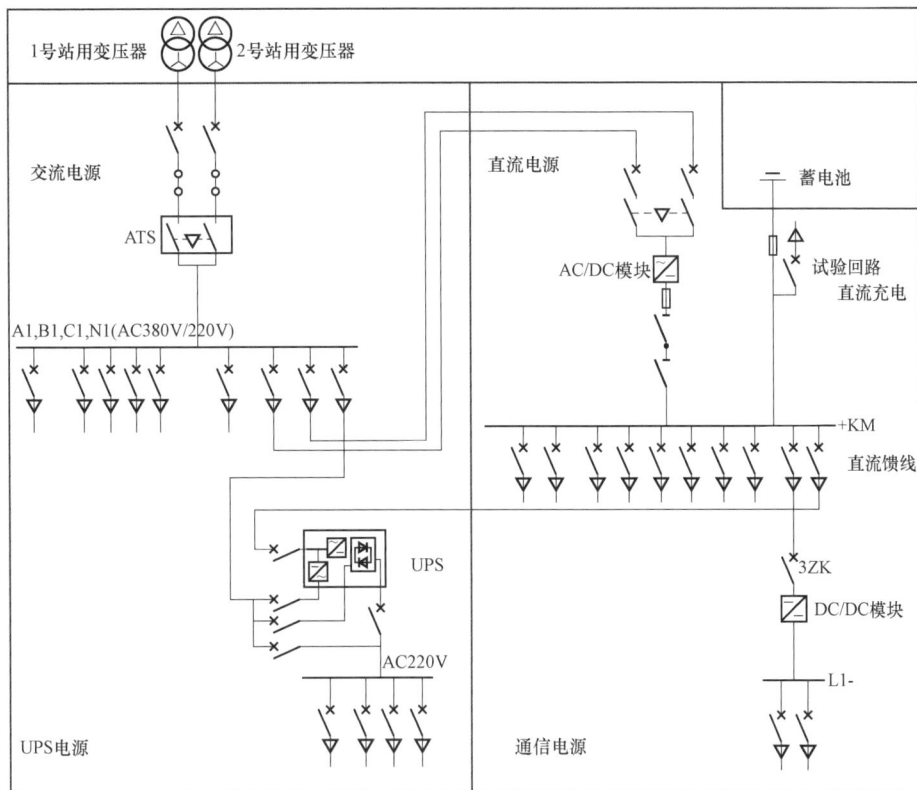

图 1-21  110kV 及以下变电站站用交直流一体化电源典型电气原理图

1-22 所示。

3.330kV 及以上变电站典型配置

交流电源三路进线（来自 1 号站用变压器、2 号站用变压器、0 号站用变压器），通过 5 个具有电动操作的断路器（非 ATS）或 2 个 ATS 形成单母线分段接线方式，直流电源采用两电三充（两套电池组和三套充电机），直流电源母线采用单母线分段接线形式，UPS 和直流电源充电机两路交流进线来自同一段交流母线，两套直流电源充电机交流进线配置了进线自动切换装置，UPS 电源配置两套，其直流输入分别来自两段直流母线，均分变电站内需要不间断供电的设备的交流负荷，两套 UPS 有两种工作方式：主从运行方式和分列运行方式。

**1.3.2  组件功能**

1. 直流变换电源

直流变换电源一般由直流进线部分、DC/DC 变换器、直流配电部分、监控单元等组成，如图 1-23 所示。

（1）监控装置正常工作时与一体化电源总监控装置通信，接收和执行监控装置的指令，实时监测直流输入电压、直流输入电流、48V 输出电压、直流输出电流，每台 DC/DC 模块输出电压、电流、运行状态、进线和馈线开关状态等，如有异常，及时发出声光报警信号，

21

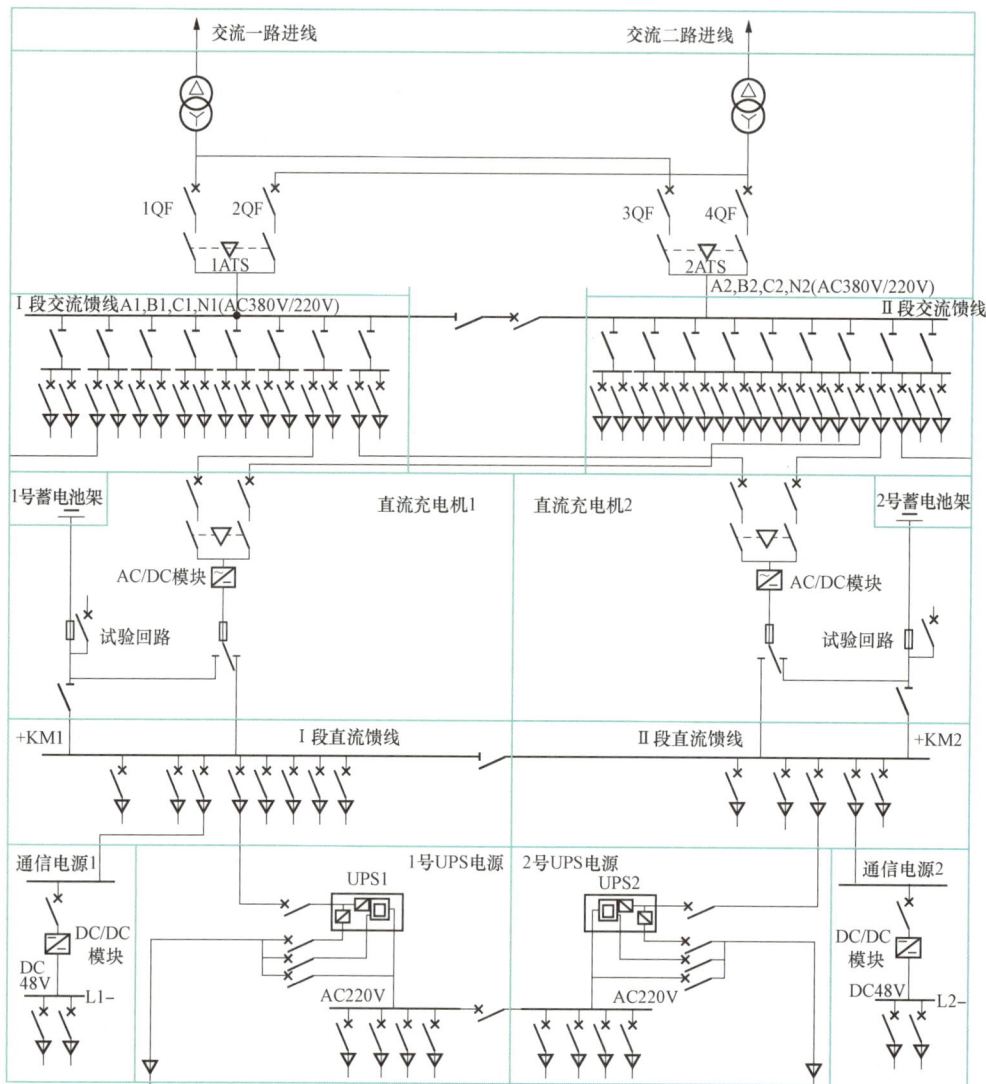

图 1-22  220kV 变电站站用交直流一体化电源典型电气原理图

报警信号一般包括：直流输入失电、直流输入过电压或欠电压、变换装置异常、直流输出过电压或欠电压、过电流、馈线断路器脱扣和故障总信号等。

（2）DC/DC 直流变换模块将输入的直流电压转换为所需的输出直流电压，并在转换过程中保持电压的稳定性和可靠性，具有带电热插拔、过电压保护、短路保护、过温保护等功能。变电站通信用 DC/DC 直流变换电源模块采用 $N+1$ 冗余配置，每套 DC/DC 直流变换电源容量应满足全站通信负载的需要。

（3）48V 配电系统将通信用 DC/DC 直流变换电源的 48V 侧正极直接接地，负极一般配置有防雷模块。为保证通信电源负载的连续可靠供电，快速可靠切除发生短路故障的支路，DC/DC 直流变换电源系统总输出电流不宜小于馈线回路中最大直流断路器额定电流的 4 倍，−48V 输出开关一般宜采用 B 型脱扣曲线的微型断路器，必要时宜加装储能

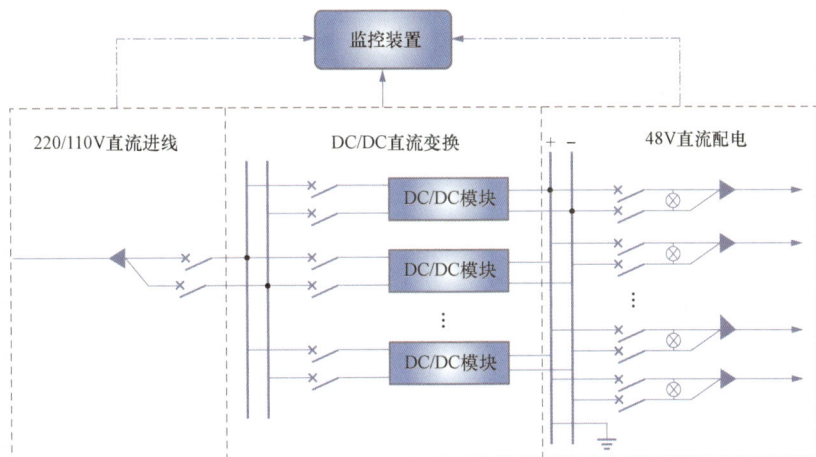

图 1 - 23　通信用 DC/DC 直流变换电源系统结构图

电容。

（4）直流变换电源系统配置是通信用 DC/DC 直流变换电源采用单套配置时，220/110V 直流输入侧一般取自不同直流母线，其接线示意图如图 1 - 24 所示。通信用 DC/DC 直流变换电源采用双重化配置时，每套 DC/DC 电源的直流输入侧取自不同的 220/110V 直流母线段，经直流变换后形成两路独立的 48V 输出，其接线示意图如图 1 - 25 所示。

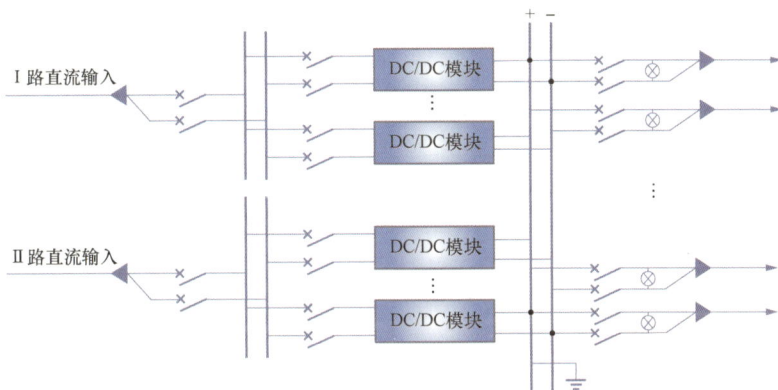

图 1 - 24　单套配置通信用 DC/DC 直流变换电源系统接线示意图

2. 交流不间断电源

变电站交流不间断电源用于站内监控主机、通信网主机、调度数据网及安全防护设备、电能量采集装置、后台机、防误主机等重要负荷提供可靠、优质的交流电源，即使发生全站交流电源失电，仍能够将蓄电池组存储的直流电逆变后，为交流负载提供电源，保证设备安全可靠运行。它一般由监控单元、交流进线、直流进线、不间断电源模块、隔离变压器、静态切换开关和交流配电单元组成，单台不间断电源典型结构示意图如图 1 - 26 所示。

（1）不间断电源系统一般通过不间断电源模块内置监控或外部单独配置独立监控装置实

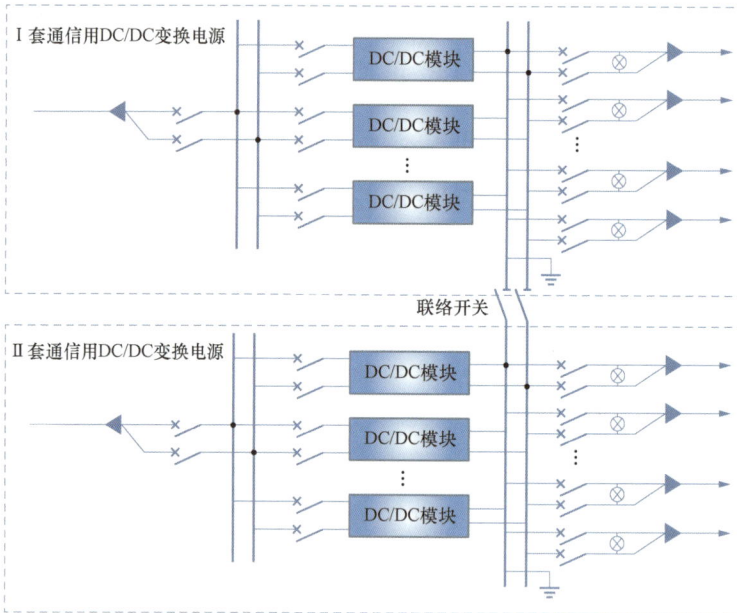

图 1-25 双套配置通信用 DC/DC 直流变换电源系统接线示意图

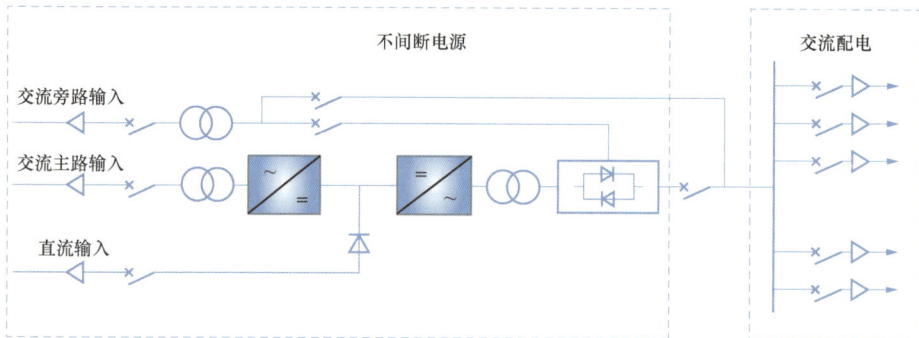

图 1-26 单台不间断电源典型结构示意图

现对交流输入电压和电流、直流输入电压和电流、交流输出电压和电流、系统负载率、整流和逆变状态、运行方式、断路器状态等进行的实时监控，发生异常时及时发出声光报警信号，在交流失电或整流装置故障时自动切换至由直流逆变供电或旁路供电等方式运行，确保为负荷不间断供电。

（2）不间断电源的直流输入与交流输入和输出侧完全电气隔离，其交流主输入、交流旁路输入及输出均配置有工频隔离变压器，直流输入装有逆止二极管，额定容量 5kVA 及以上的交流不间断电源主路输入采用三相交流输入。

（3）根据现场运行需要，不间断电源运行于正常交流供电模式、直流供电模式和旁路供电模式。

1）正常交流供电模式：交流主路输入经隔离变压器、整流器整流为直流电压，再经逆变单元转换为标准正弦波输出为负载供电。

2）直流供电模式：当交流主路输入失电时，由直流输入经逆变单元转换为标准正弦波输出为负载供电。

3）旁路供电模式：当逆变单元故障而旁路输入电源正常时，经电子静态开关切换至交流旁路输入为负载供电。

（4）为提高变电站不间断电源供电可靠性，不间断电源通常采用主从接线方式、并机接线方式、双主机分段接线方式等，实现不间断电源模块的 $N+1$ 冗余配置，如图 1-27～图 1-29 所示。

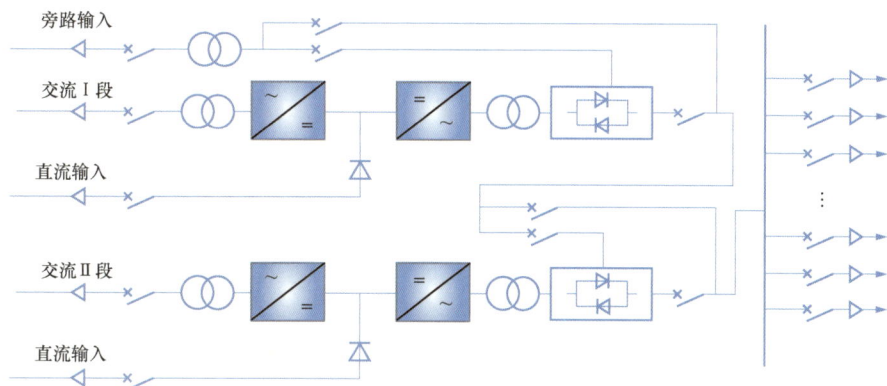

图 1-27　主从接线运行方式示意图

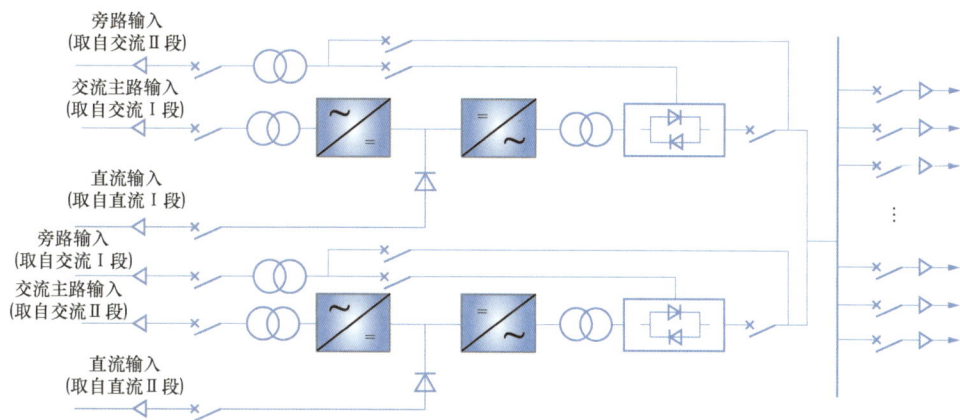

图 1-28　并机接线运行方式示意图

### 3. 一体化电源总监控

总监控装置作为一体化电源系统的集中监控管理单元，应同时监控站用交流电源、直流电源、交流不间断电源（UPS）、逆变电源（INV）和直流变换电源（DC/DC）等设备。对上通过以太网通信接口采用 IEC 61850 规约与变电站后台设备连接，实现对一体化电源系统的远程监控维护管理。如图 1-30 所示。

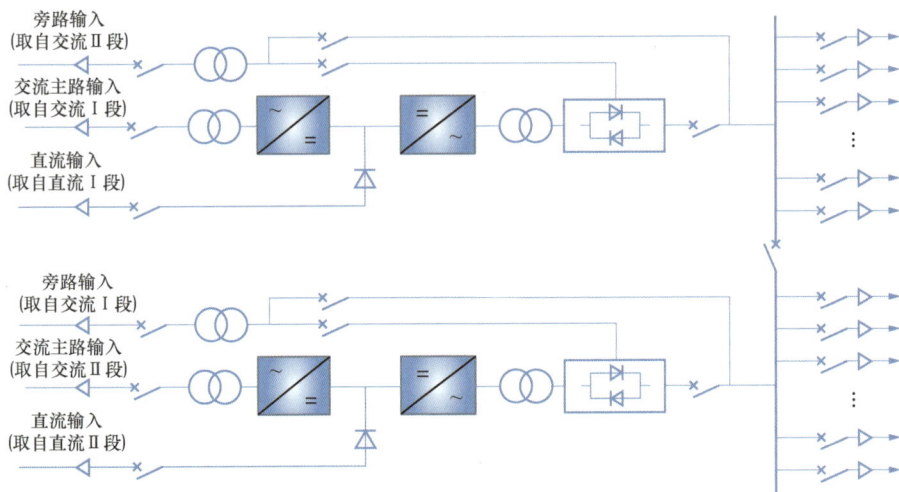

图 1-29 双主机分段接线运行方式示意图

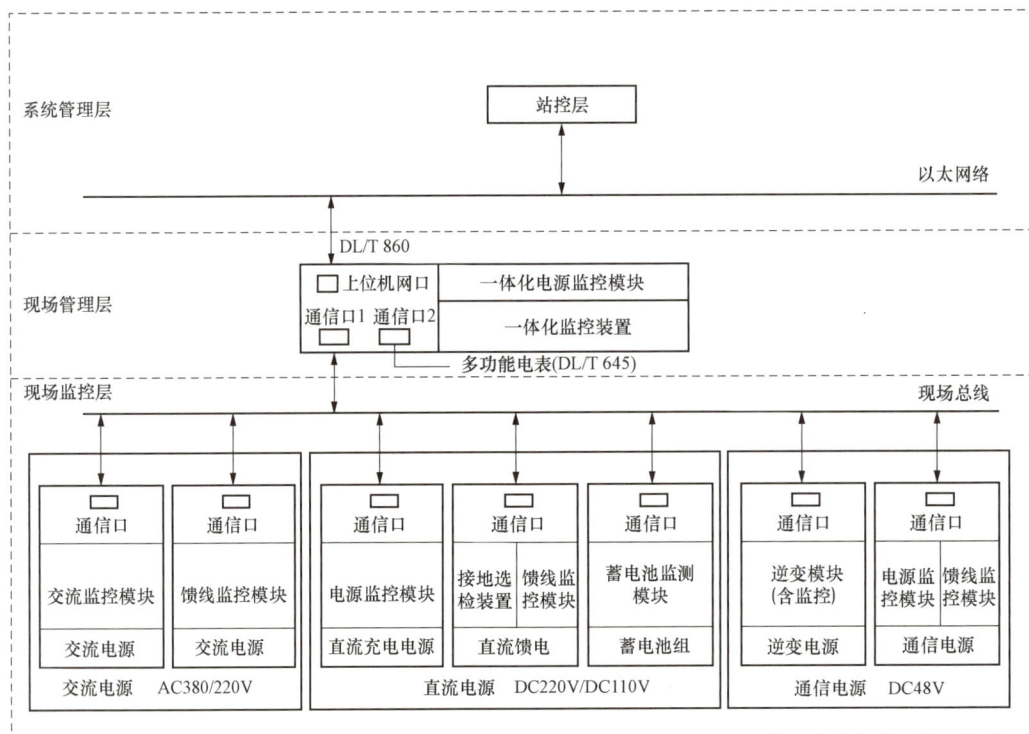

图 1-30 站用交直流一体化电源通信原理图

### 1.3.3 运行维护

1. 直流变换电源

（1）变电站内应有通信用 DC/DC 直流变换电源系统应急处置预案、配置系统接线图，明确全站通信用 DC/DC 直流变换电源配置及上下级断路器配合参数、负荷情况等。

（2）正常运行时，监控装置能够对通信用 DC/DC 电源模块的输出电压、限流值、开关机等进行控制。

（3）双套配置的通信用 DC/DC 直流变换电源正常运行时应分列运行，当某一套系统因短路等故障失电时，在未查清并隔离故障前不应合上联络开关。

（4）通信用 DC/DC 电源系统负荷增加时，应校核模块容量是否满足设计要求，必要时采取增加设备、扩容模块或调整负载等措施。

（5）当母线上配置电容时，应防止用母联向失电母线恢复供电时，造成正常母线电压降低时间过长而导致负荷短时停电或电压异常。

（6）需定期对通信用 DC/DC 直流变换电源系统接线方式复核及设备运行状态进行复核检查，调整系统运行参数，开展通信负载的清查和退运，降低通信用 DC/DC 直流变换电源负载、提高电源安全使用效率。

（7）根据设备运行情况，每年对设备运行状态进行分析、评价，对不满足技术要求、性能质量下降不满足运行要求的，及时进行设备大修或改造。

（8）每年定期对通信用 DC/DC 直流变换电源工作接地、保护接地至机房环形接地铜排的连接电阻进行测试，配电单元外壳、所有可触及的金属零部件与接地点之间的电阻不大于 $0.1\Omega$。

（9）定期模拟 DC/DC 输出过电压、欠电压、馈线开关跳闸、DC/DC 模块故障对监控装置功能、报警信号远传等进行试验，确保监视、控制及报警功能正常，信号远传可靠。

（10）定期检查风扇运行状况，清理灰尘，DC/DC 电源模块除尘时，应将单个模块退出运行并抽出后采用绝缘工具、干净抹布、吸尘装置等进行清理，不得采用吹风装置，防止灰尘窜入装置内部引起短路。

（11）监控装置、DC/DC 直流变换模块、馈线断路器、表计、指示灯、防雷器等元器件出现异常或发生故障时，应及时进行维护调整或更换。

（12）定期对 DC/DC 直流变换模块进行轮停检查，检查模块带载、均流及再启动是否正常。

2. 不间断电源系统

（1）变电站内应有不间断电源系统配置接线图，明确系统配置、运行方式及上下级断路器配合参数、负荷情况等。

（2）不间断电源交流旁路输入电路过载 150% 时，工作时间不应小于 30min。

（3）正常运行中，不得随意触动不间断电源装置控制面板开、关机及其他按键。

（4）检修旁路输入断路器、母线联络断路器需配置防止误操作的闭锁措施。

（5）不间断电源系统需定期开展切换试验，包括交流主路输入逆变供电转直流输入逆变供电、逆变输出供电转旁路输出供电、旁路输出供电转逆变输出供电、直流输入逆变供电转交流主路输入逆变供电，并检查遥测、遥信信号正常，远传可靠。

（6）定期开展不间断电源系统红外检测，重点测试 UPS 主机、交流输入隔离变压器、交流输出隔离变压器温升是否正常。

（7）定期清洁 UPS 装置柜的表面、散热风口、风扇及过滤网等，维护中做好防止低压触电的安全措施。

# 第2章 站用交流电源系统典型故障诊断与分析

站用交流电源典型故障包括设备本体故障和系统故障。设备本体故障包括电缆、开关等设备本体绝缘损坏或者动作失灵。系统故障是指由于保护配置不合理、交流电源系统之外的故障引起的交流电源停电等。以下结合近些年站用交流电源故障案例，对站用交流电源故障的原因进行简述。

（1）站用交流电源系统失电问题，主要原因包括外部短路故障、主变压器或者站用变压器故障、交流开关柜故障等。站用交流电源系统失电对变电站安全稳定运行影响极大，将导致站用交流负荷全停，同时影响站用直流电源系统正常工作。近些年发生多起站用交流电源系统失电后，叠加直流电源系统蓄电池容量不足等原因，导致站用直流电源系统失电，使得故障范围扩大。

为防范站用交流电源系统失电，在设计阶段应严格落实相关标准要求，合理配置交流电源系统进线。例如，变电站外接站用电取自本站所供低压系统，一旦站内发生全停事故，会导致站用交流电源系统全失。因此应确保站外电源独立可靠，不应取自本站作为唯一供电电源的变电站。

对于开关站、串补站等取自站外的站用电源，《220kV～1000kV 变电站站用电设计技术规程》（DL/T 5155—2016）规定："开关站宜从站外引接 2 回可靠电源，当站内有高压开联电抗器时，其中 1 回可采用高抗抽能电源"。《串补站设计技术规程》（DL/T 5453—2020）规定："串补站单独建设时，站用电源应采用独立、可靠的两回交流电源。对于可控串补站，根据可控串补装置在系统中的地位和作用，经论证后可再增设 1 回交流电源。串补站毗邻变电站建设时，宜利用变电站的站用电系统"。应确保两路站外电源独立可靠，避免两路外接站用电源取自同一上级变电站或同杆架设，否则一旦上级变电站故障或通道外力破坏，将导致站用交流电源系统全失。同时注意站外电源线路故障处置，避免出现只有一路站外电源可以工作的情况。必要时应在开关站和串补站配置应急电源，确保站内独立电源支撑。

（2）低压交流断路器灵敏度不足问题。当电缆末端发生单相接地短路故障时，在交流系统断路器保护灵敏度不足，无法满足金属性短路保护要求的情况下，会导致电缆火灾事故的发生。断路器电流整定值灵敏度校验应满足 DL/T 5155—2016 中"当短路保护电器为断路器时，被保护线路末端的短路电流不应小于断路器瞬时或短延时过电流脱扣器整定电流的 1.5 倍"的要求。对于不满足灵敏性要求的动力电缆馈线，可采用更换带电子脱扣器保护定值可调的断路器、更换大截面电缆等措施达到要求。

如现场不具备更换断路器、电缆条件时，可考虑投入站用变低压侧中性点零序电流保护功能。如站用变压器低压侧未配置零序电流保护功能，应在其中性点加装零序电流互感器，实现接地故障的可靠告警。同时应对站用电三相动力负荷平衡性进行分析，确保站用变压器低压侧中性点零序电流保护告警的灵敏度。

（3）交流电缆着火问题。交流动力电缆主要用于变电站照明、空调、消防系统、安防系统、辅助设施、加热驱潮、冷却器、操作电源、检修电源等输送电能。电缆着火故障是电缆运行阶段的典型故障，据不完全统计，由动力电缆原因引起的火灾故障占变电站全部火灾事故的比例约为 16%。为了防范电缆绝缘损坏及着火故障，在竣工验收阶段要求开展电缆本体的防火措施、电气端子的连接情况、封堵情况检查，确保电缆防火措施满足消防规程要求，电气连接点固定件无松动、无锈蚀，电缆通道满足设备运维要求。

造成电缆故障的原因主要包括以下 3 个方面：

（1）检测管理规范缺乏，针对站用低压电力电缆，相关规程规范无明文规定检测周期、检测项目和检测标准，导致低压交流电缆长期未进行体检，带电检测的刚性执行力度不够，状态不可控。

（2）电缆状态监测手段缺乏，当前部分变电站配电室馈线屏开关状态未纳入设备监控范围，空气断路器跳闸无法及时告警；馈线电缆未配置绝缘监测、接地告警装置，无法及时发现初期电缆绝缘故障，无法定位判断电缆故障，导致电缆状态不可知。

（3）电缆沟环境监控装置未配置，当前变电站普遍没有实现电缆沟智能化环境数据的实时监控，不能及时掌握影响设备安全稳定运行的温湿度、水位、烟尘等动态环境因素，对事故隐患预判不及时，无法将事故消灭在萌芽状态。

部分 2000 年前投运的变电站，由于设计施工标准不完善，后历经多次保护更换、设备改造，电缆沟内废旧电缆仍未清理退出，电缆敷设密集混乱，动力、控制电缆混合交叉、缠绕共沟情况严重。当交流动力电缆起火后，易引起控制电缆起火，导致变电站控制保护系统停电，甚至导致变电站全停，给电网安全运行造成严重影响。

为了防范交流动力电缆起火引起控制、通信电缆故障，可采取动力电缆与控制电缆、通信电缆分沟，同沟布置的动力电缆与控制电缆进行分层隔离等措施。

对具备分沟条件的 330kV 及以上变电站，组织开展分沟治理。重点对不同站用变压器低压侧至站用电屏的电缆、重要双回路电源（如变压器冷却器交流电源、站用直流系统交流进线电源、蓄电池电缆等）的电缆进行分沟治理，在电缆主沟道区域进行分沟布置，采用扩建小沟、排管敷设、直埋敷设三种方式，结合停电检修进行新敷设或利旧方式进行改造。

针对不具备分沟条件的 330kV 以及上变电站，根据实际情况采取沟内分层隔离改造。对于电缆沟内只有一侧电缆支架情况，将动力电缆布置调整至另一侧，并采取可靠防火措施；对于两侧均有电缆支架情况，将动力电缆抽出并单独敷设至电缆支架最上层，并与下层支架采取加装防火隔板措施；对同沟布置的通信电缆、光纤、工业视频电源线等分阻燃电缆加装防火槽盒，有效防护隔绝。

对电缆沟（竖井、夹层）内动力电缆与控制电缆、通信电缆施行有效隔离措施，主要包括"封""堵""涂""隔""包"等阻火方式。"封"采用防火（耐火）槽盒对电缆进行封闭保护，"堵"采用防火堵料与阻火包等防火材料对贯穿墙、楼板孔洞进行封堵，"隔"采用耐火隔板对电缆进行层间阻火分隔、用耐火隔板隔小防火分隔区间，"涂"采用电缆防火涂料对电缆进行防火阻燃处理，"包"采用防火包带对电缆作防火阻燃处理。

（4）交流低压自动转换开关电器（ATS）故障。自动转换开关电器故障主要分为两种情况：第一种，在自动切换控制器操作时，ATS无动作声音、继电器无动作。第二种，在自动切换控制器操作时，ATS发出异常声音或连续动作，导致切换不成功，操作失败。

对于第一种故障情况，主要判断为自动切换控制器内部损坏或者继电器损坏，导致ATS无法接收到切换命令。对于这种情况，可通过装置开出切换命令，测量装置开出接点电压变位情况来判断是装置故障还是继电器故障，从而定位故障设备进行更换。

对于第二种故障情况，主要判断为ATS问题。故障原因主要为ATS内部机构积尘、缺少维护导致转轴或者连接点卡阻，需加润滑油进行处理。也有部分备自投装置是由两个框架断路器配保护装置或控制器来实现切换功能，这种情况下保护装置或控制器电源异常也会造成切换功能故障。

（5）交流低压开关设备故障。低压交流设备主要功能是对电源线路及用电设备等实行保护，当发生严重的过载、短路及欠电压等故障时能自动切断电路，而且在分断故障电流后一般不需要变更零部件。交流低压系统开关设备包括多种类型，常见的包括框架断路器、塑壳断路器、熔断器等。

### 1. 框架断路器常见故障

（1）断路器跳闸。通常断路器跳闸的原因有过载故障脱扣、短路故障脱扣、接地故障脱扣、欠电压脱扣器故障等。当断路器跳闸时，首先分析跳闸原因，如果因为过载、短路或者接地故障造成的断路器跳闸，首先要检查排除故障，并在控制器上检查分断电流值和动作时间，分析负载及电网情况，如果是实际运行电流与长延时动作电流整定值、短路电流整定值等不匹配，则需根据实际运行电流修改长延时动作电流整定值，以适当的匹配保护。如果是欠电压脱扣器造成断路器跳闸，要首先检查欠电压脱扣器电源是否接通，并确保欠压脱口器电源电压必须大于$85\%U_e$，如以上均正常，则需要更换欠压脱口器附件。待故障排除后，可对断路器进行合闸操作。

（2）断路器无法合闸。通常断路器无法合闸的原因包括控制器上复位按钮没有复位、断路器未储能、抽屉式断路器二次回路接触不良、闭合电磁铁未动作等。当出现以上现象时，首先检查控制器上复位按钮是否复位，检查电机二次回路是否接通，且电机控制电源电压必须大于或等于$85\%U_e$，如以上正常电机仍不动作，需要更换电机附件或先使用手动储能操作，抽屉式断路器需要检查断路器本体是否摇到连接位置，要确保断路器摇到连接位置，如果闭合电磁铁不动作需检查闭合电磁铁电源电压必须大于或等于$85\%U_e$，如电源正常闭合电磁体仍不动作，则需要更换闭合电磁铁。

（3）触头烧毁。断路器触头烧毁现象包括单相烧、两相烧和三相烧的情况。当出现触头烧毁时，断路器本体已无法正常履行相应的保护功能，需要对断路器进行及时更换处理，并查找烧毁原因，排除故障。单相烧的原因一般包括接触不良导致发热造成的机械故障、接线松动导致的接触不良发热或者有异物卡在触头之间造成的接触不良发热等；两相烧的原因一般包括电机缺相造成的电流突然增大、接线松动造成的线路发热和断路器出现短路保护后断路器的触头没有进行维修造成的发热；三相烧的原因一般包括负载电流过大，或谐波电流过大造成的发热、电线过细造成的发热、分合闸操作过于频繁和灰尘过多等。

（4）温升过高：断路器温升过高的原因是触头压力过分降低，此时可调整触头压力或更换弹簧。该故障有时也可能是由触头表面磨损严重或者是严重接触不良造成的，此时应更换新的断路器。温升过高是因为两个导电零件的连接螺钉松动造成的，应将其重新拧紧。

2. 塑壳断路器常见故障

（1）断路器无法合闸。塑壳断路器无法合闸原因有欠电压脱扣器无电压或线圈损坏、产品储能弹簧变形导致闭合力减小、机构损坏无法复位再扣、分励脱扣器处于通电状态等。出现无法合闸情况时，首先检查线路情况，看欠电压脱扣器施加电压是否正常，分励脱扣器是否处于通电状态，如果以上正常，则检查产品储能机构是否损坏，如果损坏，则需进行返厂维修或更换产品。

（2）电动机启动时断路器立即分断。出现此故障原因一般为过电流脱扣器瞬动整定值太小或产品选用不当。出现此现象时需调整产品瞬动整定值。

（3）断路器温升过高。出现此故障原因一般为触头表面过分磨损或接触不良、触头表面污染、导电零件连接螺钉松动。出现此故障时，需更换触头或清理接触面，不能更换零部件的需要更换产品，导电零件连接螺钉紧固并清除接触面油污或者氧化层。

（4）断路器闭合后经一定时间自动分断。出现此故障原因因为过电流脱扣器长延时整定值有误或内部热元件变化损坏。出现此故障时需根据实际使用电流情况调整长延时整定值，如产品热元件损坏，则需要重新更换产品。

（5）断路器无法分闸。出现产品无法分闸的原因包括由于短路电流造成双金属片变形、分合机构磨损性故障、分合弹簧折断或疲劳性失效、触头熔焊造成脱扣机构不能动作、分断大电流而使触头熔焊等。出现以上现象造成断路器无法分闸时，需要及时进行产品的维修或更换新产品。

3. 熔断器熔断故障

熔断器熔断一般是由于线路发生过载或者短路造成，发生此种故障时，检查故障回路，如果回路中未发现明显故障点，可更换熔断器，试送电一次，如果试送电不成功，则需要隔离故障回路，查明并排除故障点，如果故障无法排除，需联系专业维修人员进行处理。

## 2.1　系统类典型故障诊断与分析

系统层面常见故障包括交流电源失电故障、低压交流母线并列运行故障、低压交流保护配置不合理等。

### 2.1.1　交流电源失电故障

1. 外接站用变压器电源相序不正确造成变电站主变压器风冷全停

（1）案例简述。

某 110kV 变电站 1 号站用变压器发生故障跳闸，站用交流系统备自投装置正确动作投入外接站用变压器，但由于外接站用变压器电源线路相序接反，主变压器风冷系统反相序保护动作造成主变压器风冷全停。

（2）处理情况。

检修人员检查风冷电源回路未发现异常后，进一步检查发现站用交流系统进线相序接反。判明原因后，申请外接站用变压器停电，调整相序恢复。

（3）原因分析。

该变电站配置有两台 630kVA 的站用变压器，一台接于 35kV Ⅰ段母线，另外一台外接于站外 35kV 线路。故障时，站用系统运行方式为 1 号站用变压器运行，带全站站用负荷运行，383 断路器在合，382 断路器热备用，低压备自投装置正常运行，站用系统接线示意图如图 2-1 所示。

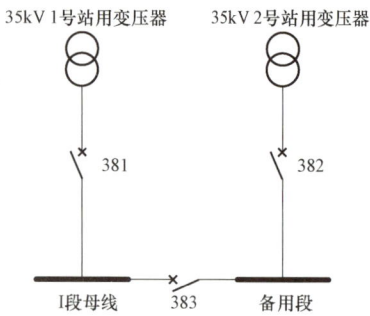

图 2-1　站用系统接线示意图

35kV 1 号站用变压器故障跳闸站用系统备自投动作，恢复对站用系统供电，但由于外接 35kV 2 号站用变压器所接电源线路在外接线路改造时将相序接反，投运时未对一次进线进行核相，导致 2 号站用变压器与 1 号站用变压器接入相序不一致，造成 1 号主变压器风冷电源回路相序保护动作，1 号主变压器风冷电源恢复失败。

（4）防范建议。

严把设备质量验收关，杜绝设备带缺陷及隐患投运。对于改扩建及新建设备，在挂网运行前必须进行核相，确保接线及相序正确后再投运。

2. 备用站用变压器故障未及时修复造成全站交流失电

（1）案例简述。

某 35kV 变电站 10kV 某线路发生短路故障跳闸，导致 10kV 2 号站用变压器失电。由于之前 10kV 1 号站用变压器已经故障，造成站内低压交流电源全部失去。

（2）处理情况。

紧急安排发电车恢复站用交流电源系统，在处置过程中，由于蓄电池长时间放电，出现站用直流电源系统电压低、保护装置告警等情况。临时处置后，立即组织恢复站用变压器及线路故障。

（3）原因分析。

该变电站一期设计安装主变压器 1 台，配置站用变压器 2 台，均接于该站 10kV 系统，一台由 10kV 母线供电，另一台由 10kV 某线路倒送母线供电。某日，该变电站 10kV 某线路发生短路故障跳闸，10kV 2 号站用变压器失电。由于 10kV 1 号站用变压器之前已经故障，造成站内低压交流电源全部失去。

（4）防范建议。

站用变压器故障应作为危急缺陷尽快处理，避免出现站用变压器故障长期未消除，备用站用变压器长期运行。若由于备品备件问题无法立即消除，建议安排发电车作为应急电源，防止站用电全失。

3. 线路故障导致某站交流电源失电

（1）案例简述。

某年 9 月 21 日 17 时 40 分，某站站用电 35kV Ⅰ线跳闸失电，线路重合不成功。经询问为线路保护过电流三段动作，故障电流约 1.27A。该站Ⅱ线带站用电 380V 一、二段母线负荷。

仅仅 5 天后，9 月 26 日 15 时 55 分，站用电 35kV Ⅱ 线跳闸失电，此时该站双路站外电源全部失电，站内交流负载失电，直流负载及自动化相关设备、通信设备由站内直流电源、UPS 等系统供电。

（2）处理情况。

9 月 26 日 16 时 20 分，该站启动 50kW 应急柴油发电机带站内重要负荷，主要带直流电源、UPS、通信电源、断路器储能电源等重要负载。为保障站内供电可靠，检修单位紧急派出 200kW 应急发电车 1 台，于当晚 23：00 到达站内，保障供电。

（3）原因分析。

针对 35kV Ⅰ 线检修转运行操作过程，在合上 35kV Ⅰ 线出线开关后，线路过电流三段保护仍然动作，跳开 A 线出线开关。该站 35kV 1 号所用变压器间隔、301 断路器转为检修状态，开展站内箱变、门型架构电缆接头的绝缘、耐压试验。经过绝缘、耐压等试验，站内设备无异常。输电专业对 Ⅰ 线进行全线绝缘测量，发现电缆绝缘不合格。对损坏电缆进行修复，修复后电缆测量合格。

针对 35kV Ⅱ 线，输电巡视人员陆续发现该线路与其跨越的两条 10kV 线路存在搭接，该线路某铁塔的三相电缆被烧断。

完成 35kV Ⅰ 线及 35kV Ⅱ 线各故障点修复后，站外电源恢复正常供电。

（4）防范建议。

DL/T 5155—2016 规定："开关站宜从站外引接 2 回可靠电源。当站内有高压开联电抗器时，其中 1 回可采用高抗抽能电源。"

《串补站设计技术规程》（DL/T 5453—2020）规定："串补站单独建设时，站用电源应采用独立、可靠的两回交流电源。对于可控串补站，根据可控串补装置在系统中的地位和作用，经论证后可再增设 1 回交流电源。串补站毗邻变电站建设时，宜利用变电站的站用电系统。"

对于无站内电源的开关站、串补站等，应确保站外电源独立可靠。当一路站外电源发生故障时应及时处置，避免两路站外电源同时失电。建议在开关站、串补站配置站内应急电源，为站内交流设备提供应急电源支撑。

4. 雷电侵入造成交流电源系统失电

（1）案例简述。

某日，一座变电站遭受雷击导致 10kV 站用变压器开关柜故障，站内保护装置失电，无法切除故障，上级电源 110kV 线路距离 Ⅲ 段保护动作，断路器跳开且重合不成，此站 110kV 进线备自投未动作，全站交流系统失电。

（2）处理情况。

1）站用变压器检查。现场检查发现站用变压器开关柜存在放电现象；手车母线侧动触头接触面有烧蚀痕迹，站用变压器熔断器炸毁；手车母线侧动触头支撑绝缘子完整，站用变压器侧动触头三相支撑绝缘子炸毁；动触头掉落。判断母线侧静触头及站用变压器侧动触头支撑绝缘子发生沿面闪络、炸裂，站用变压器熔断器炸毁，10kV 站用变压器失电。

2）站用交流电源系统检查。现场检查站用交流电源系统，站用交流电源系统接线如图2-2（a）所示。检查接触器外观良好，接线无松动，控制回路如图2-2（b）所示。测量接触器输入/输出电压均为零，测量两台接触器接点均处于断开状态，判断站内交流380V失电。

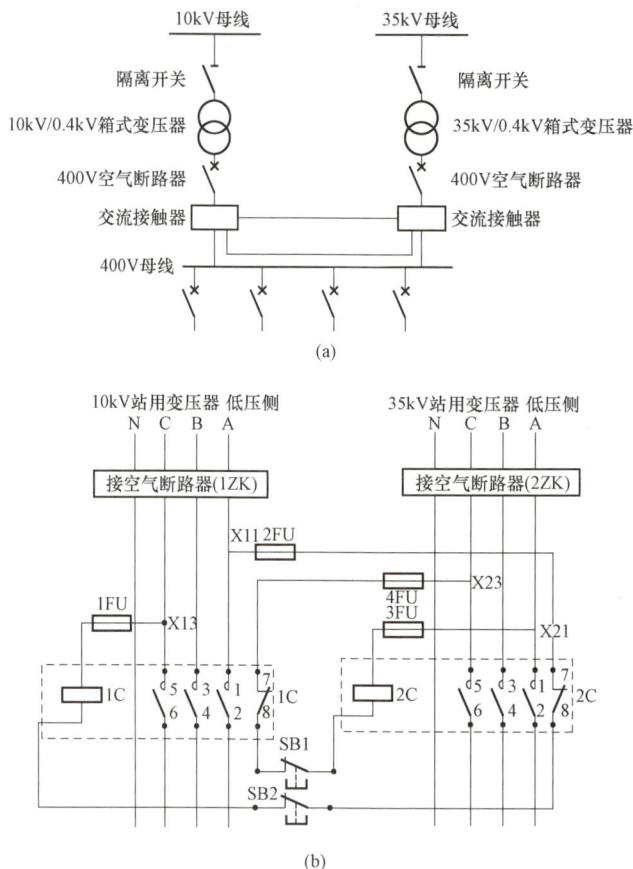

（a）

（b）

图2-2 站用交流电源系统接线及控制回路
（a）交流电源系统接线图；（b）交流电源控制回路

3）站用直流电源系统检查：本站直流电源系统采用单电单充方式。现场检查直流充电屏交流输入电源指示为零，直流监控单元显示屏黑屏，交流输入开关处于合位，交流输入电压为零。测量直流母线电压为零，判断直流母线失电。

检查蓄电池组输出断路器在合位，测量电池组电压为零，检查蓄电池组各电池外观无破损、漏液、鼓肚，逐只检查电池端电压和内阻，发现6号、73号两只蓄电池已开路，无法检测内阻。查阅故障上一年度核容检测记录，6号蓄电池内阻值为9.467mΩ、73号蓄电池内阻值为9.627mΩ（标准为0.7mΩ）。蓄电池组放电5h，单体最高电压1.957V，最低电压1.802V（规程规定最低放电电压为1.8V），容量下降50%。判断直流充电模块无输出后，蓄电池组短暂支撑全站直流负荷，蓄电池组输出消失，随后全站保护装置失电，表明蓄电池组在故障发生时"虚开"。

结合以上检查情况，故障发生包括以下两方面原因：

1）直接原因。站内出线遭受雷击后，在导线上形成较强的感应雷过电压。雷电波沿三相导线侵入站内 10kV 开关柜母线，经站内出线避雷器限压后雷电过电压依然较高。10kV 站用变压器柜内水平支撑绝缘子表面积污严重，在暴雨时柜内潮气加重，感应雷过电压侵入后引起支撑绝缘子沿面闪络、炸毁。

2）扩大原因。遭雷击线路跳闸后，10kV 站用变压器柜故障，380V 交流电压消失，0.6s 后 380V 交流接触器切换至 35kV 站用变压器。由于整流模块直流输出软启动需 6s 左右延时，在整流模块软启动成功之前，因蓄电池组"虚开"造成直流系统一直处于失电状态，备自投无法动作，导致全站失电。

（3）防范建议。

1）做好低压交流设备运行环境治理。解决高压室温/湿度超标、灰尘侵入、密封不严等问题。

2）重点加强蓄电池组运行维护，做好蓄电池组内阻核查，定期开展蓄电池核容，确保直流系统可靠运行，确保蓄电池组不脱离母线，避免由于蓄电池原因，造成交流电源系统故障连带引起直流电源系统失电，引起故障范围扩大。

5. 电压偏低造成主变压器风冷全停跳闸事故

（1）案例简述。

某 330kV 变电站由于系统电压波动，站内站用低压系统电压过低，导致 1 号主变压器风冷电源欠电压保护，风冷系统停止运行，1 号主变压器油温超高保护动作，1 号主变压器 35kV 套管侧的压力释放阀动作、压力释放阀放油口处有大量变压器油喷出，1 号主变压器 3321、3320、101、301 开关跳闸，1 号主变压器差动装置 B 屏过负荷闭锁调压保护动作跳闸。

（2）处理情况。

故障发生后，检修人员对 1 号主变压器外观及 1 号主变压器顶盖进行了详细的检查，发现 1 号主变压器外观完好，无放电痕迹。1 号主变压器 35kV 套管侧的压力释放阀动作，压力释放阀放油口处有大量变压器油喷出。1 号主变压器本体油温测试仪记录油温曾达到 88℃。

运维人员对 1 号主变压器非电量保护装置进行了全面的检查，保护装置动作正确、保护信息上传正确，二次回路核查正确无误。在对风冷电源回路检查过程中，除对电源回路二次及各个控制开关进行详细核实及实验后，对风冷Ⅰ、Ⅱ路电源切换功能进行了全面测试。两路电源电压正常，切换功能正常。冷却器投退功能正常，所有信号及告警信息上送无误。风冷故障非电量定值整定正确无误。

现场通过对 1 号主变压器故障录波图及本体非电量保护动作详细分析后，发现电气量在开关跳闸前与正常运行时没有任何变化，说明 1 号主变压器未发生内部及外部故障，在进一步对 1 号主变压器油色谱在线分析数据研究比对后，确定主变压器本体未发生任何故障。

通过以上检查分析，确认跳闸是由于长时间风冷全停致使油温升高达到非电量保护定值，保护正确动作造成的，而 1 号主变压器自身并无任何故障。因此，经联系厂家，在补充 1 号主变压器油、复位压力释放阀后，恢复了 1 号主变压器的运行。

（3）原因分析。

该 330kV 变电站安装有两台 240MVA 主变压器，站内配置两台站用变压器、一台外接站用变压器。事故发生前，35kV1 号站用变压器由于缺陷退出运行，全站交流负荷由 2 号站用变压器供电。

某日 19 时 48 分，报"1 号主变压器风冷控制箱电源 I 故障""1 号主变压器风冷控制箱电源 II 故障""1 号主变压器风冷控制箱冷却器全停"信号，调度人员立即通知运维人员前往现场检查。20 时 3 分调度监控告警窗发出"某变电站 1 号主变压器绕组油温过高"信号；20 时 21 分该 330kV 变电站 1 号主变压器油温超高保护动作，1 号主变压器 3321、3320、101、301 断路器跳闸，1 号主变压器差动装置 B 屏过负荷闭锁调压保护动作。

经运维人员检查，发现跳闸原因是由于长时间风冷全停致使油温升高达到非电量保护定值，从而导致保护动作。经检查，变压器风冷控制回路有两路交流进线电源，各接有一个电源监视器（KV1、KV2），此电源监视器含有过电压保护及欠电压保护功能（用于保护风机、潜油泵），两路欠电压保护定值均整定为 350V，过电压保护定值均整定为 440V，当 35kV 系统电压降低导致所用变压器低压侧低于 350V 时，会引起电源监视器欠电压保护动作，切断冷却器控制回路，造成冷却器全停故障，而当电压恢复至 350V 以上时，该电源监视器会自动复归。

经检查该变电站 2 号站用变挡位在 6 挡（共有 7 挡）。受系统电压影响，该 330kV 变电站 35kV 系统电压在 31～32.5kV 左右波动，低压侧电压范围为 336～357V。由于站用电系统电压持续偏低，造成 1 号主变压器风冷电源故障跳闸，导致风冷系统停止运行，致使油温升高达到非电量保护定值，从而导致 1 号主变压器保护动作。

2 号主变压器 KV1、KV2 整定为 320V 和 335V，所用电压没有降到 320V 以下，故没有停运。

经检查，该变电站正常情况下，主变压器在 7 挡运行，330kV 母线电压约为 346kV，110kV 母线电压约为 115kV，1 号、2 号站用变压器在 6 挡运行（高低压电压比为 36.575kV/0.4kV），35kV I、II 段电压约为 33kV，1 号、2 号站用变压器低压侧电压约为 360V。在电网电压有所波动时，低压侧就有可能低于 350V，造成主变压器风冷控制回路中电源监测器动作，风冷系统失电。

（4）防范建议。

此次主变压器风冷全停跳闸事故暴露的问题包括：该变电站站用低压系统存在监管盲区，其电压一直偏低，未引起运维及生产管理人员的重视；主变压器风冷系统管理存在缺陷，风冷电源回路电压监视器电压设置无统一标准，存在事故隐患。

为了避免此类问题重复发生，提出以下防范建议：

（1）通过调整主变压器及站用变挡位的方式合理调节站用低压系统电压，解决其电压长期偏低的问题。

（2）将站内低压系统电压接入综合自动化系统上送调度监控，实现实时监控。

### 2.1.2　低压交流母线并列运行故障

1. 站用变压器高压侧接线组别不一致导致发生短路故障

（1）案例简述。

某 110kV 变电站改扩建工程中，10kV 站用变压器需一并改建。为保证站用供电，在 3518 线上接入接线组别为 Yd11 的 35kV 电力变压器，临时站用变压器接入 35kV 电力变压器 10kV 侧，接线组别为 Dyn11。在停电过渡后，临时站用变压器接入 380V 母线时发生短路故障，两路站用变压器低压侧断路器跳闸。站用电源接线图如图 2-3 所示。

（2）处理情况。

站用交流母线失电压后，运维人员对各负荷支路以及站用交流母线进行检查，未发现明显故障点，断开各负荷支路后，对原站用变压器合上低压侧断路器后，站用交流母线恢复供电，依次送出各负载支路后，供电均正常。

（3）原因分析。

经检查发现，原站用变压器接入该 110kV 变电站 10kV 侧，该主变压器接线组别为 Yyd11，而临时站用变压器 3518 线上接入 35kV 电力变压器接线组

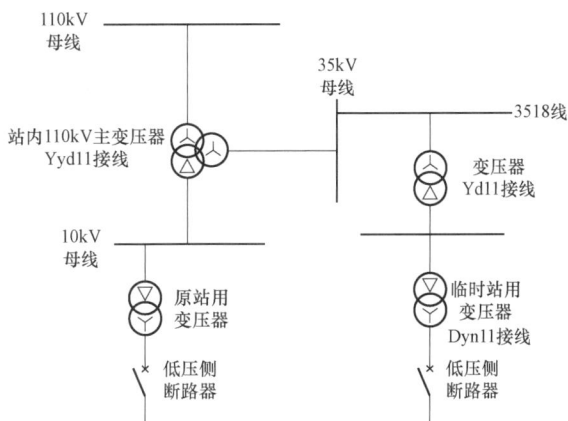

图 2-3　站用电源接线图

别为 Yd11，站用变压器高压侧在相位上有 30°相位差，由于将不同相位的两路电源误并列，导致故障发生。

（4）防范建议。

由 35kV 系统和 10kV 系统分别供电的站用交流电源，在投运前，必须核对低压相序及相位是否一致，制定正常运行方式下防止站用交流电源低压并列的措施。

2. 站用变压器通过负载并列运行导致次级空气断路器跳闸

（1）案例简述。

某 110kV 变电站 1 号站用变压器次级空气断路器跳闸，检修人员随即对交流屏进行检查，发现所用电Ⅰ段交流母线仍然有电，判断Ⅰ、Ⅱ段交流母线已并列运行（即两台站用变压器通过负载并列运行），如图 2-4 所示。当两台站用变压器之间的环流较大时，由于站用变压器空气断路器保护整定值较小，造成站用变压器开关跳闸。

（2）处理情况。

检查Ⅰ、Ⅱ段交流母线各负载空气断路器的运行情况后发现，110kVⅠ段电压互感器室外端子箱电源空气断路器和 110kVⅡ段电压互感器室外端子箱电源空气断路器均在合闸状态（室外端子箱是由Ⅰ、Ⅱ段交流母线供电，两只空气断路器均在合闸状态就会造成Ⅰ、Ⅱ段交流母线并列运行，应只有一只空气断路器合闸），断开 110kVⅠ段电压互感器室外端子箱电源空气断路器后，Ⅰ段交流母线失电压，但其电源指示灯仍亮，进一步确认Ⅰ、Ⅱ段交流

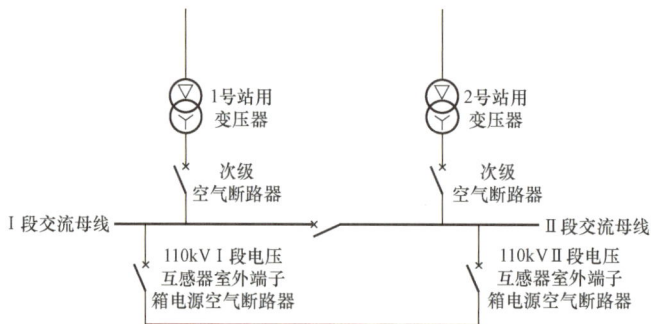

图 2-4　低压交流系统并列运行

母线并列运行的原因是由 110kV Ⅰ 段电压互感器室外端子箱电源空气断路器与 110kV Ⅱ 段电压互感器室外端子箱电源空气断路器均在合闸状态造成的，依次断开 Ⅰ 段交流母线各负载空气断路器，合上 1 号站用变压器次级空气断路器后，Ⅰ 段交流母线正常供电。

（3）原因分析。

由于 110kV Ⅰ 段电压互感器室外端子箱电源空气断路器和 110kV Ⅱ 段电压互感器室外端子箱电源空气断路器均在合闸状态，造成 Ⅰ、Ⅱ 段交流母线并列运行，两台所变压器之间的环流较大时，由于 1 号站用变压器次级空气断路器保护整定值过小，导致 1 号站用变压器次级空气断路器跳闸。但主接触器 1C 线圈没有失磁，故主接触器 1C 不返回，会造成所变压器二次向一次倒送电。

（4）防范建议。

1）110（66）kV 及以上电压等级变电站应至少配置两路站用电源。装有两台及以上主变压器的 330kV 及以上变电站和地下 220kV 变电站，应配置三路站用电源。站外电源应独立可靠，不应取自本站作为唯一供电电源的变电站。

2）当任意一台站用变压器退出时，备用站用变压器应能自动切换至失电的工作母线段，继续供电。

3）两套分列运行的站用交流电源系统，电源环路中应设置明显断开点，禁止合环运行。

### 2.1.3　低压交流保护级差配置不合理

级差配置不合理导致高频开关电源屏交流输入失电。

（1）案例简述。

某 220kV 变电站运维人员开展 380V 站用交流电源系统例行切换试验操作时，引起两套 48V 通信电源相继失电，进而导致光路中断、网元脱管，造成 10 条 220kV 线路保护通道中断。

（2）处理情况。

经现场检查及监控信号时序判断，事故原因为 380V 站用交流电源系统切换过程中，运维人员操作拉开 380V 站用电开关时，站用交流电源 Ⅰ 段母线短时失电，通信电源 1 号交流分配屏、2 号交流分配屏内切换装置动作，引起 1 号高频开关电源屏交流输入短时失电，3 号通信电源模块失电重启过程中内部短路故障引起模块交流输入断路器跳闸，由于充电模块交流输入断路器与 1 号交流分配屏至 1 号高频开关电源屏的"充电电源空气断路器"级差不配合，两个断路器同时跳闸，导致 1 号高频开关电源屏交流输入失电。

由于分段开关故障未动作，380V 站用交流电源切换不成功，4s 后开关自动合闸，通信电源 1 号交流分配屏、2 号交流分配屏内切换装置再次动作切换（1 路交流输入主供电）。此时，2 号高频开关电源屏内交流输入切换过程中 2 号、3 号模块内部故障，引起通信电源模块交流输入开关跳闸，而充电模块交流输入开关与 2 号交流分配屏至 2 号高频开关电源屏的"充电电源空气断路器"级差也不配合，造成断路器也同时跳闸，导致 2 号高频开关电源屏交流输入失电。故障发生约 30min 后，因通信电源蓄电池组低压保护装置动作切除蓄电池组，导致通信电源系统全失电。

更换级差时间适配的低压保护电器后，系统恢复正常。

（3）防范措施。

针对低压交流保护设备选择性问题，《220kV～1000kV 变电站站用电设计技术规程》（DL/T 5155—2016）及《电力工程交流不间断电源系统设计技术规程》（DL/T 5491—2014）规定，变电站站用电系统各级保护电器应满足选择性动作的要求，但根据前期调研大部分变电站站用电系统未严格考虑保护电器选择性的问题，尤其是馈线断路器以下的系统。

保护电器选择性配置不当引起断路器（熔断器）越级跳闸的异常在现场时有发生，造成恶劣影响的事故也屡见不鲜。根据 DL/T 5155—2016，"负荷侧断路器保护瞬动，电源侧保护应延时 0.15～0.2s 动作；总电源保护宜带 0.3～0.4s 动作延时"。

设计单位应重点考虑站用交流系统主进、馈线、分屏前三级的级差配合问题，对于负荷侧或第四级，采用有级差配合表的同一厂家断路器可以满足级差的问题，但由于采购等方面造成的无法采用统一厂家断路器的情况，可不考虑负荷与分屏间级差的问题。对于主进和馈线断路器的选择，由于相间短路电流较大，宜按 DL/T 5155 的规定，采用延时的方式满足选择性要求。但要注意，带延时功能的电子式塑壳断路器或框架断路器，一般瞬时脱扣功能无法关闭（大部分断路器的瞬时脱扣电流是延时脱扣电流的 2 倍），由于第一、二级线路较短，短路电流较接近，此时无法避免第一级断路器瞬时脱扣。目前，各低压断路器生产厂家均有可以关闭瞬时脱扣功能的产品可供选择。

## 2.1.4　低压交流系统误接线

1. 交流电源误接线造成发电厂停电

（1）案例简述。

某地区 220kV 与 500kV 之间系统发生振荡。该地区发电厂 A 和发电厂 B 两个电厂全厂停电。

（2）处理情况。

发电厂 A 高压试验人员在升压站 220kV 设备区进行甲开关试验时，人为误操作将交流电源误接入站内直流电源系统，造成 3 条 500kV 线路先后掉闸，并引起系统振荡。更正交流电源接线后，重新将发电厂并网运行。

（3）防范措施。

严格避免交流电源端子和直流电源端子误解，做好工程验收检查，防范交流电源窜入直流电源。

2. 交流电源误接造成发电机保护误动

（1）案例简述。

某发电厂 2 号机主变压器出口开关跳闸，6kV 3 段工作电源进线开关跳闸，6kV 4 段工作电源进线开关跳闸，汽轮机主汽门关闭，锅炉灭火。

（2）处理情况。

现场检查发现 2 号机组高压厂变压器风扇启动指令电缆与高压厂变压器气体继电器动作回路在转接端子排被错误环接。当发电厂变压器组保护发出高压厂变压器风扇启动指令，接点闭合后，高压厂变压器风扇启动控制电源（交流）与气体继电器动作回路（直流）连接，从而将交流电源加入发电厂变压器组保护的直流回路，造成发电厂变压器组保护误动。更正交流电源接线后，恢复正常运行。

（3）防范措施。

严格避免交流电源端子和直流电源端子误接，做好工程验收检查，防范交流电源窜入直流电源。

## 2.2 设备类典型故障诊断与分析

站用交流电源设备典型故障包括低压电缆故障、低压交流自动投切设备故障、低压交流开关设备故障等。

### 2.2.1 站用变压器运行异常

1. 站用变压器油中氢气超标

（1）案例简述。

某年 1 月 2 日，某 110kV 变电站 35kV 站用变压器油中溶解气体进行带电检测时，发现其氢气（$H_2$）为 583.1μL/L。随后对设备进行了跟踪，4 月 9 日为 1354.18μL/L，数值大于 150μL/L，超过注意值 9 倍多，并且每月增长约 300μL/L。

（2）处理情况。根据《输变电设备状态检修试验规程》（Q/GDW 1168—2013）规定，运行中，35kV 变压器油中溶解气体氢气（$H_2$）应小于 150μL/L。经上报协商，根据检修计划进行停电处理。

运检人员于 5 月 9 日对该 110kV 变电站 35kV 站用变压器进行停电换油。更换后，电气人员跟踪数据发现氢气增长速度快，判断设备内有由高湿度、高含气量引起的低能量密度的局部放电故障。更换站用变压器进行处理，更换后数据见表 2-1。

表 2-1　　　　　　　　　处理后试验结果汇总表

| 序号 | 分析日期 | $H_2$ | CO | $CO_2$ | $CH_4$ | $C_2H_4$ | $C_2H_6$ | $C_2H_2$ | 总烃 | 结论及处理意见 |
|---|---|---|---|---|---|---|---|---|---|---|
| 1 | 2019 年 5 月 9 日 | 21.35 | 20.76 | 372.34 | 3.54 | 0.13 | 0.34 | 0.0 | 4.01 | 换油处理后、投前试验数据，符合投运标准 |

| 序号 | 分析日期 | $H_2$ | CO | $CO_2$ | $CH_4$ | $C_2H_4$ | $C_2H_6$ | $C_2H_2$ | 总烃 | 结论及处理意见 |
|---|---|---|---|---|---|---|---|---|---|---|
| 2 | 2019 年 5 月 10 日 | 58.7 | 19.6 | 389.61 | 10.5 | 0.11 | 0.48 | 0.0 | 11.09 | 投后 1 天，$H_2$ 增长快，按期跟踪 |
| 3 | 2019 年 5 月 14 日 | 165.48 | 8.05 | 416.65 | 12.09 | 0.12 | 0.97 | 0.0 | 13.18 | 投后 4 天，$H_2$ 超注意值，按期跟踪 |
| 4 | 2019 年 5 月 20 日 | 234.61 | 12.75 | 360.52 | 21.38 | 0.1 | 1.85 | 0.0 | 23.33 | 投后 10 天，$H_2$ 增长快，按期跟踪 |
| 5 | 2019 年 6 月 13 日 | 366.05 | 20.3 | 428.66 | 35.86 | 0.17 | 3.59 | 0.37 | 39.99 | 投后 1 月，$H_2$ 增长快，定期跟踪 |
| 6 | 2019 年 7 月 12 日 | 650.46 | 41.46 | 361.48 | 59.21 | 0.0 | 4.51 | 0.0 | 63.72 | $H_2$ 增长快，定期跟踪 |
| 7 | 2019 年 8 月 14 日 | 974.51 | 60.89 | 564.32 | 89.47 | 0.34 | 7.38 | 0.0 | 97.19 | 跟踪试验，$H_2$ 增长较快。建议更换处理 |
| 8 | 2019 年 10 月 31 日 | 1291.48 | 95.42 | 420.27 | 144.27 | 0.0 | 9.82 | 0.0 | 154.09 | 跟踪试验，$H_2$ 增长较快。建议更换处理 |
| 9 | 2019 年 11 月 1 日 | 1.19 | 32.64 | 228.37 | 0.45 | 0.1 | 0.0 | 0.0 | 0.55 | 更换设备后，投前试验，符合投运标准 |

（3）原因分析。

通过表 2-2～表 2-5 发现该 110kV 变电站 35kV 站用变压器投运前和 2019 年 4 月油中溶解气体氢气（$H_2$）的数据发生了很大的变化，其数值增长比较快。氢气已大于 $150\mu L/L$，大于标准注意值的 9 倍多，确定为危急缺陷。

表 2-2　　　　某 110kV 变电站 35kV 站用变压器油中溶解气体带电检测

| 设备名称 | 35kV 站用变压器 | 电压等级 | 35kV | 安装地点 | 某 110kV 变电站 |
|---|---|---|---|---|---|
| 运行编号 | 1 号 | 出厂日期 | 2018 年 1 月 | 投运日期 | 2019 年 10 月 |
| 试验数据 | $H_2$：$1354.18\mu L/L$ | | 标准 | | 小于 $150\mu L/L$ |
| 检测时间 | 2019 年 4 月 9 日 | | | | |

表 2-3　　　　　　试 验 数 据 对 比

| 测试时间 | 氢气/（$\mu L/L$） | 标准 |
|---|---|---|
| 2018 年 9 月 12 日 | 0 | 根据 Q/GDW 1168—2013《输变电设备状态检修试验规程》规定，运行中，35kV 变压器油中溶解气体氢气应小于 $150\mu L/L$ |
| 2019 年 4 月 9 日 | 1354.18 | |

表 2 - 4　　　　　　　　　　　　　　投运前及部分跟踪试验数据汇总

| 试验日期 | 油色谱分析成分及含量/（μL/L） | | | | | | | |
|---|---|---|---|---|---|---|---|---|
| | $H_2$ | CO | $CO_2$ | $CH_4$ | $C_2H_4$ | $C_2H_6$ | $C_2H_2$ | 总烃 |
| 2018 年 9 月 12 日 | 0 | 32.28 | 100.53 | 1.22 | 1.39 | 0.56 | 0 | 3.17 |
| 2019 年 1 月 2 日 | 583.1 | 59.24 | 374.23 | 28.8 | 0.16 | 2.26 | 0 | 31.22 |
| 2019 年 1 月 28 日 | 788.75 | 62.2 | 354.67 | 43.36 | 0.13 | 3.27 | 0 | 46.76 |
| 2019 年 2 月 28 日 | 1090.68 | 68.09 | 354.63 | 66.29 | 0 | 4.58 | 0 | 70.87 |
| 2019 年 4 月 9 日 | 1354.18 | 81.73 | 328.42 | 94.97 | 0.23 | 5.91 | 0 | 100.61 |
| 2019 年 5 月 9 日 | 21.35 | 20.76 | 372.34 | 3.54 | 0.13 | 0.34 | | 4.01 |

表 2 - 5　　　　　　　　　　　　　2019 年 4 月 9 日分析数据

| 气体类别 | $H_2$ | CO | $CO_2$ | $CH_4$ | $C_2H_4$ | $C_2H_6$ | $C_2H_2$ |
|---|---|---|---|---|---|---|---|
| 数值/（μL/L） | 1354.18 | 81.73 | 328.42 | 94.97 | 0.23 | 5.91 | 0 |

由表 2~表 5 可知，$C_2H_2/C_2H_4=0$，$CH_4/H_2=94.97/1354.18=0.07<0.1$，$C_2H_4/C_2H_6=0.56/13.68=0.04<0.1$。

根据三比值编码规则，应为 010，为局部放电。参考故障例为"高湿度，高含气量引起油中低能量密度的局部放电"。

上述站用变压器通过产生的特征气体及三比值计算，初步判定为存在局部放电。

（4）防范建议。

环己烷是变压器油的主要成分之一，在炼油过程中，由于工艺条件的限制，难免要在变压器油的馏分中残留少量的轻质馏分，其中也可能包括环己烷。在某些条件下（如催化剂、温度等）就可能因为它发生脱氢反应而产生氢气。一般情况下经过较长的运行时间后，正逆反应的速度逐渐接近，从而达到了动态平衡。

变压器油含烷烃，且其热稳定性最差，在高温下会发生裂化产生氢气。当设备内部存在故障引起过热而引发烷烃的裂化反应时，会伴随一些气态烃的产生，如甲烷、乙烷、乙烯、乙炔等。如果这些特征气体含量很高，同时伴随着氢气含量很大，就可以断定是由设备内部故障所引起的。

有一些站用变压器绕组采用漆包线工艺进行制作，由于制作工艺较为粗糙，表面漆涂层在高温下容易发生分解，从而产生氢气。此外，站用变压器在加工过程及焊接时吸附了氢，未经处理即安装，也会导致所含氢气慢慢地释放到油中。

对油中出现的氢气组分增长较快，同时油中溶解气体无乙炔、总烃值也不大的情况下，可以排除站用变压器内部缺陷。当油中微水含量也随之增长迅速时，可以怀疑是变压器密封存在缺陷，可在检修时仔细检查密封状况，进行处理。在处理之后必须要进行一段时间的跟踪试验，确保密封状况的良好，直至氢气含量稳定后方可认为设备内部无故障。

2. 站用变压器匝间短路故障

（1）案例简述。

2020 年 8 月 11 日，某 35kV 变电站 1 号站用变压器故障，故障前系统运行方式如图 2 - 5

所示，1 号站用变压器电源 T 接于站外线路，1 号站用变压器为站用电系统主供电源。此前，2 号站用变压器已因故障停运，故障发生造成站内全部停电。

（2）处理情况。

后续对 35kV 1 号站用变压器进行停电更换。更换后现场如图 2-6 所示，试验数据正常。

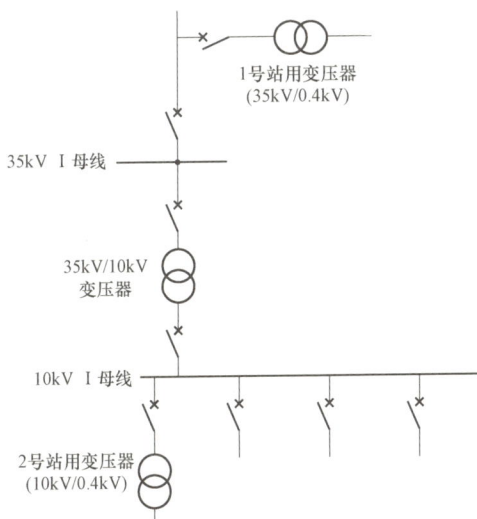

图 2-5　故障前系统运行方式

图 2-6　更换后现场

（3）原因分析。

35kV 1 号站用变压器外观完好，高压侧 C 相熔断器熔丝断裂，如图 2-7 所示。

图 2-7　站用变压器高压侧 C 相熔断器熔丝断裂

使用直流电阻测试仪对电路内部的电阻进行测试，其结果见表 2-6。

表 2-6　　　　　　　　　　　　　　　　绕组直流电阻实验结果

| 高压侧/Ω | AB | BC | CA | 不平衡系数（%） |
|---|---|---|---|---|
| 运行挡位 1 挡 | 389.3 | 390.4 | 389.7 | 0.282 |
| 运行挡位 2 挡 | 367.5 | 368.1 | 368.0 | 0.163 |
| 运行挡位 2 挡 | 346.1 | 346.7 | 346.5 | 0.173 |
| 低压侧/mΩ | a0 | b0 | c0 | 不平衡系数（%） |
|  | 26.19 | 26.17 | 0.0092 | 149.978 |

直流电阻的相关参数标准如下：1600VA 及以下容量等级三相变压器，各相得值的相互差值应小于平均值的 4%，线间测得值的相互差值应小于平均值的 2%；同一温度下，各相电阻的初值差相不超过 2%。但实验测得的结果是各相电阻的初值相差远大于 2%，不符合标准。

使用变压器变比测试仪对线圈绕组的变压比进行测试，其结果见表 2-7。

表 2-7　　　　　　　　　　　线圈绕组电压比测试结果

| 分接位置 | 标准变比 | AB/ab | | BC/bc | | CA/ca | |
|---|---|---|---|---|---|---|---|
| | | 实测值 | 误差（%） | 实测值 | 误差（%） | 实测值 | 误差（%） |
| 1 | 91.875 | 91.979 | 0.11 | 91.973 | 0.11 | 671918 | 9999 |
| 2 | 87.500 | 87.792 | 0.33 | 87.659 | 0.18 | 91406 | 9999 |
| 3 | 83.125 | 83.404 | 0.34 | 83.255 | 0.16 | 86561 | 9999 |

《输变电设备状态检修试验规程》（Q/GDW 1168—2013）中对变压比的规定如下：所有分接的变压比应符合标准变压比规律；变压器额定分接下的变压比初值差不应超过 0.5%。而本次试验检测的变压器变压比完全不符合规定。

结合上述试验数据分析得出：绕组各分接位置下电压比 C 相不符合规程标准，绕组直流电阻测试中 C 相阻值不符合规程标准，试验不合格，初步判断为所变压器低压侧 C 相绕组存在匝间短路的情况。

综上所述，本次事故是由于绕组导线纸包绝缘在空载合闸冲击下受损，在投运后由于热和电磁振动累积效应导致匝间绝缘击穿，绕组直流电阻测试中 C 相阻值不符合规程标准，同时进行的试验结果也不合格，最后绕组的故障致使匝间出现电流短路的情况。

（4）防范建议。

1）严格控制入网电器设备质量管理。对变压器、断路器、互感器、电力电缆等主要一次电气设备，从到货验收开始，依照技术监督相关细则做好监督和检查工作。

2）对于 35kV 变电站，当发生站用电源故障时，应尽快完成故障处置，确保两路电源稳定运行，避免只存在一路可用电源长期运行的情况。当只有一路站用电源可用时，建议为变电站配置应急电源。

### 2.2.2　低压电缆故障

1. 低压交流电缆着火引起保护通信线路中断

（1）案例简述。

某 500kV 变电站低压交流动力电缆着火，导致同沟敷设的其他光缆、电缆烧损，最终造成母线失灵保护动作。

（2）处理情况。

该 500kV 变电站 500kVⅡ母、500kVⅠ母失灵保护先后动作，两条母线先后失压。现场检查发现动力电缆（钢带铠装）绝缘损坏，在连续阴雨天气影响下，电缆相线对钢铠层发生放电。经计算，接地故障电流约为 71A（钢铠电阻约 3.1Ω），未达到塑壳断路器最小动作电流值（120A），塑壳断路器未跳闸。持续电弧燃烧导致同沟敷设的其他光缆、电缆烧损，最终造成母线失灵保护动作。检修人员更换损坏的低压交流电缆和低压直流电缆，后续配置剩余电流监测装置。

（3）原因分析。

相关设计单位在进行空气断路器配置计算时采用《低压配电设计规范》（GB 50054—1995）4.4.7 和 4.4.10 条款作为电缆末端短路保护的依据："对于相线对地标称电压为 220V 的 TN 系统配电线路的接地故障保护，当切断配电线路或仅供给固定式电气设备用电的末端线路故障回路时间不大于 5s 时，宜采用过电流保护兼做接地故障保护"。该条款的"接地保护"实际为"间接接触防护"，不应作为电缆末端短路保护的依据。而应该采用 GB 50054 中对于短路保护的规定："当保护电气为低压断路器时，短路电流不应小于低压断路器瞬时或短延时过电流脱扣器整定电流的 1.3 倍"。DL/T 5155—2016 对于电缆末端短路保护的要求更高，其 E.0.1 条规定"当短路保护电器为断路器时，被保护线路末端的短路电流不应小于断路器瞬时或短延时过电流脱扣整定电流的 1.5 倍"。图 2-8 所示为变电站动力电缆着火事故现场。

图 2-8 变电站动力电缆着火事故现场
(a) 故障电缆沟线缆烧损情况；(b) 现场电缆沟照片

（4）防范建议。

交流电缆着火一般有两个原因：一是电缆绝缘损坏爬电起弧引发电缆着火，此时弧电流较小，该问题一般用剩余电流监测/保护装置解决；二是电缆首端保护用断路器灵敏度不足，电缆远端发生短路故障时，断路器无法在短时间内断开，电缆长时间流过故障电流，超过其热稳定极限，导致电缆着火。建议光缆、通信电缆与低压交流电缆分沟敷设，避免低压交流电缆着火引起直流系统故障。

针对低压交流保护设备灵敏度问题，《220kV～1000kV 变电站站用电设计技术规范》（DL/T 5155—2016）规定：被保护线路末端的短路电流不应小于断路器瞬时或短延时过电流脱扣整定电流的 1.5 倍。当线路过长时，电子脱扣断路器也无法满足 1.5 倍灵敏度的规定时，根据《火力发电厂厂用电设计技术规程》（DL/T 5153—2014）第 8.8.4 条，当断路器本身的短路短延时或瞬时脱扣器灵敏度不满足要求时，应采用零序保护。应注意，保护灵敏度的要求适用于所有低压交流电缆，部分变电站站用变压器距离交流配电室较远，采用长电缆连接。如站用变压器低压侧无出线断路器，这段进线电缆发生绝缘损坏时一般只能靠站用变压器高压侧断路器或熔断器切除，由于经过了变压器阻抗，高压侧断路器或熔断器往往达不到保护低压侧出线电缆末端短路的灵敏度要求。根据 DL/T 5153—2014 第 8.2.3 条规定，中性点直接接地的低压厂用电系统，单相接地短路可利用电源变压器中性点电流互感器中产生的零序电流来实现，或利用变压器低压侧母线电源进线回路的断路器自带的零序电流过滤装置检出零序电流。

为了防范交流动力电缆起火引起控制、通信电缆故障，可采取动力电缆与控制电缆、通信电缆分沟，同沟布置的动力电缆与控制电缆进行分层隔离等措施。针对不具备分沟条件的变电站，根据实际情况采取沟内分层隔离改造。对电缆沟（竖井、夹层）内动力电缆与控制电缆、通信电缆施行有效隔离措施。

**2. 某 220kV 变电站低压交流电缆故障**

（1）案例简述。

变电人员进行某 220kV 变电站 35kV 1 号接地站用变压器停电工作时，发现高压侧停电后，备自投装置无法进行自动切换。现场检查发现，交流电源屏上备自投切换装置、交流电源系统监控装置以及两路进线开关母联开关的状态及分合闸指示灯均失电。

（2）处理情况。

检修人员到达现场详细检查，发现相应直流支路的电源空气断路器因故障跳开。首先测量了空气断路器两端电压正常排除了空气断路器故障，发现问题集中在图 2-9 所示的端子排 D7 区域。该区域内侧电缆共连接 2 组电源、交流联络屏上 RK1 监控装置断路器以及

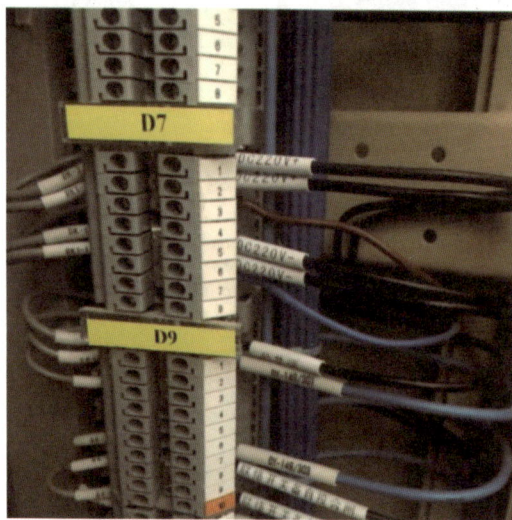

图 2-9　现场低压交流端子排

1DK 控制回路断路器，外侧黑色电缆共连接五个空气断路器。逐级排查该区域故障来源，首先测量 D7 端子排电源电压不正常，正负极之间无电压，初步确认故障在这一截电缆或电源到装置内部的电缆路径。五路空气断路器均断开时，测量得到 D7 端子排电源电压仍不正常，进一步排除空气断路器一端装置故障可能。最终测量电缆绝缘电阻，正极线电阻为 342.9kΩ，负极线电阻为 0.8Ω，判断此截电缆发生故障。

故障电缆为电缆沟内厂家自配内部接线，未按要求采用钢铠保护的硬质电缆，无法提供可靠保护，故障发生率高。更换故障电缆后，恢复正常运行。

（3）防范措施。

建议开展站用低压交流电缆剩余电流监测，及时发现电缆绝缘问题。

### 2.2.3　低压交流自动投切设备故障

1. 自动投切设备故障导致交流电源失电

（1）案例简述。

某变电站主供电源 110kV Ⅰ线发生短路故障，变电站短时全站失电，同时失去站用电，备用线投入成功后，因交流屏切换回路设计不合理造成所用电未能自动投入，全站失去所用电源。

（2）处理情况。

运维人员到达现场后，手动合上站用交流电源系统次级总开关后恢复。

（3）原因分析。

该 110kV 变电站设计安装 2 台主变压器，配置两台消弧线圈接地变压器兼站用变压器，分别接于该站 10kV Ⅰ、Ⅱ母线上 1A1、1A2 开关；110kV 进线两条，采用进线备投方式。

故障发生后，变电运维人员赶赴现场后手动投入交流屏进线电源，该变电站所用交流输入恢复，交、直流运行正常。

所用电切换回路原理图如图 2 - 10 所示。

两路电源在仅失去 1 路电源（3ZJ 或 4ZJ 有压继电器返回）时，可以起到备投作用。但两路电源同时失去时，两个回路同时复归；当两路电源同时恢复时，2 个控制回路均无法动作，所用电无法自投。

后经修改回路，将 4ZJ：13、4ZJ：14 短接，确保在以上情况下，优先投入第 1 路进线电源，经实践检验，所用电备自投功能正常。

（4）防范建议。

该交流投切设备回路存在问题，在两路所用电进线同时失电时，所用电无法自动投入，必须由运维人员手动投入，使变电站存在所用电全失的重大安全隐患。

交流屏投运验收存在安全死角，仅模拟两路电源分别失去的情况下的自投功能，不能模拟和检验极端情况下两路交流电源全失的情形。

建议加强所用电切换回路原理图的审核和功能验收，确保所用交流电自投功能正常。

2. 自动投切设备主触点故障

（1）案例简述。

2020 年 10 月某日，某 500kV 变电站交流配电屏 ATS 装置内部长期运行的 1 号主触点模块发生故障，无法正常吸合，且未达到切换 2 号主触点模块触发条件，使得交流配电屏输出电压中断。故障发生时，蓄电池容量不足，造成通信设备失电，导致 7 条 500kV 线路、6 条 220kV 线路单套继电保护通道中断。

（2）处理情况。

现场检查发现，通信电源交流配电屏 ATS 装置内部长期运行的 1 号主触点模块发生故障，无法正常吸合，且未达到切换 2 号主触点模块触发条件，使得交流配电屏输出电压中

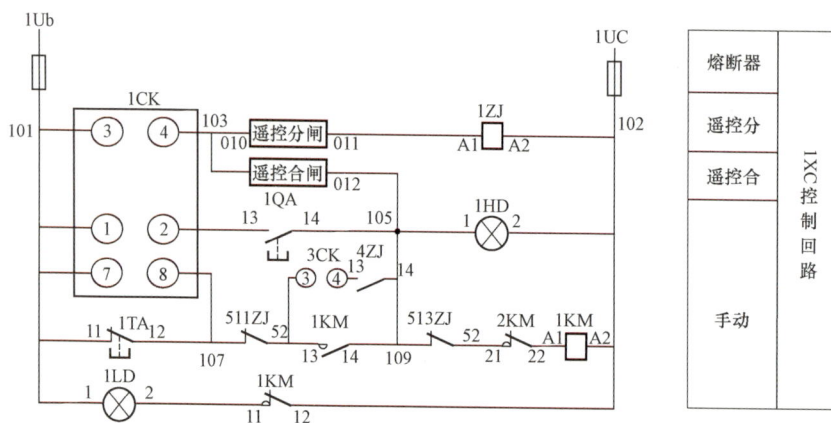

(a)

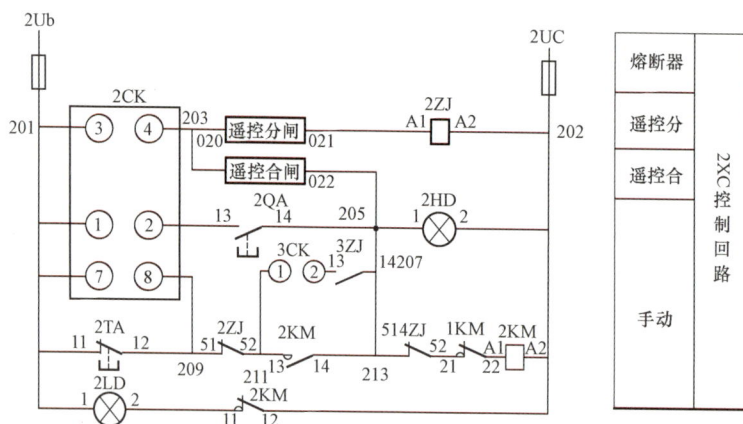

(b)

图 2-10  所用电切换原理图

（a）1XC 控制回路；（b）2XC 控制回路

断，该站动环监控系统交流失电告警采集终端由交流供电，当交流输入中断后，电源监控信号采集终端无法正常工作，未能及时上送交流失电告警信息，造成蓄电池电量耗尽，直流电源系统失电。同时蓄电池管理不善，实际供电时间为 1h20min，不满足后备供电时间 4h 的要求，进一步扩大了事故。2019 年 5 月至事故发生时，该站通信电源仅进行过一次双路交流输入切换试验，未严格按照通信电源运维规程开展每季度定期试验，未能发现 ATS 设备隐患。更换故障 ATS 设备和蓄电池组后，恢复正常运行。

（3）防范建议。

应定期开展交流自动投切装置的双路交流输入切换试验，并对频繁投切且功率较大的负荷（如主泵、风扇电机、加热器等）接触器触头进行检查，对触头烧蚀严重的接触器应进行更换。图 2-11 所示为 ATS 触头动作异常。

当站用交流电源系统失电后，如果直流电源系统蓄电池容量不足或者蓄电池与直流母线未可靠连接，将连带引起直流电源系统失电，应做好站用直流电源系统巡视和蓄电池核容工作。

3. 自动投切设备智能交流控制器故障

（1）案例简述。

某 330kV 变电站 35kV 母线单母运行，2 号站用变压器运行于 35kV Ⅱ 段母线，3 号站用变压器运行于 35kV Ⅲ 段母线，10kV 站用电源取自 35kV 某变电站 116 线。1 号 ATS 两侧电源分别来自 2 号站用变压器低压侧和 0 号站用变压器低压侧（图 2 - 12）。

运维人员检查发现 382 1 号电源、380 0 号电源电压正常，1 号 ATS 装置智能交流控制器，指示灯不停闪烁，画面无法正常显示，无法判断控制器参加两侧电压是

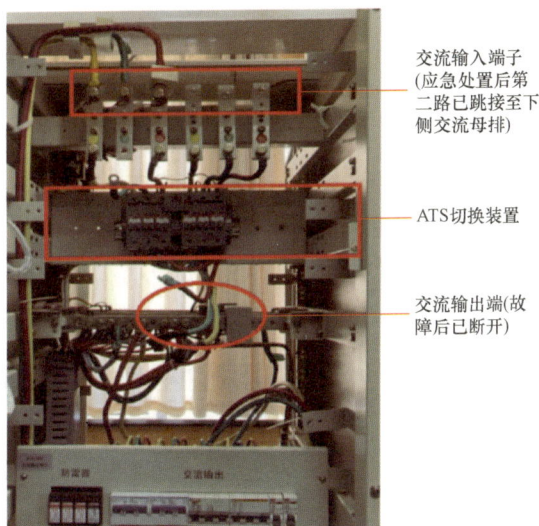

图 2 - 11　ATS 触头动作异常

否正常。因控制器显示异常，380V Ⅰ 段母线带有主变风冷、站用直流等重要负荷，因此，进行 1 号 ATS 切换试验验证切换功能风险较大，故未实际验证。现场按照严重缺陷记录上报运检部督促检修部门尽快到站处理。

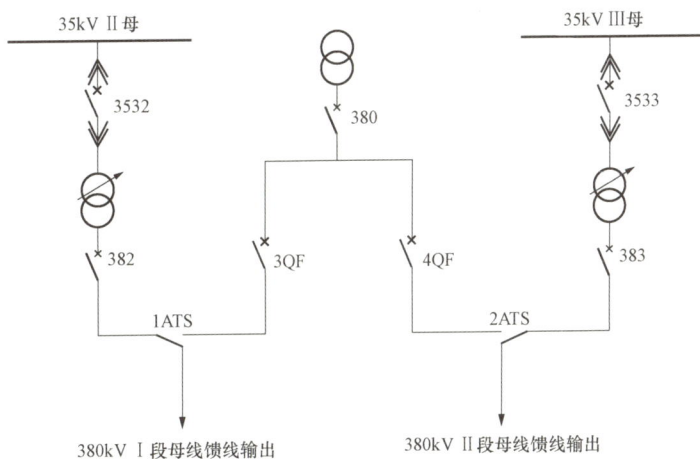

图 2 - 12　站用电源接线图

（2）处理情况。

检修人员到站现场检查发现为 1 号 ATS 智能交流控制器硬件故障造成屏闪及功能缺失。现场将 1 号 ATS 切换至手动 A 位后，对 1 号 ATS 智能交流控制器进行整体更换，更换后控制器显示正常，开展站用交流 ATS 切换试验功能正常。

（3）原因分析。

该 330kV 变电站 380V 1 号 ATS 智能交流控制器偶发性硬件故障为本次异常的主要原因。

（4）防范建议。

1）严格按照五项通用管理规定开展变电站二次设备巡视工作，关注二次装置的采集、显示等基本运行情况。

2）定期开展 ATS 装置切换试验工作标准化作业，确保各类自动化设备功能正常。

4. 自动投切设备接线错误导致不能正常切换

（1）案例简述。

某 110kV 变电站低压交流进线不能自动切换，低压交流母线电压为 0V。图 2-13 所示为现场异常情况。

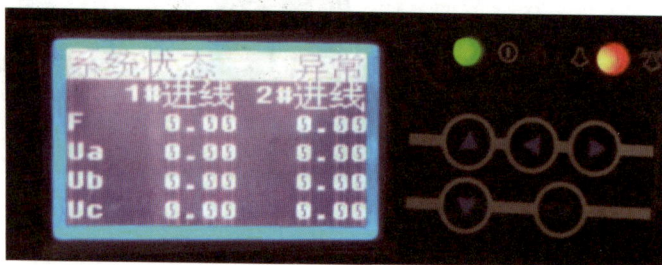

图 2-13　现场异常情况

（2）处理情况。

经检查发现两个问题导致无法自动切换：

1）2 号进线电压二次回路接线错误，误接交流出线电压，导致 1 号进线停电后，不满足切换动作条件，无法自动切换。

2）控制器切换模式参数设置错误，设置为手动模式（应设置为自动模式），无法自动切换。现场修改 2 号进线电压二次回路接线并将切换模式改成自动切换，两路交流可以自动切换。

（3）防范措施。

加强交流切换装置安装验收工作，避免出现接线错误。调试期间检查设备运行状态，发现问题及时消除。

5. 失电压脱扣延时继电器损坏造成备自投功能故障

（1）案例简述。

某 500kV 变电站 380V Ⅱ段母线 402 断路器与 421 断路器备自投功能故障。

（2）处理情况。

检修人员对 402 断路器、421 断路器进行检查，发现 402 断路器失压线圈损坏，380V Ⅱ段母线失电压脱扣延时继电器损坏。对 402 断路器失压线圈、延时继电器进行更换，备自投功能恢复正常。图 2-14 所示为失电压脱扣延时继电器损坏现场。

（3）原因分析。

因 402 断路器失压线圈损坏，380V Ⅱ段母线失电压脱扣延时继电器损坏，造成备自投不能正确动作。

（4）防范措施。巡视人员定期对 380V 低压系统运行状况进行检查，定期进行备自投功

图 2 - 14　失电压脱扣延时继电器损坏现场

能试验。

### 2.2.4　低压交流开关设备故障

1. 低电压脱扣装置延时设置不合理造成交流系统失电

（1）案例简述。

某 110kV 变电站 35kV 出线电缆沟失火，导致该 110kV 变电站以及与之邻近的 330kV 某变电站失火。

失火的 330kV 变电站为 3/2 接线方式 6 回 330kV 出线，3 台 330kV 主变压器运行。110kV 变电站为双母运行，共 14 回 110kV 出线（9 回出线运行、5 回出线备用）。110kV 变电站有 2 台 110kV 主变压器运行，与 330kV 变电站在同一围墙内（同站共建），1 号、2 号、3 号变压器为 330kV 变电站主变压器，4 号、5 号变压器为 110kV 变电站主变压器。

某日 0 时 28 分，110kV 变电站 35kV 出线电缆沟失火，保护未正确动作，切除故障，导致 110kV 变电站 4 号、5 号主变压器、330kV 变电站 3 号主变压器起火受损，330kV 变电站 1 号、2 号主变压器漏油。

（2）处理情况。

通过外来电源带供 330kV 变电站、110kV 变电站负荷后，立即对两变电站开展抢修。

（3）原因分析。

1）330kV 变电站直流系统二次回路存在寄生回路。直流系统Ⅰ段、Ⅱ段直流母线改造完成后，原蓄电池 1 号、2 号双投刀闸处于断开位置，蓄电池未与直流母线导通。但站内直流供电由 3 号充电装置给直流Ⅰ段母线供电，直流Ⅱ段母线通过寄生回路由外部馈线环网供电，造成直流系统运行正常的假象，事故前未出现直流供电异常运行的告警信号。

2）330kV 变电站站用变压器低压侧 380V 进线开关失电压脱扣功能参数设置不合理。进线开关具有失电压脱扣功能，且无延时，容易导致在瞬时低电压情况下失电，导致站用交流系统失电。

3）事故时 330kV 变电站站用系统无外接可靠备用电源。按设计方案，330kV 变电站设置有 1 台备用站用变压器，电源引接自其他 330kV 变电站。调查发现，事故时，由于考虑夏季用电高峰期间相邻部分线路重载及提高供电可靠性等因素，运行方式调整，备用站用变压器电源引接改为从相邻 110kV 变电站获取。综合分析备用站用变压器电源切换需要延时、充电装置和保护装置断电后启动并恢复功能时间等因素，备用站用变压器引接电源方式调整对事故越级没有直接影响。

4）330kV 变电站站用变压器从 110kV 主变压器 10kV 侧引接，运行可靠性不高。330kV 变电站有 330kV、110kV、35kV 3 个电压等级，110kV 变电站有 110kV、35kV、10kV 3 个电压等级，2 台站用变压器均接入 110kV 主变压器 10kV 低压侧，低压侧 35kV、10kV 系统由于有大量送出负荷线路，送出线路故障容易影响 10kV 母线电压波动，进而导致站用系统运行可靠性不高，对 330kV 变电站安全运行造成较大风险。

（4）防范措施。

1）110（66）kV 及以上电压等级变电站应至少配置两路站用电源。装有两台及以上主变压器的 330kV 及以上变电站和地下 220kV 变电站，应配置三路站用电源。站外电源应独立可靠，不应取自本站作为唯一供电电源的变电站。

2）变电站内如没有对电能质量有特殊要求的设备，应尽快拆除低压脱扣装置。若需装设，低压脱扣装置应具备延时整定和面板显示功能，延时时间应与系统保护和重合闸时间配合，躲过系统瞬时故障。

3）两组蓄电池的直流电源系统，其接线方式应满足切换操作时直流母线始终连接蓄电池运行的要求。

4）站用直流电源系统运行时，禁止蓄电池组脱离直流母线。

2. 低压脱扣装置延时设置不合理造成交流系统失电

（1）案例简述。

某 110kV 变电站 10kVⅠ母一回出线发生短路故障，造成 10kVⅠ母电压波动，站内交流系统 1 号站用变压器进线断路器 1DK 欠电压脱扣跳闸。双电源自动切换装置未动作，导致站内低压交流系统失电压。

该变电站于 2000 年投运，站内配置两台 10kV 站用变压器，站内交流系统配置一台双电源联锁开关，可实现主、备共电源自动切换。

正常运行时，由 10kVⅠ母 1 号站用变压器 561 作为主供电源供电，其接线如图 2-15 所示。

由图 2-15 可见，双电源联锁开关监视电压接自进线断路器上方，尽管 1DK 跳闸，但装置未检测到失电压，因此未自动切换至备用电源供电，造成全站低压交流系统失电。

（2）处理情况。现场检查发现存在以下问题：

1）该变电站交流系统低压进线断路器欠电压脱扣线圈未设置一定延时，应对该类断路器脱扣设置一定延时，防止因站用电系统一次侧电压瞬时跌落造成欠电压脱扣线圈动作，造成低压交流系统失电。

2）该变电站交流系统双电源联锁开关电压监视取自进线断路器上端，当进线断路器由于各种原因跳开时无法自动切换电源，造成全站交流失电压。

检修人员拆除站用交流系统低压进线断路器欠电压脱扣线圈。联系双电源联锁开关厂家，将电压监视改接至进线断路器下侧如图 2-16 所示。

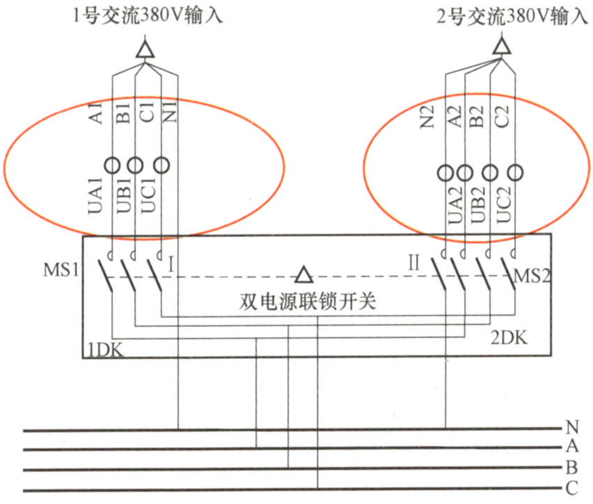


图 2-15　自动切换装置控制回路

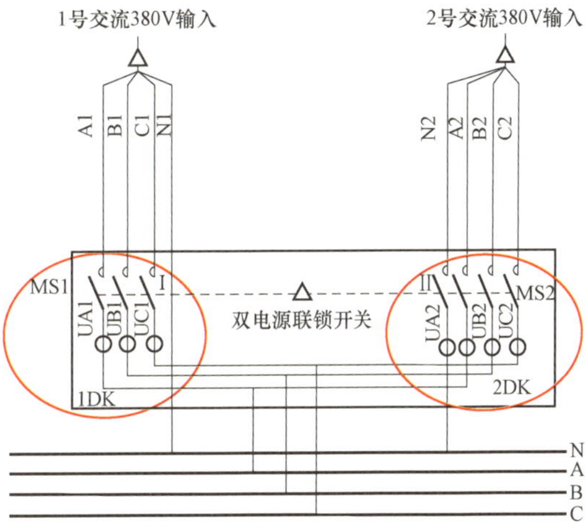


图 2-16　变更后自动切换装置控制回路

### 3. 某 220kV 变电站开关端子箱交流电源端子烧坏

（1）案例简述。

某 220kV 变电站 1 号、2 号站用变压器屏的交流系统剩余电流监测装置检测到交流系统支路 43、支路 44、支路 45 剩余电流超过定值（0.25A），并发出“交流系统绝缘降低”告警，如图 2-17 所示。其中支路 43 的剩余电流高达 3.1A，初步判断 3 条支路发生了电击、漏电故障。

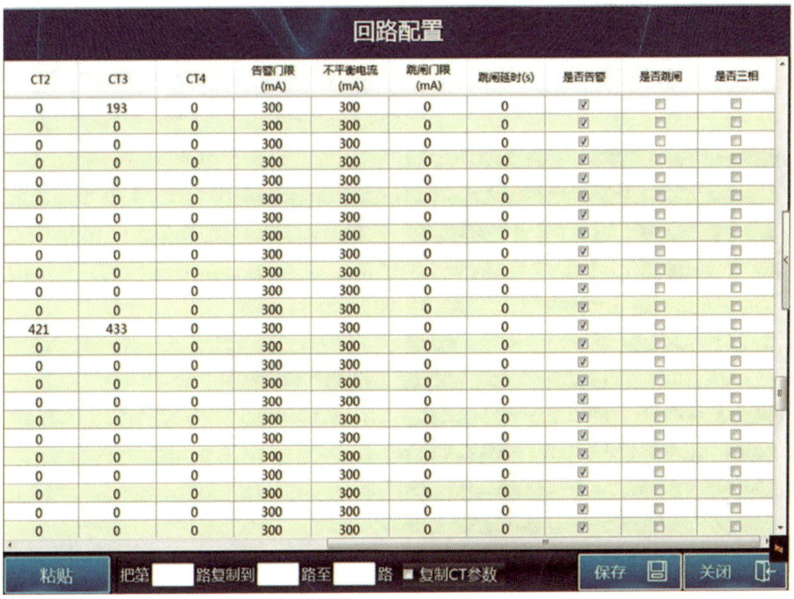

回路配置

| CT2 | CT3 | CT4 | 告警门限 (mA) | 不平衡电流 (mA) | 跳闸门限 (mA) | 跳闸延时(s) | 是否告警 | 是否跳闸 | 是否三相 |
|---|---|---|---|---|---|---|---|---|---|
| 0 | 193 | 0 | 300 | 300 | 0 | 0 | ☑ | ☐ | ☐ |
| 0 | 0 | 0 | 300 | 300 | 0 | 0 | ☑ | ☐ | ☐ |
| 0 | 0 | 0 | 300 | 300 | 0 | 0 | ☑ | ☐ | ☐ |
| 0 | 0 | 0 | 300 | 300 | 0 | 0 | ☑ | ☐ | ☐ |
| 0 | 0 | 0 | 300 | 300 | 0 | 0 | ☑ | ☐ | ☐ |
| 0 | 0 | 0 | 300 | 300 | 0 | 0 | ☑ | ☐ | ☐ |
| 0 | 0 | 0 | 300 | 300 | 0 | 0 | ☑ | ☐ | ☐ |
| 0 | 0 | 0 | 300 | 300 | 0 | 0 | ☑ | ☐ | ☐ |
| 0 | 0 | 0 | 300 | 300 | 0 | 0 | ☑ | ☐ | ☐ |
| 0 | 0 | 0 | 300 | 300 | 0 | 0 | ☑ | ☐ | ☐ |
| 0 | 0 | 0 | 300 | 300 | 0 | 0 | ☑ | ☐ | ☐ |
| 0 | 0 | 0 | 300 | 300 | 0 | 0 | ☑ | ☐ | ☐ |
| 421 | 433 | 0 | 300 | 300 | 0 | 0 | ☑ | ☐ | ☐ |
| 0 | 0 | 0 | 300 | 300 | 0 | 0 | ☑ | ☐ | ☐ |
| 0 | 0 | 0 | 300 | 300 | 0 | 0 | ☑ | ☐ | ☐ |
| 0 | 0 | 0 | 300 | 300 | 0 | 0 | ☑ | ☐ | ☐ |
| 0 | 0 | 0 | 300 | 300 | 0 | 0 | ☑ | ☐ | ☐ |
| 0 | 0 | 0 | 300 | 300 | 0 | 0 | ☑ | ☐ | ☐ |
| 0 | 0 | 0 | 300 | 300 | 0 | 0 | ☑ | ☐ | ☐ |
| 0 | 0 | 0 | 300 | 300 | 0 | 0 | ☑ | ☐ | ☐ |
| 0 | 0 | 0 | 300 | 300 | 0 | 0 | ☑ | ☐ | ☐ |
| 0 | 0 | 0 | 300 | 300 | 0 | 0 | ☑ | ☐ | ☐ |
| 0 | 0 | 0 | 300 | 300 | 0 | 0 | ☑ | ☐ | ☐ |
| 0 | 0 | 0 | 300 | 300 | 0 | 0 | ☑ | ☐ | ☐ |

粘贴　把第　路复制到　路至　路　复制CT参数　保存　关闭

图 2-17　某变电站交流绝缘监测装置剩余电流超出定值

该变电站1号、2号站用变压器屏采用10kV双回路接线，当一路电源失电由另一路电源自动切换，两台ATS分别向380V交流Ⅰ母、Ⅱ母供电，每台ATS均可在1号、2号站用变压器之间自动切换电源，如图2-18所示。

经过现场故障排查，发现支路43、44、45均为220kV开关场交流环网电源，进一步对220kV开关场的端子箱、开关机构箱进行排查发现，1号主变压器201、266间隔开关端子箱存在交流电源端子烧坏情况，如图2-19、图2-20所示。1号主变压器201间隔端子箱交流电源进线端子上方A相、B相、C相电线绝缘烧穿，端子发热融化、熔融物向下流出附着在下端电线上。266端子箱交流进线端子上方B相、C相电线烧穿，B相端子发热融化，A、B、C相金属连片发热烧化了相邻端子，导致绝缘降低。

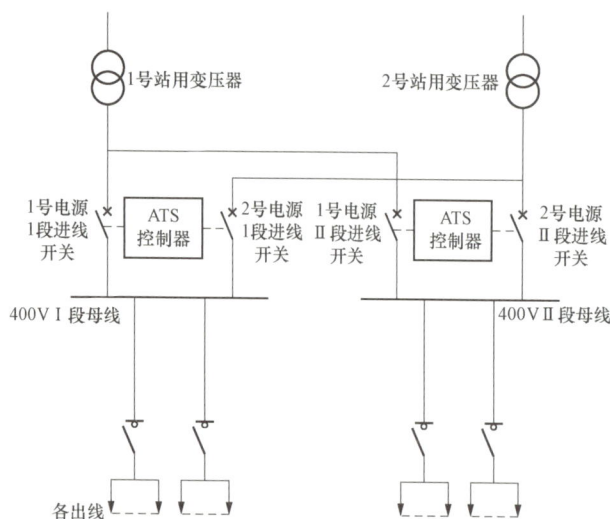

图2-18 低压交流系统接线图

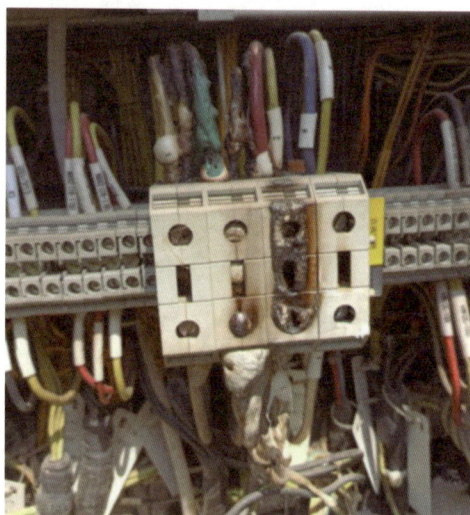

图2-19 201间隔开关端子箱交流
电源端子烧坏情况

图2-20 266间隔开关端子箱交流
电源端子烧坏情况

（2）处置情况。

故障间隔为1号主变压器201、266间隔，现场对间隔的端子箱进行检查，发现如下问题：

1）1号主变压器201间隔开关端子箱交流回路所连接的端子烧毁，A、B、C相电源端子已完全烧化，下方绝缘层呈熔融状，端子箱内加热除湿器停止工作。

2）266间隔开关端子箱内C相电源端子已经烧损变黑，端子连片已过热融化，端子箱内加热除湿器停止工作。

201、266间隔端子箱烧损端子处都有

流体状金属锈蚀流出，判断事故的直接原因是由端子箱加热除湿器损坏导致端子箱受潮凝露引发。端子凝露后交流各相端子之间绝缘电阻降低引发爬电，端子间爬电一方面加快了金属连片和金属器件的锈蚀，金属锈蚀和凝露混合形成流体状锈蚀液流下；另一方面导致端子温度急剧升高。交流端子长期在爬电和高温的作用下运行，A 相、B 相、C 相端子之间绝缘部件逐渐融化，最终导致短路故障发生。

现场进行以下处置：

1）重新敷设 1 号主变压器 201、266 间隔烧损的交流环网电缆，并对电缆的对地绝缘、相间绝缘进行了试验，绝缘电阻合格。

2）对 1 号主变压器 201、266 间隔端子箱烧损的端子及连片进行了更换，并更换了加热除湿器，对加热除湿器进行了除湿功能检验。

3）对 220kV 开关场交流环网回路进行了全面隐患排查，更换了除湿能力较差的加热除湿器，并严格按照反措要求将交流电源三相之间加装空端子进行隔离。故障处理后，该变电站 1 号、2 号站用变压器屏电流监测装置接地告警故障清除，剩余电流下降至零。

（3）防范措施。

1）加强对剩余电流监测装置改造和维护。加强已安装的站用低压交流系统剩余电流监测装置的运行管理，建立健全变电站剩余电流装置隐患档案，规范剩余电流保护定值设置，定期开展支路接地告警试验，确保装置在故障发生时正确动作告警，加快推进未安装剩余电流监测系统的变电站改造升级。

2）加强投运年限较长的交流系统改造升级。由于交流系统电缆和端子运行时间久、运行环境恶劣（特别是户外端子箱、机构箱），存在绝缘结构老化、绝缘件脆化开裂的情况，特别是在运行 15 年及以上的电缆线路及端子箱，交流系统短路故障率大幅上升。应该对运行时间较长、故障频繁的交流环网电源进行升级改造，更换老化电缆和端子，并做好电缆绝缘试验，确保交流系统绝缘状态良好。

3）建立健全交流系统绝缘状况精益化管理体系。目前可利用交流绝缘监测装置进行接地告警，通过观察剩余电流可以清楚地了解间隔交流电源的运行状况，及早做出判断并告知检修人员处理。建议运维人员建立健全站用交流系统剩余电流及绝缘状况精益化管理体系，定期开展交流系统剩余电流巡视工作、做好缺陷支路台账管理、关注剩余电流较大的支路绝缘动态变化过程、及时上报故障并联系检修人员做好消缺工作。

4）强化户外设备防潮措施。加强端子箱、机构箱等户外箱体的巡视，定期开展加热除湿装置和防火防潮封堵巡视，及时更换损坏的加热除湿器，及时完善塌陷、镂空的防潮封堵，确保端子箱运行环境干燥良好。

4. 低压交流接触器故障造成低压交流系统缺相

（1）故障简述。

某年，110kV 某变电站在进行 1 号、2 号站用电切换过程中，由于站用电屏内 2 号进线交流接触器故障，在 1 号站用变压器断开后，2 号站用变压器三相投入不完全，造成变电站低压交流系统 B 相缺相异常。

（2）处理情况。

该变电站交流电源系统配置有两台 10kV 站用变压器，两路电源由相互联锁的交流接触器及其控制回路实现主、备供电源自动切换，正常运行时由 1 号站用变压器主供，2 号站用变压器备供。如图 2-21 所示。

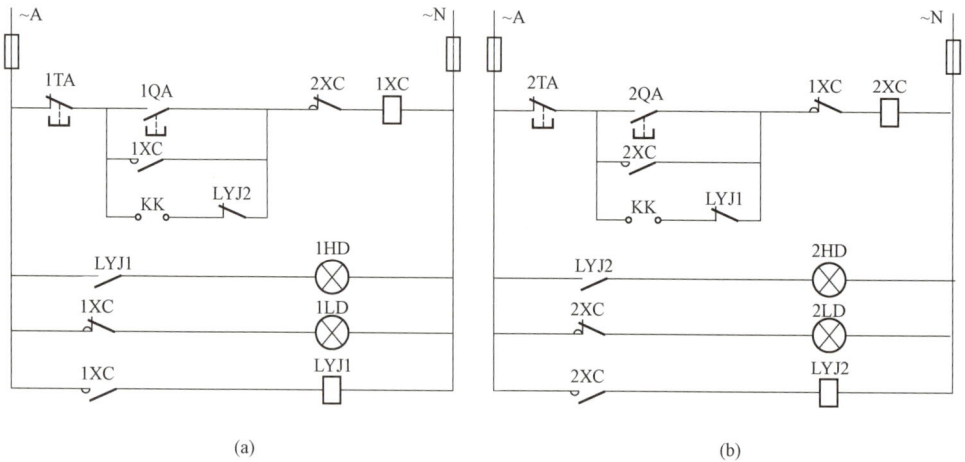

图 2-21  电源切换控制回路
(a) 1 号站用电切换控制回路；(b) 2 号站用电切换控制回路

运维人员在进行 1 号站用变压器向 2 号站用变压器切换过程中，站内照明失电，其他站用电负荷也显示缺相。检查发现 2 号进线交流接触器 2XC 故障，而 2XC 能够动作吸合，说明接触器线圈及其切换控制回路是正常的，因此判断为交流接触器本身的问题，测量交流接触器上、下桩头发现下桩头 B 相缺相，A、C 两相正常，说明接触器 B 相接点接触不良，而照明回路正好是接在站内交流系统的 B 相上，所以照明失电。更换交流接触器 2XC 后，低压交流系统主、备电源切换及供电正常。

另外检查发现全站交流系统三相负荷很不平衡，其中 B 相负荷比 A、C 两相负荷大两倍以上，造成接触器 B 相接点发热严重，在接触器接点带负荷开断过程中拉弧较大，最终造成接点损坏。检修人员更换交流接触器后恢复。

（3）防范建议。

1）对于运行年限较长的站用电设备，应列入改造设备计划，在未改造更换前，应准备好充足的备品备件，以防突发情况，同时加大对此类设备的巡视检查力度。

2）全面检查各变电站站用电三相负荷分配情况，对于负荷分配存在较大不平衡的接线，应及时进行调整，避免负荷过分集中于某一相，从而相对提高交流接触器等元器件的使用寿命。

# 第3章　站用直流电源系统典型故障诊断与分析

直流电源系统是为厂站提供直流电能的系统，一般由充电设备、蓄电池组、直流配电柜、馈电柜及监测设备组成。当直流电源系统发生故障时，若不能及时发现和处理，极有可能引起继电保护、自动化装置、监控信号等不正确动作甚至导致全站失电等重大电网事故。因此，直流电源系统是厂站乃至电网安全运行的重要保障，其安全可靠运行至关重要。

厂站直流电源系统的故障主要包括蓄电池或充电设备故障引起的直流系统电压过高或过低、直流母线故障引起的直流系统全部或部分失电、直流馈电回路接地或短路、直流系统绝缘异常、直流监控系统的绝缘误报、直流回路熔断器熔断、直流断路器越级跳闸等。直流电源系统回路的故障主要包括交直流信号的干扰、直流电源系统绝缘降低或接地、交流窜入直流、双重化直流系统中的直流互窜等。常见的直流电源系统典型故障主要分为系统类故障和设备类故障。

## 3.1　系统类典型故障诊断与分析

站用直流电源系统常见的系统类故障有充电装置交流输入异常、直流母线失电、直流母线电压异常、直流接地、直流互窜、交流窜入等。其典型故障现象及处置方法见表 3-1。

表 3-1　　　　　　　　　　　系统类典型故障及处置方法

| 序号 | 故障分类 | 故障现象 | 处置方法 |
|---|---|---|---|
| 1 | 交流输入异常 | （1）监控发出直流电源系统故障，交流输入电源失电压、过电压、欠电压或缺相等告警信息。<br>（2）充电装置无输出，运行指示灯熄灭，蓄电池带负荷运行。<br>（3）充电装置运行指示灯正常，但告警灯亮。<br>（4）直流监控装置蜂鸣器告警① | （1）根据监控报警信号，初步判断交流输入告警类型及故障设备。<br>（2）当一路交流异常时，检查另一路交流电源是否正常，交流电源进线切换装置是否动作。<br>（3）充电装置报交流故障，应检查充电装置交流进线断路器的分合状态，进出两侧电压是否正常；如输入端异常时，应向电源侧逐级检查并处理；当输出端异常时，应检查或更换进线断路器。<br>（4）交流电源故障较长时间不能恢复时，应尽可能退出非重要直流负荷（如事故照明、在线监测装置等），调整直流系统运行方式，投入另一台充电装置或便携式充电装置。<br>（5）当蓄电池组放电容量超过其额定容量的20%时，在恢复交流电源供电后，应立即手动或自动启动充电装置，将其运行模式调至均充模式，对蓄电池进行补充充电 |

| 序号 | 故障分类 | 故障现象 | 处置方法 |
|---|---|---|---|
| 2 | 直流母线失电 | （1）监控发出直流母线失电告警信息，同时伴有保护、测控等二次设备失电、闭锁等告警信号上送。<br>（2）直流负载失电，保护装置、测控装置等失电。<br>（3）直流监控装置蜂鸣器告警① | （1）首先应检查充电装置进线电源是否正常，蓄电池组电压及蓄电池组总熔断器（断路器）是否正常。<br>（2）检查充电装置输出投母线开关、蓄电池组与直流母线间开关位置。<br>（3）如因充电装置或蓄电池组本身故障造成直流母线失电压，应将故障的充电装置或蓄电池组退出，并确认直流母线无故障后，用备用充电装置、蓄电池组试送。<br>（4）当两段直流母线中的一段直流母线失电时，应检查故障直流母线的绝缘情况及是否发生直流断路器越级跳闸，确认正常后，手动合联络开关，由另一段母线供电。<br>（5）如因各馈电支路直流断路器拒动越级跳闸，造成直流母线失电压，应拉开该支路直流断路器，恢复直流母线和其他直流支路的供电，然后再查找、处理故障支路故障点 |
| 3 | 直流母线电压异常 | （1）监控发出直流母线欠电压或过电压等告警信息。<br>（2）实测母线电压异常。<br>（3）直流监控装置蜂鸣器告警① | （1）测量直流母线电压，检查直流负荷情况。<br>（2）检查充电装置输出电压，如因充电装置故障导致直流母线电压异常，优先使用备用充电装置替换，其次选择母线并列。<br>（3）检查蓄电池组充电方式，如因蓄电池组均充后未自动转浮充电运行方式导致直流母线电压异常，应手动调整到浮充电运行方式，同时检查母线过电压告警值设置是否合理 |
| 4 | 直流接地 | （1）监控发出直流接地告警信息。<br>（2）绝缘监测装置报直流接地故障并显示接地支路。<br>（3）直流电源正、负极母线对地电压不平衡。<br>（4）直流电源正、负极母线对地阻值达到预警值或报警值。<br>（5）直流监控装置蜂鸣器告警① | （1）分析是否为二次回路上有工作造成，如有，应拉开直流试验电源，确认是否由试验电源引起。<br>（2）通过站内绝缘监测装置或便携式绝缘接地查找仪查找直流接地故障位置。<br>（3）确定直流接地故障的位置后，将故障支路退出运行，防止故障扩大，分析故障原因，采取修补或更换等处理措施。<br>（4）完成故障处理之后，需要对相关设备和直流系统进行检查，确保所有设备恢复正常运行 |
| 5 | 直流互窜 | （1）监控发出直流系统告警信息。<br>（2）绝缘监测装置报正极或负极接地，检测出两段直流母线电压值，对地电阻值不平衡。<br>（3）直流监控装置蜂鸣器告警① | （1）通过站内绝缘监测装置或便携式绝缘接地查找仪查找直流互窜位置。<br>（2）确定直流互窜故障的位置后，将故障支路退出运行，防止故障扩大，分析故障原因，采取修补或更换等处理措施 |

| 序号 | 故障分类 | 故障现象 | 处置方法 |
|---|---|---|---|
| 6 | 交流窜入 | （1）监控发出直流系统接地、绝缘异常、交流窜入等告警信息。<br>（2）绝缘监测装置发出直流系统接地、交流窜入直流告警信息。<br>（3）直流监控装置蜂鸣器告警① | （1）应立即检查交流窜入直流时间、支路、各母线对地电压和绝缘电阻等信息。<br>（2）发生交流窜入直流时，若正在进行倒闸操作或检修工作，则应暂停操作或工作，防止造成保护误动或拒动，应立即汇报调控人员需进行处理。<br>（3）根据绝缘监测装置指示或当日工作情况、天气和直流系统绝缘状况，找出窜入支路。<br>（4）确认具体的支路后，停用窜入支路的交流电源，联系检修人员处理 |

① 如果直流监控装置有蜂鸣器，则蜂鸣器告警。

### 3.1.1 直流充电装置温度补偿不当造成直流母线电压异常

**1. 案例简述**

某 500kV 变电站直流电源系统采用常规配置方案，即两段直流母线、三台充电装置、两组蓄电池（每组 52 只），如图 3-1 所示。

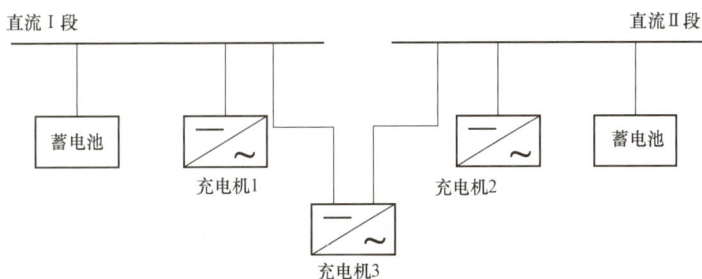

图 3-1 某 500kV 变电站直流电源系统配置方案图

正常运行工况下，充电装置充电电压等于蓄电池组电压约 117V（52×2.25V＝117V）。2015 年 1 月运行人员发现三台充电装置充电电压抬升到 119V，直流母线和蓄电池电压后台显示和现场测量值均为 119～120V，明显偏高于正常电压。而持续直流充电电压较高会影响蓄电池的性能和寿命，以及二次装置的使用寿命。

**2. 处理情况**

现场检查发现，三台充电装置的温度补偿功能均已开启，补偿系数 0.2V/℃，即蓄电池室温度每低于标称温度 1℃，充电装置电压就抬升 0.2V。正常情况下，南方地区的温度不会降低到影响蓄电池性能，无需开启。而此时，该变电站蓄电池室温度大约 15℃（正常情况下，蓄电池室空调应开启，保持温度在 25℃），与标称温度 25℃相差 10℃左右，充电装置补偿电压为 2V（10×0.2V），因此充电电压抬升到 119V 左右。关闭温度补偿功能，既将补偿系数设置为 0V/℃后，充电装置充电电压恢复到 116.8V，后台及现场测量蓄电池电压均为 116.8V。直流系统电压恢复正常。

3. 原因分析

由处理情况可知，3 台充电装置的温度补偿功能均已开启，导致充电电压抬升到 119V 左右。初步分析原因为直流充电装置温度补偿功能开启造成直流母线电压升高异常。

4. 防范建议

建议对各个变电站充电装置的温度补偿功能进行检查，将其设置为 0V/℃，以避免因蓄电池室温度变化引起充电装置充电电压抬升，影响蓄电池性能和使用寿命以及二次装置的使用寿命。

### 3.1.2 变电站直流Ⅰ段负母接地故障

1. 案例简述

2022 年 7 月 15 日，某 750kV 变电站现场直流绝缘监测装置报 "直流Ⅰ段负母接地"，直流Ⅰ段负母对地电阻降低至 23kΩ 左右，监控系统报 "750 - 2 小室公用测控Ⅱ - 1 段交审直装置电压异常" 告警，各小室Ⅰ段负母接地，如图 3-2 所示。

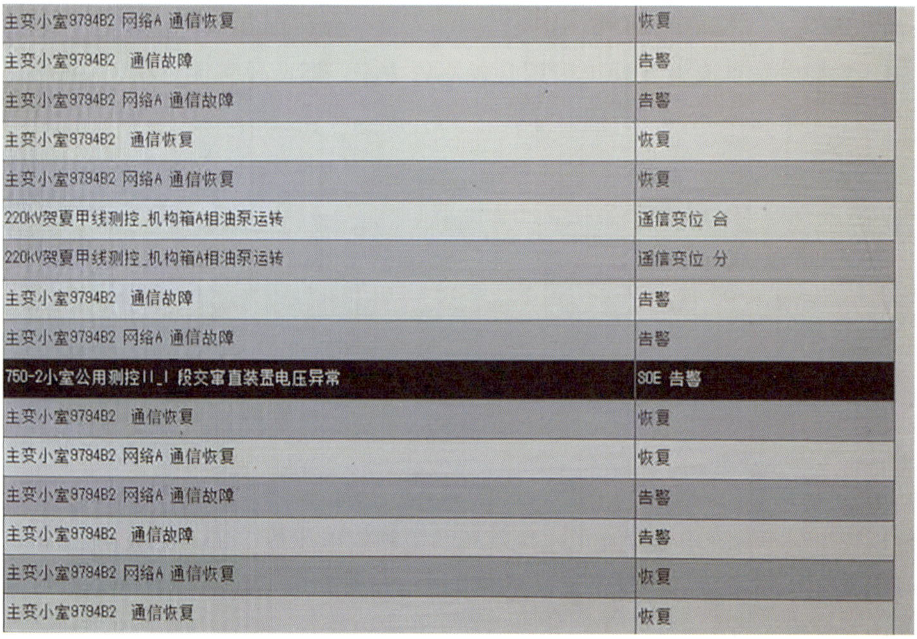

| 主变小室9794B2 网络A 通信恢复 | 恢复 |
| 主变小室9794B2 通信故障 | 告警 |
| 主变小室9794B2 网络A 通信故障 | 告警 |
| 主变小室9794B2 通信恢复 | 恢复 |
| 主变小室9794B2 网络A 通信恢复 | 恢复 |
| 220kV突夏甲线测控_机构箱A相油泵运转 | 遥信变位 合 |
| 220kV突夏甲线测控_机构箱A相油泵运转 | 遥信变位 分 |
| 主变小室9794B2 通信故障 | 告警 |
| 主变小室9794B2 网络A 通信故障 | 告警 |
| 750-2小室公用测控Ⅱ_1 段交审直装置电压异常 | SOE 告警 |
| 主变小室9794B2 通信恢复 | 恢复 |
| 主变小室9794B2 网络A 通信恢复 | 恢复 |
| 主变小室9794B2 网络A 通信故障 | 告警 |
| 主变小室9794B2 通信故障 | 告警 |
| 主变小室9794B2 网络A 通信恢复 | 恢复 |
| 主变小室9794B2 通信恢复 | 恢复 |

图 3-2 监控后台告警界面

监控后台直流系统画面显示Ⅰ段直流负母接地。故障发生时，1 号充电装置带直流Ⅰ段和 1 组蓄电池运行，2 号充电装置带直流Ⅱ段和 2 组蓄电池运行，3 号充电装置备用。两段直流母线分列运行。直流Ⅰ段绝缘监测装置于 2009 年 12 月 14 日投入运行。

2. 处理情况

现场检查各小室直流电源分电屏直流监测装置，发现 750kV 一小室直流电源分电屏直流Ⅰ段负接地，进一步检查该直流监测装置显示支路 31 负母接地，如图 3-3 所示。

通过核对电缆及屏位，确定支路 31 为 750kV 7510 断路器保护屏控制电源Ⅰ，如图 3-4 所示。

现场通过使用直流接地查找仪，逐个回路检查确认为 750kV 7510 断路器保护屏内至 750kV 某 I 线 7510 断路器汇控柜控制电源负回路存在接地情况。检查 750kV 某 I 线 7510 断路器汇控柜，发现汇控柜内报警装置 HL1 断路器机构油泵启动信号灯亮（正常时应不亮）。

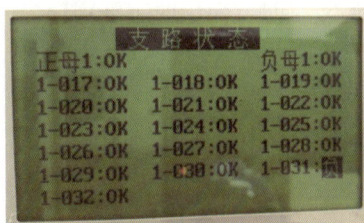

图 3-3　750kV 一小室直流监测装置显示支路 31 负接地

拆除 C 相油泵启动节点负电侧接线，直流接地复归。再进一步检查，发现该接线电缆头处线芯绝缘破损并与柜体金属部分距离较近，如图 3-5 所示，导致直流接地。

图 3-4　750kV 一小室直流支路 31

图 3-5　电缆头处线芯绝缘破损

对线芯进行绝缘处理并重新固定后，测量该线芯对地电阻恢复为无穷大，恢复接线后检查直流系统正常，对地电阻 999kΩ，正对地电压 117V，负对地电压 115V。

3. 原因分析

本次异常直接原因为 750kV 某 I 线 7510 断路器汇控柜内 C 相油泵启动节点负电侧线缆因基础沉降造成电缆沉降受力，导致电缆头处失去铠装保护部分被柜体金属部位划伤，造成直流接地发生。根本原因为工程设计阶段未考虑电缆沉降受力的情况，未对电缆头、电缆穿管、机构箱、汇控柜入口处等易划伤破损和易造成划伤的部位采取防护措施，相关验收人员未考虑电缆沉降受力可能造成的绝缘破损、直流接地的情况，未及时提出可行的针对措施。

4. 防范建议

（1）设计阶段考虑后期电缆沉降受力情况，电缆穿管出口及各机构箱、端子箱、汇控柜入口处应采用防划伤保护套及预留沉降裕度。

（2）施工安装过程应对易与金属材料发生剐蹭的部位采取防护，对失去铠装的电缆部分采取增加防护的措施。

（3）电缆验收阶段，专业人员应对此部分做重点要求与检查验收，对设计不合理、未采取防护措施的验收不予通过。

（4）对已投运的老旧变电站可根据实际情况结合停电进行技改或开展定期检查，对存在异常受力的电缆提前做好预控措施。

### 3.1.3 直流系统直流互窜故障(一)

1. 案例简述

某日,某110kV变电站直流电源系统进行升级改造。原配置为两组充电装置分别带两段直流母线及两组蓄电池运行,正常工作时,直流母联开关在断开位置。直流电源系统升级改造完成后,Ⅰ、Ⅱ段直流中央监控装置均报"接地故障",正、负母线对地电阻数值小范围内漂浮不定,这是原装置未报出的故障,具体见表3-2。

**表3-2**　　　　　　　　　　　原始故障告警状态

| Ⅰ段直流中央监控装置显示 | | | |
|---|---|---|---|
| 直流Ⅰ段正母线电压 | 133.6V | 正极对地电阻 | 2.5kΩ |
| 直流Ⅰ段负母线电压 | 110.1V | 负极对地电阻 | 2.0kΩ |
| Ⅱ段直流中央监控装置显示 | | | |
| 直流Ⅱ段正母线电压 | 134.1V | 正极对地电阻 | 2.7kΩ |
| 直流Ⅱ段负母线电压 | 109.4V | 负极对地电阻 | 2.2kΩ |

系统接线方式:直流电源系统配置为双电双充,馈线供电网络为辐射型供电方式,充电设备为高频型电源充电模块,已运行12年。本期在原运行方式不变的情况下,升级直流电源系统设备。

2. 处理情况

分析表3-2中数据:Ⅰ段正母线电压与Ⅱ段正母线电压基本一致,Ⅰ段负母线电压与Ⅱ段负母线电压基本一致。根据图3-6四种直流互窜类型示意图,初步判断为两段母线正负两极同时互窜。现场使用手持式直流解环仪测出直流Ⅰ段K5馈线与直流Ⅱ段K6馈线有互窜,断开Ⅰ段K5馈线空气断路器后,此时互窜打开,数值显示见表3-3。

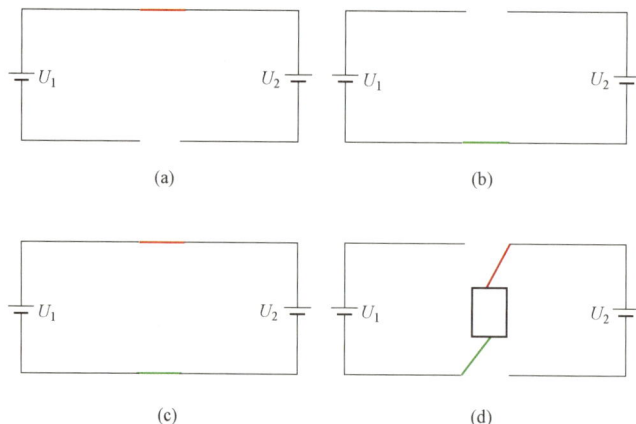

(a)　　　　　　　　　　　　　　　(b)

(c)　　　　　　　　　　　　　　　(d)

图3-6　四种直流互窜类型

(a)正极环网;(b)负极环网;(c)正负极同时环网;(d)异极性环网

| 表 3 - 3 | | 互窜打开后状态 | |
|---|---|---|---|
| Ⅰ段直流中央监控装置显示 | | | |
| 直流Ⅰ段正母线电压 | 121.1V | 正极对地电阻 | 999.9kΩ |
| 直流Ⅰ段负母线电压 | 134.6V | 负极对地电阻 | 999.9kΩ |
| Ⅱ段直流中央监控装置显示 | | | |
| 直流Ⅱ段正母线电压 | 134.1V | 正极对地电阻 | 6.6kΩ |
| 直流Ⅱ段负母线电压 | 109.4V | 负极对地电阻 | 7.0kΩ |

　　处理后Ⅱ段正负母线对地电阻却仍旧偏低。该蓄电池组由 18 只 12V 蓄电池串联组成，通过对蓄电池检查发现，9 号蓄电池底部有漏液现象，液体通过支架接触造成直流接地故障，如图 3 - 7 所示。

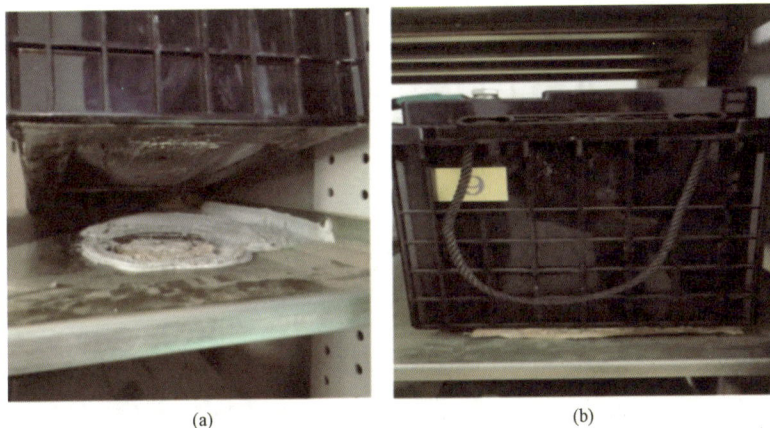

图 3 - 7　9 号蓄电池状态
（a）9 号蓄电池外观；（b）9 号蓄电池底部

　　经过对故障蓄电池临时处理更换后，Ⅱ段直流系统恢复正常，至此，整个直流系统故障全部消除。

　　3．原因分析

　　直流Ⅰ段 K5 馈线与直流Ⅱ段 K6 馈线汇集在公用测控屏。继续检查发现前期进行设备改造时，旧信号未拆除，和新信号同时送到公用测控装置上，造成Ⅰ、Ⅱ段直流互窜。

　　拆除一组信号后，互窜彻底解除，但Ⅱ段正负对地电阻却仍旧很低，Ⅱ段直流系统仍不正常。对Ⅱ段所有馈线，包括屏内充电装置、连接线等全部设备进行检测，均显示无接地。当日天气晴朗，近期未曾下雨。最后判定问题可能是因为某个蓄电池有接地故障；通过直流正母线电压与负母线电压相差不大的现象分析，若蓄电池组有接地，接地处应位于整个蓄电池组的中间部分。

　　4．防范建议

　　（1）以实际案例为依据进行培训，提高人员故障分析能力。

　　（2）重视老旧直流系统升级改造计划。老旧直流设备无直流互窜测记报警功能，直流接地告警灵敏度降低，直流系统不能正确告警，不能及时排除设备上的隐患，如变电站直流系统互窜可能造成蓄电池火灾、降低蓄电池寿命、直流断路器级差配合失效等隐患；直流接地故障容易引起断路器误动或拒动，扩大事故范围。

（3）加强蓄电池组巡视，定期开展蓄电池组容量核对性充放电试验，检查整组电压、单体电压、外观形变、内阻、温度等，及时发现并排除隐患。

### 3.1.4 直流系统直流互窜故障（二）

1. 案例简述

某换流站配置 7 套直流电源系统，某日 4 时 58 分，OWS 报"EA511 直流系统故障"，现场检查 1KQ24 支路直流互窜、3KQ15 支路直流互窜、1KQ25 支路直流互窜、两段母线直流窜电；"EA512 直流系统故障"现场检查 4KQ52 支路直流互窜、31KQ33 支路直流互窜、4KQ16 支路直流互窜、2KQ26 支路直流互窜、两段母线直流窜电。

2. 处理情况

查看 51 小室直流馈线屏，根据报警信息查看对应负荷支路。直流互窜支路负荷有三个都是 500kV 第五串测控屏，再结合 500kV 第五串现场有工作（某 500kV Ⅰ 线该站侧 B 相电压互感器更换及交接试验），检查某 500kV Ⅰ 线侧电压互感器端子箱，端子箱内空气断路器全部处于断开状态（某 500kV Ⅰ 线该站侧 B 相电压互感器更换及交接试验工作安全措施），测量电压互感器端子箱 YX 端子，电压正常，拆开 YX：1（701）端子接线，直流互窜告警消失，测量 YX：2 端子仍有电压 129V（端子箱内所有空气断路器全部合上再全部拉开一次，电压均为 129V），如图 3-8 所示。

图 3-8 拆开 YX：1（701）端子接线测量 YX：2 端子电源

图 3-9 6ZKKb：11 和 6ZKKb：21 端子接反

现场对错误接线（图 3-9）进行了调整，并恢复正确接线，电压恢复正常，告警消失。

3. 原因分析

根据接线图，YX：1（701）为 B 系统唯一直流正电源来源，拆开 YX：1（701）端子接线后，YX：2 电压应该为 0V，而现场测量为 129V，判断为 A 系统的电源窜入 B 系统。逐个检查相关端子排和空气断路器接线，发现 6ZKKb：11 和 6ZKKb：21 端子接反了（图 3-10），相当于 Ⅱ 段直流母线和 Ⅰ 段直流母线短接了，所以报"直流互窜"和"两段母线直流互窜"。

4. 防范建议

（1）现场消缺要结合 OWS 报文、现场装置报文、现场工作进行排查，然后结合图纸逐步排查分析。

（2）停电检修期间核对图纸检查端子排接线，避免出现端子排松动、图纸错误、接线错误等问题。

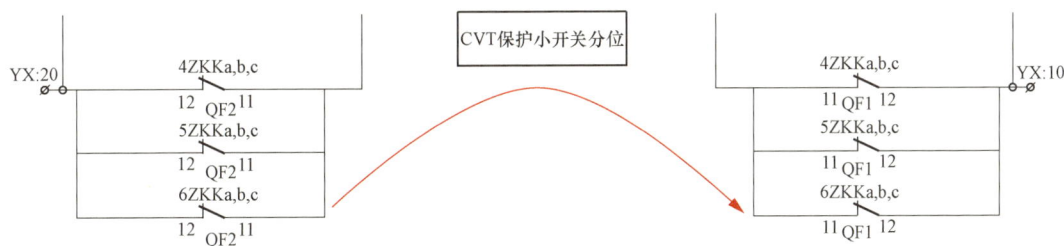

图 3-10　6ZKKb：11 和 6ZKKb：12 端子接反图纸示意图

### 3.1.5　隔离开关辅助开关故障导致交窜直异常

1. 案例简述

某日，某站在检修工作中，对 5051 断路器遥信回路进行绝缘电阻测量时，发现遥信公共端对地绝缘低于 0.1MΩ，进一步排查发现该遥信回路窜入了交流电压（交流 N 端接地），最后发现隔离开关机构箱内 50511 隔离开关 A 相辅助接点间绝缘降低，引起交流电压窜入直流遥信回路。

该站直流电源系统、5051 断路器均于 2008 年 6 月投运。

2. 处理情况

检修人员在测控公共正端处测得对地绝缘电阻低于 0.1MΩ。在拆除 5051 测控屏至 5051 断路器端子箱的遥信公共端电缆后，绝缘电阻恢复，同时将其他公共端电缆重新连接，测量绝缘电阻正常，说明仅在至 5051 断路器端子箱的回路中存在异常。

在 5051 断路器端子箱处，检修人员发现端子排上遥信公共正端（9001）带电，测得交流电压为 185.4V，由此判断对地绝缘低是由于该回路窜入交流电压（交流 N 端接地）。在 5051 断路器端子箱端子排上，以同样方法，逐根拆除公共端（9001）电缆，拆除一根测量一次电压，在拆除 127 号端子左侧电缆后（如图 3-11 所示，该电缆连接 50511 隔离开关汇控箱），交流电压消失，保持该电缆在拆除状态，接回其他 9001 电缆，测量电压及对地绝缘数值均正常，说明故障点位于 50511 隔离开关汇控箱（或机构箱）内。

50511 隔离开关汇控箱内接线图如图 3-12 所示，拆除三根遥信回路外部电缆（9001、9019、9021），分别测量电缆侧和隔离开关辅助接点侧的电压及对地绝缘值，电缆侧无电压且绝缘值合格，辅助接点 21-22 侧仍存在 185.4V 交流电压，如图 3-13 所示，23-24 间存在 60V 交流电压，由此判断该异常电压来自 50511 隔离开关位置辅助接点。

图 3-11 5051 断路器端子箱内接线图

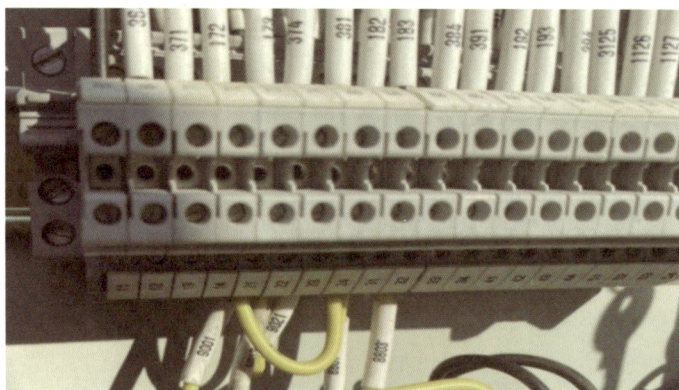

图 3-12 50511 隔离开关汇控箱内接线图

图 3-13 接点所测电压

50511 隔离开关汇控箱内存在两路交流电压，即加热器电源和隔离开关/接地开关操作电源，试拉开两路交流电压，在拉开 50511 隔离开关/接地开关操作电源后，接点上存在的异常交流电压消失，测得接点间（122-132、124-132）绝缘电阻为 75kΩ，考虑到隔离开关控制回路所用辅助接点与遥信回路接点物理距离十分接近，初步判断接点在某处绝缘劣化造成邻近接点电压互窜。50511 隔离开关辅助接点由三相机构箱内接点串接至隔离开关汇控箱，如图 3-14 所示。

在 A 相机构箱内测得接点间（122 与 132）绝缘电阻值为 75kΩ，如图 3-15 所示，随后拆除辅助开关 S11 到接点间的内部线，测得内部线间绝缘正常，S11 上触点间绝缘电阻值为 75kΩ，此时，合上隔离开关/接地开关控制电源，S11 上 S122 及 S121 触点可测得 200V 左右交流电压，观察到触点间存在锈蚀及爬电痕迹，如图 3-16 所示，并且两副触点（121-122 和 131-132）相邻，由此判定交直流电压的窜接点在 S11 触点上。

50511A 相隔离开关机构箱内加热器工作正常，封堵也未见明显异常，导致辅助开关 S11 触点间绝缘降低的原因可能是隔离开关机构箱内部元器件紧凑，加热器长期投入，排气

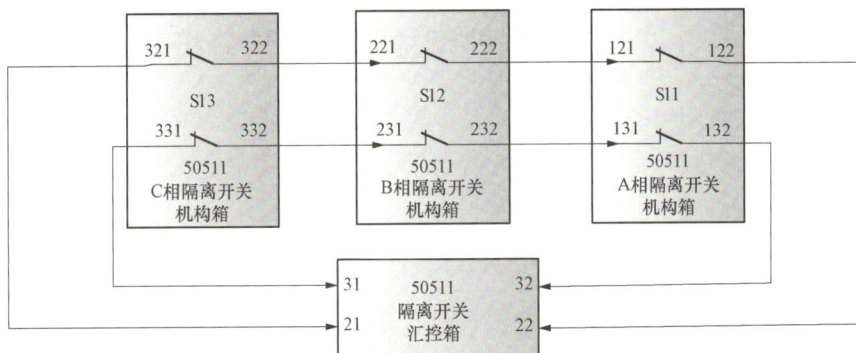

图 3 - 14　50511 隔离开关辅助接点连接示意图

孔较小，不便于湿气排出，长时间运行，加剧了辅助开关的老化。通过对触点进行清洁、干燥处理及更换辅助接点，5051 断路器遥信回路内异常交流电压已消失。

3. 原因分析

综上判断，5051 断路器遥信回路窜入交流电压是由 50511A 相隔离开关机构箱内辅助开关 S11 辅助触点间绝缘电阻降低引起的，131、132 触点所带交流电压通过 121、122 触点窜入遥信回路。

4. 防范建议

（1）在阴雨天气期间进行工作时，应特别注意

图 3 - 15　辅助开关 S11 上辅助
触点间绝缘电阻值

回路绝缘降低的问题，遇到细微异常应提高敏感度，彻查原因，保证设备无隐患运行。

（2）对运行年限长的隔离开关，应开展隔离开关大修工作，对重要元器件进行更换，在绝缘试验项目中增加开关辅助接点间绝缘测试，提前发现类似隐患。

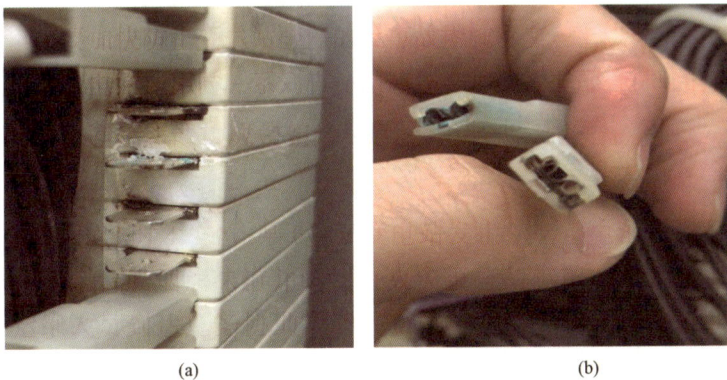

图 3 - 16　辅助开关 S11 上辅助触点状态
（a）触点间爬电痕迹；（b）触点锈蚀

## 3.2 设备类典型故障诊断与分析

　　站用直流电源系统常见的设备类故障及异常主要有充电装置故障、监控器故障、馈电开关故障、绝缘监测装置故障、表计故障、指示灯故障、防雷器故障、降压硅链故障、蓄电池故障等，设备类典型故障及处置原则见表3-4。

表3-4　　　　　　　　　　　　　　　　设备类典型故障及处置原则

| 序号 | 故障分类 | 故障现象 | 处置原则 |
|---|---|---|---|
| 1 | 充电模块通信中断 | (1) 监控发出"直流系统故障""＊号模块故障"的告警。<br>(2) 故障模块"故障"指示灯亮，"输入"或"输出"指示灯灭。<br>(3) 直流监控装置蜂鸣器告警① | (1) 检查充电模块是否正常开机。<br>(2) 检查充电模块的地址、类型设置是否正确。<br>(3) 检查充电模块的通信接线是否正确，通信接口是否有松动，检查模块外壳接地是否良好 |
| 2 | 充电模块保护动作 | (1) 监控后台及监控装置发出直流系统故障，直流监控装置会发出"＊号模块故障"的告警。<br>(2) 直流监控装置蜂鸣器告警①。<br>(3) 故障模块"故障"指示灯亮，"输入"或"输出"指示灯灭 | (1) 检查充电模块报警信息，确认其保护动作类型(通常包含过电压、欠电压、缺相、过温等保护)。<br>(2) 检查模块输入交流电压是否正常，若输入电压正常，检查模块过电压、欠电压整定值是否合理。<br>(3) 检查模块温度，若模块发热严重，引起过温保护，此时应该检查直流室室内温度是否合理，打开充电装置所在屏柜柜门，加强通风散热 |
| 3 | 充电模块不均流 | (1) 监控后台及监控装置发出直流系统故障，直流监控装置会发出"＊号模块故障"的告警。<br>(2) 直流监控装置蜂鸣器告警①。<br>(3) 故障模块"故障"指示灯亮，充电模块之间电流显示不均衡 | (1) 采用逐个退出方式，确认故障模块。<br>(2) 检查模块后面的并机通信线是否可靠接好(或插好)。<br>(3) 更换不合格的模块 |
| 4 | 充电模块本体故障 | (1) 监控后台及监控装置发出直流系统故障，直流监控装置会发出"＊号模块故障"的告警。<br>(2) 直流监控装置蜂鸣器告警①。<br>(3) 故障模块"故障"指示灯亮，"输入"或"输出"指示灯灭 | (1) 根据监控器故障信息进行故障判断，若充电模块故障指示灯亮，在排除其他原因后，若是由于单个充电模块的异常导致信号的报出，可判断为模块故障，在不影响整组充电的时候，可以更换单个充电模块。<br>(2) 若故障充电模块较多或是其他类型的故障，可以采取投入备用充电装置带运行充电装置的方式来隔离故障 |
| 5 | 监控装置故障 | (1) 监控后台及监控装置发出直流系统故障、直流系统异常告警。<br>(2) 现场检查直流电源监控装置面板上的"运行"指示灯不亮或变为红色、故障灯亮、液晶显示器死机或黑屏或者显示"系统自检中"，面板选择按键失灵，系统向监控后台发送告警信号 | 发现直流监控装置故障时，应全面检查直流系统各部件参数是否正常，必要时可以用万用表进行测量，检查监控装置电源是否正常，合上电源开关或更换电源熔丝。如确认是监控装置故障后可以重启监控装置一次，若重启后仍不能恢复，则安排人员更换监控装置 |

| 序号 | 故障分类 | 故障现象 | 处置原则 |
|------|----------|----------|----------|
| 6 | 馈电开关故障 | （1）监控装置发出直流系统电源馈线开关跳闸告警信号。<br>（2）馈电开关断开，辅助接点闭合。<br>（3）直流负载部分或全部失电，保护装置或测控装置部分或全部出现异常并失去功能 | （1）检查馈电开关状态是否正常，电源指示灯是否熄灭。<br>（2）若馈线开关跳闸，检查回路无明显短路故障后可试送一次，如试送不成功不得再次试送，需查明回路短路故障点并隔离后方可再次合上断路器。<br>（3）若馈线断路器状态正常，输出侧电压正常，则检查辅助接点是否正常；若输出无电压，则检查更换馈线断路器 |
| 7 | 绝缘监测装置故障 | （1）监控后台及监控装置发出直流系统故障、直流系统异常告警。<br>（2）现场检查绝缘监测装置面板上的"运行"指示灯不亮或变为红色，故障灯亮、液晶显示器死机或黑屏或者显示"系统自检中"，面板选择按键失灵，系统向监控后台发送告警信号 | 发现绝缘监测装置故障时，应全面检查直流系统各部件参数是否正常，必要时可以用万用表进行测量，检查绝缘监测装置电源是否正常，合上电源开关或更换电源熔丝。若确认是绝缘监测装置故障后可以重启监控装置一次，重启后仍不能恢复，则安排人员更换绝缘监测装置 |
| 8 | 指示灯故障 | （1）电源指示灯熄灭。<br>（2）电源空气断路器在合位，输出电压正常 | （1）应戴手套，使用带绝缘柄或经绝缘处理的工具，工作过程中注意加强监护，不得碰触带电体。<br>（2）检查指示灯电压是否正常。<br>（3）拆开的接线应逐个做好绝缘包扎和标记。<br>（4）应更换为同型号的指示灯。<br>（5）更换完毕后应检查接线牢固、正确 |
| 9 | 数字表计故障 | （1）数字表计无显示，或显示不完整。<br>（2）数字表计闪烁。<br>（3）显示值与实测不一致、偏差大 | （1）确认数字表计工作电源是否正常，保险管是否熔断，若熔断则更换保险管。<br>（2）如工作电源正常，保险管正常，则是表计本身故障，需要更换表计。<br>（3）如表计闪烁，断开其工作电源后重新启动，检查是否恢复正常，如不能恢复则需要更换表计。<br>（4）如果显示与实测不一致，按照说明书重新校验，如果校验不合格需更换表计 |
| 10 | 防雷器故障 | （1）正常防雷器本身窗口显示是绿色，异常时显示是红色，确认防雷器本身窗口显示是红色。<br>（2）防雷器进线端与大地导通 | （1）如果窗口显示红色，则更换防雷器；更换防雷器前，需检查新更换的防雷器是否正常。<br>（2）更换防雷器时，需断开防雷器输入端保护开关。<br>（3）更换防雷器后，合上防雷器输入端保护开关，检查电气回路正常，无接地 |

| 序号 | 故障分类 | 故障现象 | 处置原则 |
|---|---|---|---|
| 11 | 降压硅链装置故障 | （1）监控后台及监控装置发出直流系统故障、直流母线电压异常告警。<br>（2）直流监控装置蜂鸣器告警① | （1）发现控制母线电压偏离额定值 110V 或 220V（建议值为±4V），或存在"控制母线电压告警"时应对硅链工作情况进行检查处理，防止控制母线电压长时间偏离额定值运行，避免发生损坏负载电源板、线圈（继电器）误动拒动等严重故障。<br>（2）降压硅链外壳在额定负载长期连续运行下极限温升不允许超过 85℃，对于负载电流过大、极限温升不满足要求的，建议在降压硅链上方加装散热设备，或者将降压硅链独立组屏。<br>（3）双重化配置的直流系统应当对两段控制母线的负载进行均分，站内 UPS、事故照明等大功率负载不应接入控制母线 |

① 如果直流监控装置有蜂鸣器，则蜂鸣器告警。

### 3.2.1　充电模块交流输入端口虚焊

#### 1. 案例简述

某日，某 110kV 变电站报"直流系统故障""充电装置故障"告警信号，直流充电屏 7号充电模块背板有"滋滋"放电声响，模块液晶显示器报"E06 故障"即交流输入异常。充电模块设备情况见表 3-5。

表 3-5　　　　　　　　　　　　　充电模块设备情况

| 设备类型 | 充电模块 | 设备名称（运行编号） | 充电屏监控装置 |
|---|---|---|---|
| 设备型号 | — | 电压等级 | DC 220V |
| 出厂日期 | 2014 年 9 月 2 日 | 投运日期 | 2016 年 10 月 10 日 |

#### 2. 处理情况

检查屏内及模块交流输入电源回路，发现 7 号充电模块 C 相交流输入接口二次线虚接，有脱焊现象（图 3-17），立即断开 7 号模块交流输入和直流输出空气断路器，将 7 号充电模块退出运行。

取下 7 号模块背板电源插件，更换 C 相交流输入预置插件，重新焊接 C 相交流输入二次线，投入 7 号模块，设备恢复正常运行，相关报警信号全部复归。

#### 3. 原因分析

（1）工艺质量问题。充电装置 2014 年 11 月投运，运行 3 年半，7 号充电模块背板电源插件 C 相交流输入接口出现脱焊。反映了该公司焊接工艺不良，焊接接口不牢固。

（2）硬件设计缺陷。该公司生产的充电装置设计不合理，一是充电模块不具备带电插拔功能，必须将单个充电装置断电方能取下模块；二是充电模块背板带电部位裸露，背板插上的二次接线仅用号码管进行绝缘，带电部位未进行封闭，工作中存在人身触电和交直流短路的风险。

(a)

(b)　　　　　　　　　　　(c)

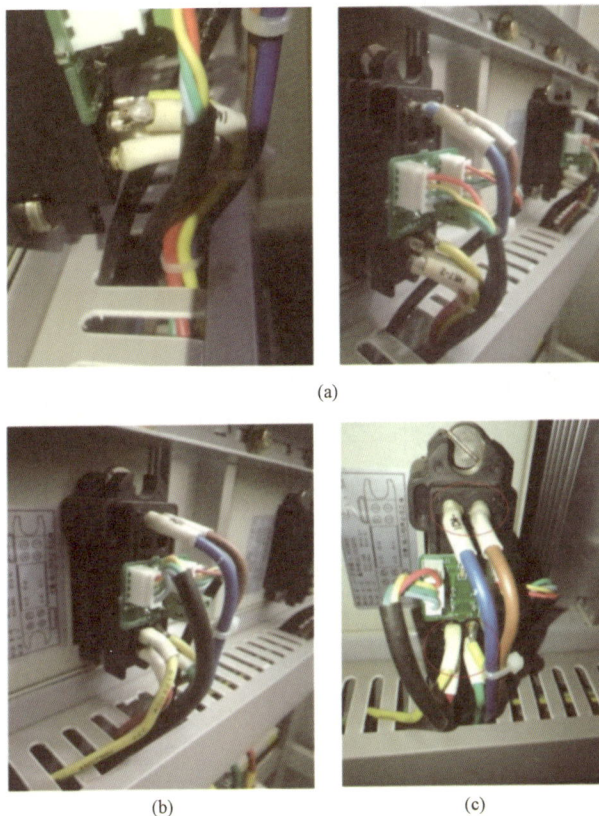

图 3 - 17　充电模块处理情况

（a）处理前；（b）处理后；（c）背板二次接口距离过近

4. 防范建议

（1）加强设备入网检测，产品招标的技术协议中明确规定，直流充电模块应具备带电插拔功能，不符合要求的产品应坚决清退。

（2）充电模块背板接口位置必须进行封闭，避免巡视、检修过程中发生触电的风险。

（3）设备生产厂家应加强工艺质量管控，同时应关注运行维护的便捷性，降低人身安全风险。

## 3.2.2　变电站直流Ⅱ段母线充电模块过温

1. 案例简述

某日 8 时，接某超高压公司监控通知：某 750kV 变电站报直流系统异常，其接线图如图 3 - 18 所示，直流Ⅱ段母线充电模块总故障信号动作，且一直未复归。

该 750kV 变电站直流系统采用两电三充模式，1 号充电装置带直流Ⅰ段母线与第一组蓄电池，2 号充电装置带直流Ⅱ段母线与第二套蓄电池，3 号充电装置备用，当 1 号充电装置或 2 号充电装置因故障退出运行时，投入 3 号充电装置。

该 750kV 变电站站用交直流系统采用某电气有限公司生产的一体化电源系统，每面充电屏上包含 7 个高频开关充电模块，该一体化电源系统于 2016 年 12 月 18 日投运。

71

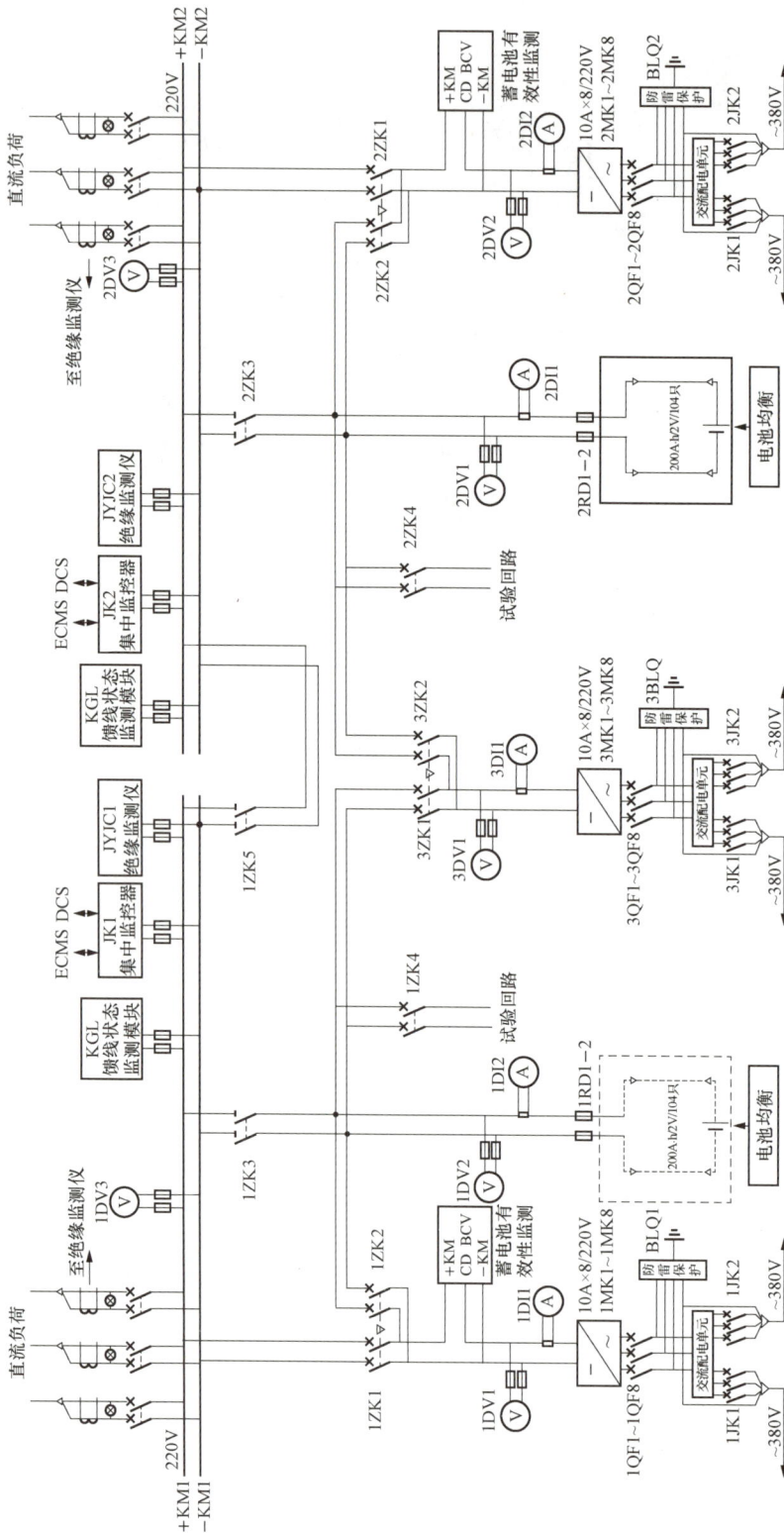

图 3 - 18　某 750kV 变电站报直流系统异常接线图

2. 处理情况

现场检查 2 号直流充电屏直流监控装置报模块温度过高告警（图 3-19），检查发现该屏柜内 1 号、2 号、4 号高频开关整流器模块风扇故障，三个充电模块温度均过高。

运维人员利用备用充电屏内正常高频开关充电模块替换损坏的 2 号直流充电屏 1 号、2 号、4 号高频开关整流器模块，告警信号复归，直流系统恢复正常运行，经过持续观察无异常。同时上报计划，购买高频开关充电模块备件。

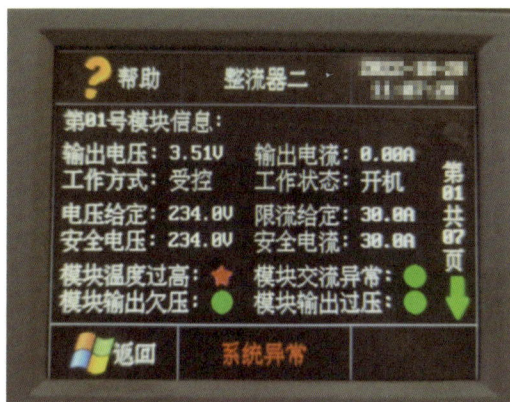

3. 原因分析

该变电站直流系统异常、直流Ⅱ段充电模块总故障的直接原因为 2 号直流充电屏内部分高频开关充电模块风扇故障停止工作，导致高频开关充电模块温度过高引起告警。

图 3-19　直流监控装置告警信息

4. 防范建议

运维人员今后应加强站内交直流系统设备的巡视力度，发现缺陷特别是充电模块风扇故障时应及时处理。同时在进行二次设备清扫工作时对高频开关整流器模块（现场充电模块通风滤网可拆卸）滤网进行清扫，改善设备运行环境。

### 3.2.3　变电站直流充电装置特性指标超标

1. 案例简述

某日，对某 110kV 变电站充电装置进行性能测试，测试结果显示充电模块特性指标不合格，稳压精度最大值为 -1.21%，稳流精度最大值为 2.10%，不满足 DL/T 5044—2014《电力工程直流电源系统技术设计规程》中 6.2.1 高频开关电源模块稳压精度应小于或等于 ±0.5%、稳流精度应小于或等于 ±1%、纹波系数小于或等于 ±0.5% 的要求，需进行整改。

该站于 2014 年 9 月投运，直流电源系统电压为 DC 220V，直流电源系统采用单母线接线运行方式，配置 1 组蓄电池和 1 组充电装置。蓄电池个数为 104 只，容量为 200A·h；充电装置配置为 20A×4 台充电模块/每组。

2. 处理情况

（1）外观检查情况。对充电屏内的充电装置及元器件进行了检查，充电模块及各个监测模块均正常运行，无异常现象。

（2）试验检测情况。试验采用直流电源综合特性测试仪进行测试，测试装置由智能负载、输入调压单元和上位管理机三部分组成，测试原理框图如图 3-20 所示。

依据上述原理，通过调压装置、充电装置使交流输入电压在额定电压 -10%～+15% 范围内变化；通过智能负载使充电装置的模块输出电流在规定范围内变化［直流电流输出调整范围为额定值的 0（空载）～100%（全载）］；在电压调整范围内（直流电压调整范围为额定值的 90%～125%）测量电压、电流，通过上位管理机自动控制并计算，得到充电模块的

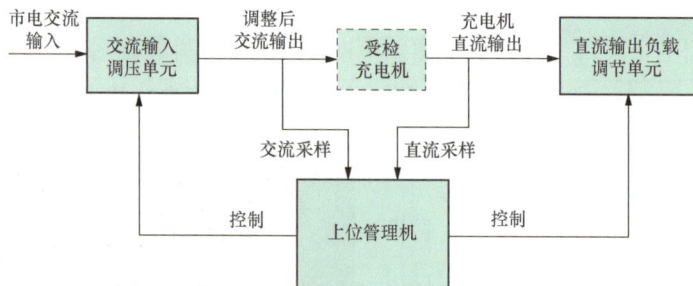

图 3-20  直流电源综合特性测试原理框图

稳压精度、稳流精度等相关特性参数。现场测试接线示意图如图 3-21 所示。

图 3-21  直流电源综合特性现场测试接线示意图

图 3-22  充电装置模块稳压精度定值设置示意图

各台充电模块测试方法基本相同，下面以第 2 台充电模块为例，模块稳压精度定值设置示意图如图 3-22 所示。

采用直流电源综合特性测试仪对第 2 台充电模块稳压精度、纹波系数测试数据如图 3-23 所示。

第 2 台充电模块稳流精度定值设置示意图如图 3-24 所示。

采用直流电源综合特性测试仪对第 2 台充电模块稳流精度测试数据如图 3-25 所示。

由图 3-23 和图 3-25 测试结果分析可知：第 2 台充电模块稳压精度最大值为 −1.21%，大大超过标准规定的 ±0.5% 的允许范围，

| 变电站名称：110kV变电站 充电机型号：220V20A 充电机编号：1 模块编号：2 系统电压等级：220 充电机容量：20 稳压纹波电压测试点（V） 198 220 275 稳流电流测试点（A） 4 10 20 测试人员： | 稳压纹波测量 | | | | | | | | |
|---|---|---|---|---|---|---|---|---|---|
| | 直流输出电压整定值（V） | 交流输入电压（V） | 直流输出实测值（V） | | | | | | 稳压精度（%） | 纹波系数（%） |
| | | | 0 | | 10 | | 20 | | | |
| | | | 电压 | 峰峰值 | 电压 | 峰峰值 | 电压 | 峰峰值 | | |
| | 198 | 342 | 199.01 | 0.807 | 198.10 | 1.503 | 195.60 | 1.673 | −1.21 | 0.422 |
| | | 380 | 198.90 | 0.859 | 198.01 | 1.508 | 195.63 | 1.654 | | |
| | | 437 | 198.95 | 0.842 | 198.05 | 1.478 | 195.61 | 1.662 | | |
| | 220 | 342 | 221.03 | 0.912 | 220.01 | 1.478 | 217.43 | 1.581 | −1.18 | 0.364 |
| | | 380 | 220.95 | 0.880 | 220.00 | 1.523 | 217.40 | 1.602 | | |
| | | 437 | 220.98 | 0.902 | 220.05 | 1.508 | 217.41 | 1.590 | | |
| | 275 | 342 | 276.21 | 0.981 | 275.01 | 1.673 | 272.11 | 1.798 | −1.05 | 0.328 |
| | | 380 | 276.18 | 1.032 | 275.00 | 1.652 | 272.12 | 1.802 | | |
| | | 437 | 276.20 | 1.005 | 275.02 | 1.590 | 272.10 | 1.698 | | |

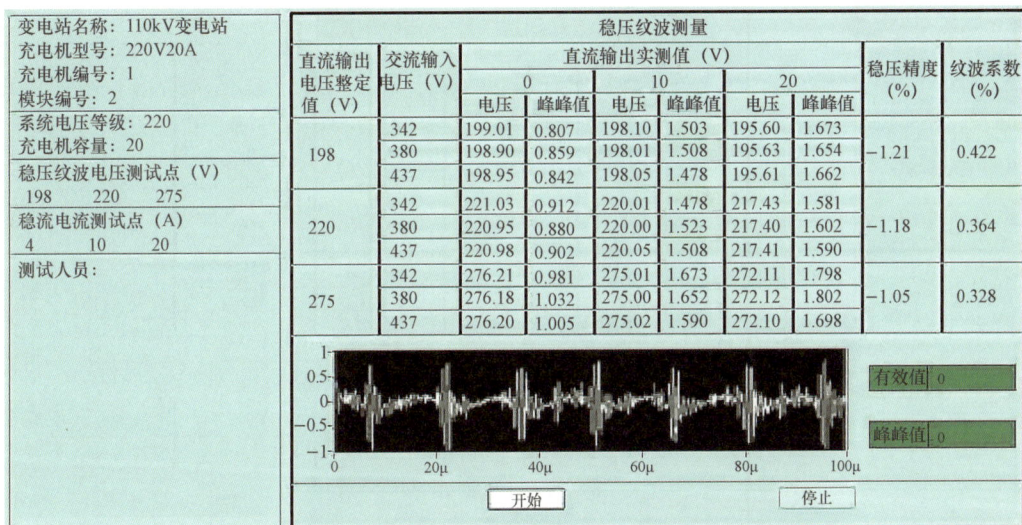

图 3 - 23　第 2 台充电模块稳压精度、纹波系数测试数据

不合格；稳流精度最大值为 2.70%，远远超过标准规定的 ±1.0% 的允许范围，不合格，需要返厂维修或更换新充电模块，使充电装置稳压精度等特性参数满足标准要求。

3. 原因分析

（1）本次试验共测试了 4 台充电模块，各模块稳压精度最大值分别为 −0.97%、−1.21%、−1.02% 和 −1.07%，全部超过标准规定的 ±0.5% 允许范围；各模块稳流精度最大值分别为 2.39%、2.70%、2.52% 和 2.34%，全部超过标准规定的 ±1.0% 允许范围。其中第 2 号模块偏差最大，性能最差，以其为例进行分析。

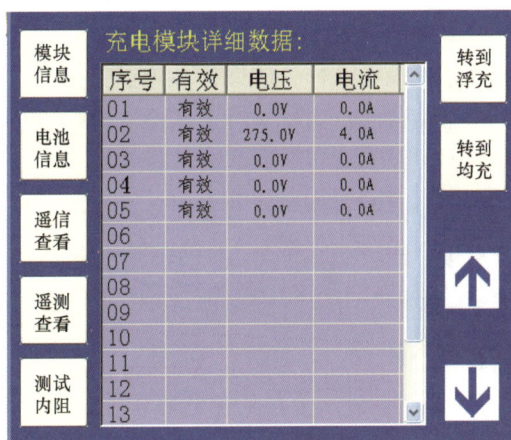

图 3 - 24　第 2 台充电模块稳流精度定值设置

（2）从图 3 - 25 可发现，充电模块稳压精度测试时，输出电压随输出电流增大而降低，空载最高，满载最低，偏差达 2V 多，稳定性较差，所有稳压精度偏差最大值都是在满载的时候。稳流精度测试时，输出电流随输出电压增大而降低，低压时偏差最大，稳定性也较差。

（3）整个试验过程，交流电源、直流负载和测试装置均处于正常状态。

经上述内容分析，充电模块稳压精度、稳流精度特性参数超标与测试装置和工况环境无关，是充电模块自身质量问题所造成。

4. 防范建议

（1）加强现场直流充电屏的安装验收管理工作，避免因现场上下楼搬运、装卸车等情况损坏设备。

75

| 变电站名称：110kV变电站<br>充电机型号：220V20A<br>充电机编号：1<br>模块编号：2<br><br>系统电压等级：220<br>充电机容量：20<br>稳压纹波电压谰试点 (V)<br>198　220　275<br>稳流电流测试点 (A)<br>4　10　20<br>测试人员： | 稳流精度测试 | | | | |
|---|---|---|---|---|---|
| | 直流输出<br>电流整定<br>值 (A) | 交流输入<br>电压 (V) | 直流输出电流实测值 (A) | | 稳流精度 (%) |
| | | | 198 | 220 | 275 | |
| | 4 | 342 | 4.108 | 4.021 | 3.978 | 2.70 |
| | | 380 | 4.102 | 4.000 | 3.980 | |
| | | 437 | 4.098 | 4.012 | 3.981 | |
| | 10 | 342 | 10.156 | 10.001 | 9.911 | 1.58 |
| | | 380 | 10.151 | 10.000 | 9.905 | |
| | | 437 | 10.158 | 10.003 | 9.923 | |
| | 20 | 342 | 20.243 | 20.005 | 19.903 | 1.23 |
| | | 380 | 20.246 | 20.000 | 19.905 | |
| | | 437 | 20.245 | 20.003 | 19.901 | |

| 效率测试 | | | | |
|---|---|---|---|---|
| 交流电压 (V) | 交流电流 (A) | 直流电压 (V) | 直流电流 (A) | 效率 (%) |
| 380.5 | 12.87 | 220.05 | 20.03 | 94.5 |

开始　　　　停止

图 3-25　第 2 台充电模块稳流精度测试数据

（2）充电装置是直流电源系统的核心设备，其性能好坏直接关系到蓄电池寿命和直流系统的稳定性和安全性，所以，必须加强现场直流充电屏的日常运行维护管理工作。

（3）现场测试需修改直流系统设备整定值，要做好记录或拍照，以便做完试验恢复直流系统。

（4）加强对直流充电装置性能的管理，按照相关标准规范定期开展充电装置稳压精度、稳流精度、纹波系数等测试工作，以保证其特性技术指标满足要求。

### 3.2.4　直流充电屏高频模块烧损

1. 案例简述

某日晚 10 时 9 分，某变电站 Ⅱ 段直流充电屏 7 号模块在运行中发生故障，造成直流屏交流侧进线塑壳断路器跳闸，低压柜交流出线跳闸。Ⅱ 段直流充电屏 7 号模块端子烧毁，连接端子处的电路板因发热出现碳化现象，模块整机损坏严重，前面板、后机壳被黑烟熏黑，如图 3-26、图 3-27 所示。

图 3-26　故障充电模块短路后现场照片

## 2. 处理情况

拆开 7 号故障模块后，发现模块端子发热损毁；输入保险炸裂，本体严重损毁，整个模块内部所有角落均被熏黑；交流输入三个保险均已经断开，其中两个崩裂，一个金属腿熔断。输入端子烧毁严重，其中交流输入端有两位端子焊接部分烧尽，直流输出端子全部烧尽；测试功率器件，其中一个半桥上下桥臂直通，其余的整流二极管和 MOS 均正常。

厂家技术人员对损毁接线重新配线并对故障充电模块进行了更换，检查直流系统两段充电屏二次回路无异常，并经现场绝缘测试数据合格，恢复至正常运行方式，从而消除缺陷。

检修人员会同厂家技术人员对故障模块进行

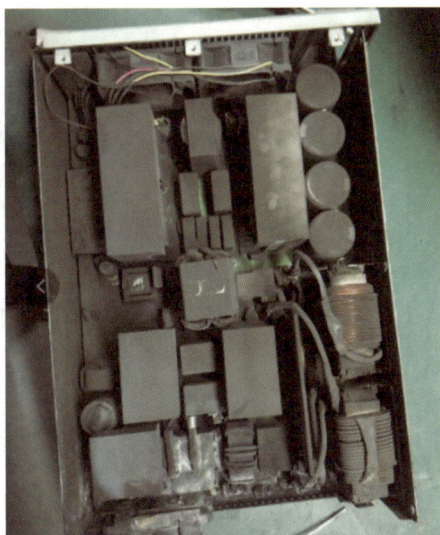

图 3 - 27　故障充电模块短路后现场照片

了系统测试，在模拟电池核容充电试验中发现，充电模块在以大电流给蓄电池充电过程中存在充电电流振荡问题，其原因为原模块电流环控制参数在大电流段与大容量蓄电池组不匹配（容量大电池等效内阻低），电流环 PID 控制器出现振荡，且振荡过程直到充电电流降低方能解除。振荡一旦发生，会对全桥的功率器件以及磁性元件造成冲击，引起器件损坏或者损伤。

Ⅱ段充电装置屏 7 号模块经初步判断，在之前的蓄电池组核对性充放电过程中已经出现元器件损伤，在运行过程中损伤加剧导致整体元件损坏。7 号模块的 MOS 管失效引起内部桥臂直通，形成内部短路。

## 3. 原因分析

导致本次故障的直接原因有以下三点：

（1）经测试充电装置模块电流环软件控制参数在蓄电池组深度核容工况下存在缺陷。

（2）模块发生主控开关管损坏，电流输入过大，因模块未单独设置交流输入空气断路器，导致模块不能快速脱离交流输入电源侧，随着模块内部故障扩大，对自身交流输入端端子造成一定烧毁，形成短路，导致直流系统交流输入电源侧产生过电流，交流输入进线开关跳闸。

系统短路容量较大，模块短路瞬间引起保险崩裂，飞溅的金属导电物在交流电源输入侧引起电网短路，短路点有高温导电金属蒸汽持续燃烧，直到交流侧断电放电过程停止。高温导电气体同时把直流输出端的正负短路，电池侧能量反灌，在直流侧形成持续燃烧，如图 3-28 所示，输出整流的散热器气化提供了导电介质，增加了燃烧的持续时间，直流侧端子烧尽后放电过程停止；因短路导致交流电源侧跳闸，造成低压柜交流出线跳闸。

（3）充电模块元器件的质量不高。不合格的元器件会影响设备整体性能，频繁的故障严重降低设备可靠性和可用率。出厂前，生产厂家应对直流电源系统设备内的装置和元器件进行严格筛选和试验，对产品的整体质量承担责任。

图 3-28　故障模块燃烧集中区域

充电模块输入侧未配置独立交流空气断路器。充电装置各充电模块输入侧未配置单独交流空气断路器，造成在充电装置模块自身故障时扩大了事故范围。短路点有高温导电金属蒸汽持续燃烧，直至交流侧总电源断电后才迫使放电过程停止。

4. 防范建议

（1）充电装置模块输入侧增加（电流按照额定输入 1.3 倍选取）独立的空气断路器，保证异常情况下故障模块能快速安全退出。

（2）规范直流系统定值整定原则，严格执行编审批流程，确保直流系统定值正确规范，参数设置科学合理。

（3）加强核容性充放电工作巡视，密切观察充电装置、蓄电池组工作状态和相关参数的变化。

（4）做好交直流设备运行维护，对防尘网、防尘罩进行及时清理，确保交直流室通风良好，温湿度环境满足规程要求。完善充电装置恢复运行时操作顺序，规范交流进线断路器在运行中跳闸后的处置方案。

### 3.2.5　直流分电屏馈线空气断路器故障导致停电范围扩大

1. 案例简述

某日 0 时 22 分，某站 220kV 某线等 4 条线路保护装置发控制回路断线、装置告警等信号。经现场检查，该站 220kV 设备区直流故障。

该站于 2019 年 5 月 20 日投运，站内交直流一体化电源充电模块等设备供应商为某电气有限公司；交流馈电屏空气断路器、直流馈电屏空气断路器供应商也为该电气公司。

2. 处理情况

现场检查相应装置有下列现象：

（1）如图 3-29 所示，主控室直流馈线屏 I 内的"1146Z 直流分电屏电源 I"空气断路器合位、直流馈线屏 IV 内的"2246Z 直流分电屏电源 II"空气断路器分位（跳闸）。

（2）220kV 设备区直流分电屏进线空气断路器投入情况，直流分电屏 I 的"2Z 直流输入 II"空气断路器分位，"1Z 直流输入 I"空气断路器合位。

（3）220kV 设备区直流分电屏 II"2303Z 备用 3"空气断路器上口接线导体裸露较多，遗留有约 2cm 烧损铜线头，空气断路器上口有烧灼痕迹，如图 3-30 所示。

3. 原因分析

220kV 设备区直流分电屏 II"2303Z 备用 3"馈线空气断路器金属异物短路，造成 220kV 设备区直流分电屏 II"2Z 直流输入 II"跳闸、主控室直流馈线屏 IV"2246Z 直流

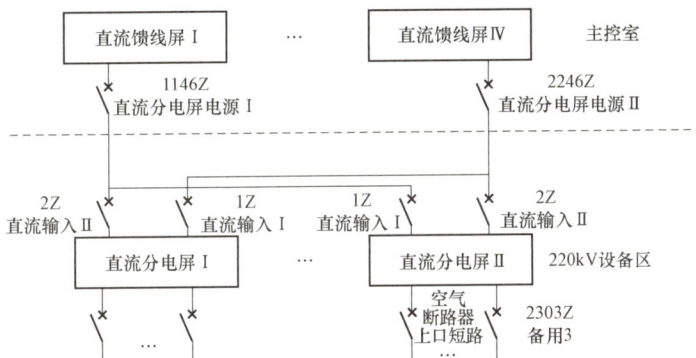

图 3-29　直流馈线屏、分电屏布置图

分电屏电源Ⅱ"馈线空气断路器跳闸,同时因直流分电屏Ⅰ"2Z 直流输入Ⅱ"与"1Z 直流输入Ⅰ"标签贴反(标签贴反导致,正常运行时直流分电屏Ⅰ和Ⅱ同时由直流馈线屏Ⅳ带电),导致 220kV 设备区直流分电屏Ⅰ、Ⅱ同时失电。

图 3-30　烧毁的空气断路器

4. 防范建议

(1) 验收阶段:一是新建工程可行性研究初审环节,直流馈电屏到直流分电屏应采用两侧空气断路器+单独电缆直连方式,若考虑馈电屏停电检修便于转移直流负荷原因,可再增加一回直供电缆。二是提高馈、分电屏空气断路器接线工艺、标签核对和验收质量,重点检查确认空气断路器标识是否正确,空气断路器上、下接线端子附近是否存在金属异物。

(2) 运行阶段:已投运变电站,若直流馈电屏到直流分电屏存在案例布置接线方式,应立即开展一次专项隐患排查和特巡,重点核对馈、分电屏空气断路器对应关系是否正确,空气断路器上、下接线端子附近是否存在金属异物。

(3) 检修阶段:应结合变电站一次设备停电机会,开展对应间隔馈、分电屏空气断路器标签核对工作,并检查、清扫对应屏柜内母线、引线、空气断路器接线,对存在短路隐患的应采取安装绝缘隔板、加装硅橡胶热缩等防护措施。

(4) 设备管理:为进一步加强变电站直流电源系统运维管理,防范因直流系统故障导致电网事故扩大,公司设备部组织编制了《变电站直流电源系统专项隐患排查治理方案》,重点开展防直流电源系统全部失电、防蓄电池组失电、防充电装置失电、防直流电源系统越级跳闸、防直流电源系统绝缘故障等专项隐患排查。

## 3.2.6　变电站直流系统Ⅱ段分布式绝缘监测装置故障

1. 案例简述

某日 19 时 30 分,某 330kV 变电站进行信息综合整治与调度核对遥测信号时,发现

220kV 保护小室内直流系统Ⅱ段数据不刷新，经检查为直流馈线屏Ⅱ分布式绝缘监测装置损坏导致，根据缺陷库定性为严重缺陷。

（1）环境情况：天气晴，环境温度 15℃。

（2）运行方式：220kV 保护小室充电装置Ⅰ及蓄电池组Ⅰ带直流系统Ⅰ段母线，220kV 保护小室充电装置Ⅱ及蓄电池组Ⅱ带直流系统Ⅱ段母线运行。

（3）某变 220kV 保护小室直流馈线屏Ⅱ分布式绝缘监测装置，2010 年 9 月 25 日投入运行。

2. 处理情况

现场检查装置：

（1）220kV 保护小室公用屏内通信管理机电源灯点亮，对上网口灯亮，对下串口通信灯熄灭；现场通过串口对上通信的设备共有 6 台，除 220kV 保护小室直流Ⅱ段充电屏内绝缘监测装置外，其余装置均正常工作。

（2）220kV 保护小室直流馈线屏Ⅱ分布式绝缘监测装置发现装置网络指示灯不闪烁，电源指示灯熄灭，测量端子电源电压正常，判断为该装置损坏。

保护人员携备件到站更换后，设备运行正常，直流系统与后台通信正常，与调度核对遥测数据正确，如图 3-31 所示。

3. 原因分析

经保护人员检查，直流馈线屏Ⅱ分布式绝缘监测装置因运行时间过长，导致内部原件损坏。

4. 防范建议

（1）加强对公用装置的巡视。

（2）对同厂家、同型号装置进行排查，确认该类设备是否有家族性缺陷。

（3）对运行年限超过 10 年的装置进行更换。

### 3.2.7 绝缘监测装置平衡桥典型故障

1. 案例简述

某日，发现某 220kV 变电站预制仓内绝缘监测装置（分机）告警灯亮，正负极压差大于 40V。

该 220kV 变电站于 2019 年 12 月投运，为智能变电站，设有 220kV 和 110kV 预制仓各一个。事故前直流母线正常供电，馈线屏正常运行。

2. 处理情况

现场检查发现直流Ⅰ段母线正负极对地电压和电阻监控装置与绝缘监测装置不一致，监控装置显示 U＋：137.6V，U－：95.4V，R＋：999.9kΩ，R－：88.1kΩ；绝缘监测装置显示 U＋：115.4V，U－：117.4V，R＋：999.9kΩ，R－：999.9kΩ；现场用万用表量取直流母线对地电压为 U＋：135.7V，U－：93.6V。

结合监控装置和绝缘监测装置显示不一致的情况，且故障期间，连续阴雨，湿度较大。初步判断绝缘监测装置存在故障或直流馈线电缆存在绝缘降低问题。

现场发现直流馈线屏内地排所接的屏蔽线在前期已经全部拆掉。通过对拆除的接地线进

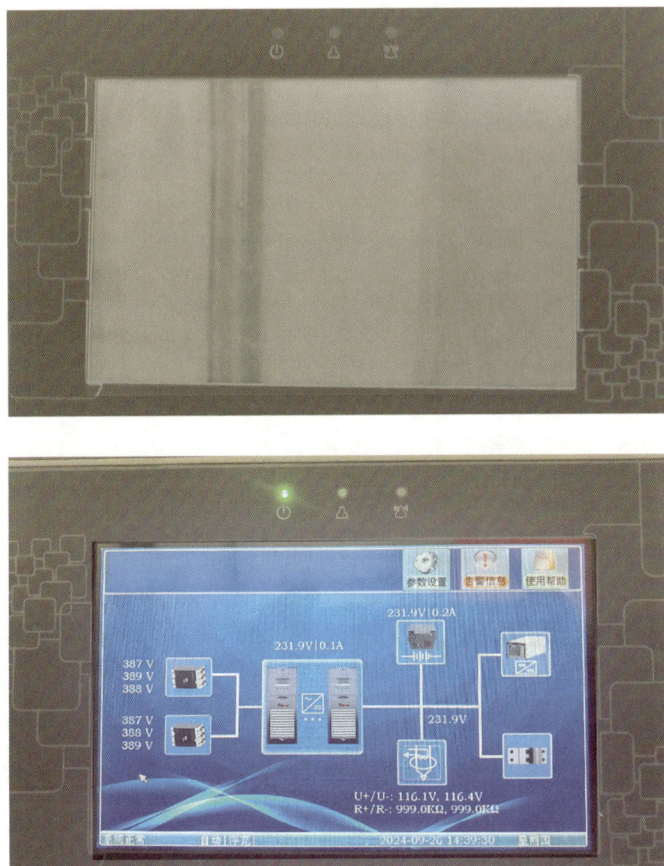

图 3-31　故障装置处置情况

行清理，发现绝缘监测装置平衡桥、装置保护、屏柜保安接地线均被解开，如图 3-32 所示。标示为"1"的黄绿接地线为平衡桥地线，"2"为装置地线，"3"为屏柜保安接地线。

现场恢复平衡桥接地线，直流系统恢复正常，量取直流对地电压正常，预制仓直流接地告警消失，如图 3-33 所示。

3. 原因分析

在该套直流系统中，监控装置和绝缘监测装置均能反应母线正负极对地电压，监控装置通过独立的电压信号元件采集正负极对地电压，绝缘监测装置通过与平衡桥一体的电压信号元件采集正负极对地电压。此次故障监控装置正负极对地电压与实测值一致，说明绝缘监测装置显示的电压有误，原因为平衡桥损坏影响了电压采集。

此次平衡桥接地线被拆除的具体原因为事故发生前一年，该变电站的施工单位对站内存在的缺陷隐患进行整改，其中一项是要求施工单位按相关规程规范拆除直流馈线屏内直流电源电缆的屏蔽线，施工单位在解开直流电源电缆的过程中误将直流Ⅰ段母线绝缘监测装置的平衡桥地线拆除，导致了该站直流Ⅰ段母线绝缘监测装置的平衡桥异常。

4. 防范建议

（1）加强设备巡视维护，在日常巡视中注意对比监控装置、绝缘监测装置正负极对地电

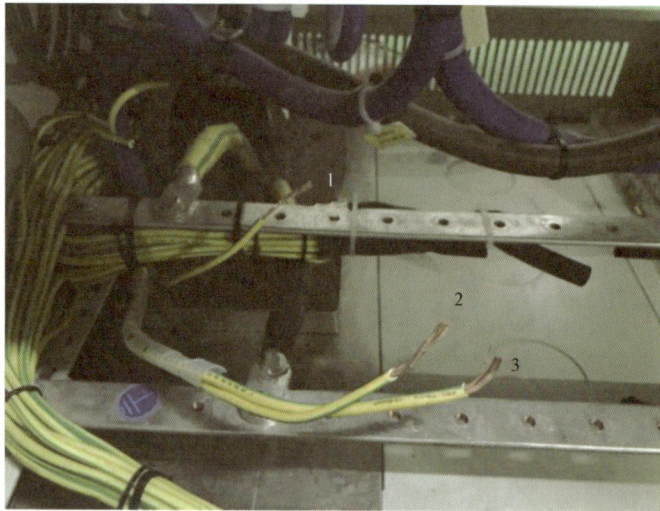

图 3-32    绝缘监测装置平衡桥、装置保护、屏柜保安接地线未接入

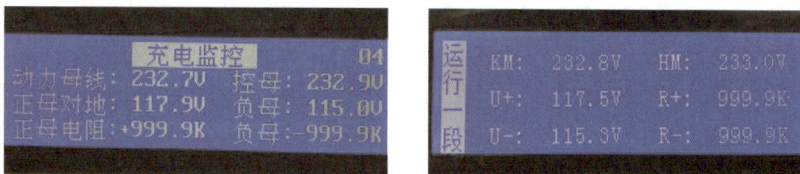

图 3-33    处理后电压情况

压的差别，如有异常及时查找原因并通知专业检修班组。

（2）对于绝缘监测装置告警不仅要考虑馈线支路的原因，也要关注装置本身是否存在故障，并了解绝缘监测装置平衡桥的基本原理。

（3）直流电源电缆属于动力电缆，不存在信号干扰问题，不应接屏蔽线，以免造成接地。检修安装人员应当熟知相关规定，运维人员应验收到位，并加强设备巡视。

# 第4章　蓄电池故障分析与处理

多次事故表明，蓄电池作为变电站的最后一道防线，蓄电池故障直接影响变电站的安全稳定运行，极端情况下还会危及电网的稳定。直流母线任何情况不得无蓄电池运行，当蓄电池组必须退出运行时，应投入备用（临时）蓄电池组。蓄电池在使用中所出现的故障，除材料和制造工艺方面的原因之外，在很多情况下是由于维护和使用不当而造成的。

## 4.1　蓄电池外部故障分析与处理

蓄电池外部故障主要表现为壳体破损、开裂、鼓胀等；蓄电池极柱发生歪斜、变形、凸起等；安全阀不能正常开启、关闭、开闭阀压力不合理、安全阀崩开等；电池安全阀、极柱、槽盖或其他部位出现液体溢出或堆积白色结晶物等。

### 4.1.1　蓄电池外壳变形、开裂、漏液

电池表面外壳非正常鼓起，电池单边鼓胀大于或等于 2.5mm 时，即可判断为蓄电池外壳鼓胀。如图 4-1 所示。造成蓄电池出现外壳鼓胀的相关原因及解决措施见表 4-1。

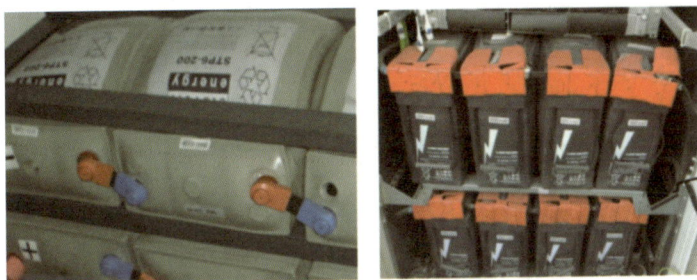

图 4-1　鼓胀的蓄电池

表 4-1　　　　　　　　　　　蓄电池外壳鼓胀原因及解决措施

| 可能原因 | 原因分析 | 解决措施 |
|---|---|---|
| 电池组安装 | 电池组靠近设备散热口 | 调整电池组安装位置 |
| | 电池间紧密接触，无散热空间 | 电池间距大于或等于 10mm |
| | 电池组安装在阳光直射位置 | 调整位置或采取遮阴措施 |
| 环境温度过高 | 空调配置不足 | 合理配置空调 |
| | 无通风设备或通风设备损坏 | 增加或修复通风设备 |
| 电池质量问题 | 电池壳体偏薄 | 选用满足要求的壳体 |
| | 电池极群装配压力过高 | 调整电池极群装配压力 |
| | 电池安全阀开阀压力过高或失效 | 调整电池安全阀开阀压力 |

| 可能原因 | 原因分析 | 解决措施 |
|---|---|---|
| 参数设置 | 未开启充电电压温度校正 | 开启充电电压温度校正 |
| | 高频开关电源充电限压功能失效 | 更换高频开关电源 |

**【案例 1】** 蓄电池外壳破损。

1. 案例简述

某公司发现 1 只蓄电池在运输过程中壳体破损，如图 4-2 所示。

2. 原因分析

（1）电池外壳通常使用 ABS 树脂，但如果厂家材料选择不合理，如选用容易破裂的塑料外壳或在成型过程中加入二次料，使外壳的强度与韧性不足，随着内部压力变化会产生裂纹。

（2）由于蓄电池壳体韧性较差，在运输与安装过程中，电池外壳容易破裂。

（3）壳体底部因拖拽摩擦等原因出现裂纹或破损。

图 4-2 蓄电池外壳破损

（4）安装造成的电池外壳破裂若在验收时没有及时发现，则极易为后期埋下风险隐患。蓄电池壳体有明显的开裂、破损或蓄电池运行一段时间后壳体出现渗透漏液。

3. 处理方法及防范措施

（1）蓄电池在搬运过程中，要轻搬轻放，禁止暴力运送，切不可敲打或在地上拖拽，安装时必须将电池包装去除，防止因固定不牢。不正确的搬运方法会造成蓄电池活性物质脱落，引起蓄电池自行放电，缩短使用寿命。

（2）由于外部应力、运输造成的蓄电池外壳变形、破损、翘曲等，经现场查验，确保不影响其正常使用的可以继续使用，否则应予以更换。

（3）加强蓄电池的抽检，若蓄电池外壳不满足相关要求时，应及时更换整组蓄电池，避免运行中因蓄电池内部压力变化而造成壳体变形开裂。

**【案例 2】** 蓄电池安全阀周围有开裂漏液。

1. 案例简述

2020 年 6 月 15 日，某公司直流班人员对 500kV A 变电站蓄电池组进行核对性充放电试验，在试验期间发现部分蓄电池安全阀周围有开裂漏液现象，个别蓄电池漏液严重已出现严重腐蚀外壳纸质编号标签并向两极柱渗透现象。鉴于 B 变电站为同批次产品，直流班人员立即对 B 变电站进行排查发现同样缺陷。

通过逐一排查发现，A 变电站 1 号蓄电池组有 36 只蓄电池存在开裂漏液现象，2 号蓄电池组有 25 只蓄电池存在开裂漏液现象。B 变电站 1 号蓄电池组有 11 只蓄电池存在开裂漏液现象，2 号蓄电池组有 14 只蓄电池存在开裂漏液现象。问题蓄电池均为同一公司于 2019 年 10 月初生产，11 月末投入运行。蓄电池故障现象如图 4-3 和图 4-4 所示。

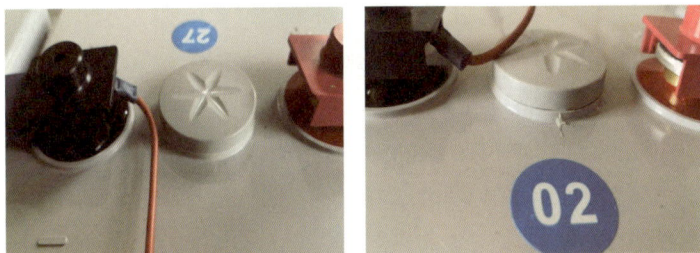

图 4 - 3　蓄电池开裂现象

图 4 - 4　蓄电池漏液现象

2. 原因分析

（1）厂家人员到现场检查发现蓄电池安全阀为凸起状态，根据蓄电池安全阀口现象推测分析，蓄电池在运输过程中蓄电池托盘码放层数超过标准（正常情况下为两层托盘码放），或在物流运输中蓄电池上部堆放了其他较多的货物，运输过程中出现较大的颠簸，导致蓄电池上部相对凸起的安全阀受到较大的压力，安全阀口处熔接线（蓄电池盖注塑过程中塑料熔合处）部位因受力出现损伤。

（2）蓄电池在充电运行过程中氧气析出，蓄电池内部气压逐步上升（15kPa 左右压力），安全阀口熔接处受压破坏，蓄电池内部气体从缝隙部位缓慢排出，气体中携带的电解液水汽在缝隙周围冷凝成液体，出现漏液现象。

（3）蓄电池外壳发生开裂会造成蓄电池内部水分蒸发，引起蓄电池电解液缺失，加速蓄电池内部老化损坏，最终导致蓄电池容量下降，甚至出现极柱断裂，造成电池内部开路，为直流系统安全稳定带来严重隐患。

（4）蓄电池漏液会造成大面积腐蚀，同时渗漏的液体附着灰尘后也容易造成直流接地或两极极柱短路，酿成火灾，导致事故扩大，影响变电站及电网安全稳定运行。

3. 处理方法及防范措施

（1）对蓄电池阀口处结晶和液体进行处理，防止出现接地或极柱短路。

（2）对 A、B 两座 500kV 变电站的蓄电池进行全部更换。

（3）更换蓄电池前缩短蓄电池巡视周期，及时准确掌握设备运行状态信息。

## 4.1.2　极柱变形、漏液、过热

蓄电池在运行时极柱可能会发生歪斜、变形、凸起、温度过高等现象，其可能原因及解决措施见表 4 - 2。

表 4 - 2　　　　　　　　　　蓄电池极柱故障原因及解决措施

| 可能原因 | 原因分析 | 解决措施 |
|---|---|---|
| 电池质量 | 生产过程中极柱定位偏差 | 调整生产过程极柱定位 |
| | 发货前打磨极柱表面氧化物造成极柱不平 | 控制打磨程度，加强打磨效果检验 |
| | 极柱直径设计不够 | 增加极柱直径 |
| | 电池内部酸量偏少 | 加强灌酸精度控制 |
| | 电池内部短路 | 更换电池 |
| 电池使用 | 充放电参数设置不合理 | 调整充放电参数 |
| | 电源设备故障 | 修复电源设备 |
| | 空调设置不合理 | 合理配置空调 |
| | 电池选型不合理，负载超出电池能力 | 合理选型，如负载增加要及时扩容 |

蓄电池运行过程中时常会出现极柱温度高、外壳温度高等现象，测温实例如图 4 - 5 所示。

蓄电池在充放电过程中，蓄电池连接处虚接也极易引起发热，造成蓄电池连接片温度过高，如图 4 - 6 所示。蓄电池连接片温度过高的原因及解决措施详见表 4 - 3。

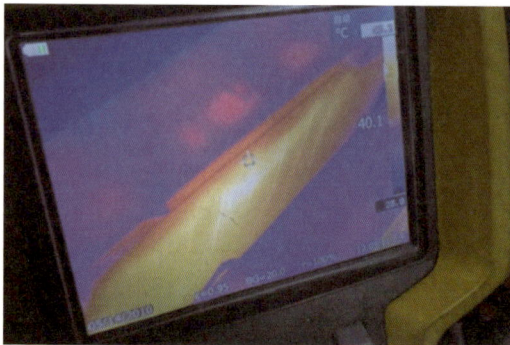

图 4 - 5　蓄电池测温情况　　　　　　　　图 4 - 6　蓄电池连接片测温情况

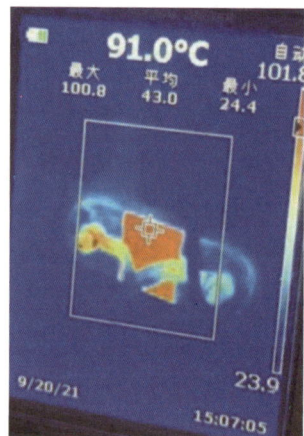

表 4 - 3　　　　　　　　蓄电池连接片温度过高的原因与解决措施

| 可能原因 | 原因分析 | 解决措施 |
|---|---|---|
| 电池连接 | 电池连接条截面积设计不够 | 增加连接条截面积 |
| | 螺栓未拧紧或松动 | 紧固螺丝，并做好标识 |
| | 连接条镀层质量差，存在分层 | 控制镀层质量 |
| 电池使用 | 空调设置不合理，电池工作环境温度高 | 合理设置空调，确保电池工作环境温度为 25℃±2℃ |
| | 电池配置不合理，电池组数偏少 | 根据负载合理设置电池配置和组数 |

**【案例 1】** 蓄电池极柱弯曲。

1. 案例简述

某公司运行中发现 1 只 12V/120A•h 电池端子受损，如图 4-7 所示。

2. 原因分析

受到外部撞击、未连接过渡板等造成的极柱变形。蓄电池正负极引出电缆直接连接极柱上，如图 4-8 所示。

图 4-7  蓄电池极柱弯曲造成壳体开裂

图 4-8  蓄电池负极引出线直接连接在极柱上

3. 处理方法及防范措施

（1）蓄电池极柱发生轻微变形，经检测其电压、内阻均正常。简单处理后确保极柱与连接片接触面符合规定，并能用紧固螺栓正常紧固的情况下该蓄电池可以继续使用，否则应予以更换。

（2）蓄电池正负极引出电缆应经过渡板连接到蓄电池极柱上。

（3）各蓄电池的连接处应有硅橡胶热缩或其他防止短路的绝缘防护措施。

（4）单只蓄电池熔断器不宜采用"压接"工艺，而应采用"焊接"工艺。

**【案例 2】** 蓄电池极柱出现结晶、腐蚀现象。

1. 案例简述

2016 年 11 月 3 日，某 500kV 变电站 2 号蓄电池组 33 号、34 号蓄电池漏液。极柱铜芯发绿，螺旋套内或槽盖间有明显液滴，如图 4-9 所示。

2. 原因分析

（1）安装过程中螺栓压接力矩控制不当，极柱受力造成结构性密封损伤出现漏液。

图 4-9  蓄电池漏液

（2）蓄电池密封工艺不良导致蓄电池发生爬酸结盐。

（3）生产过程中结构性密封损伤，如极柱和外壳焊接或粘接面存在未能及时发现的缺

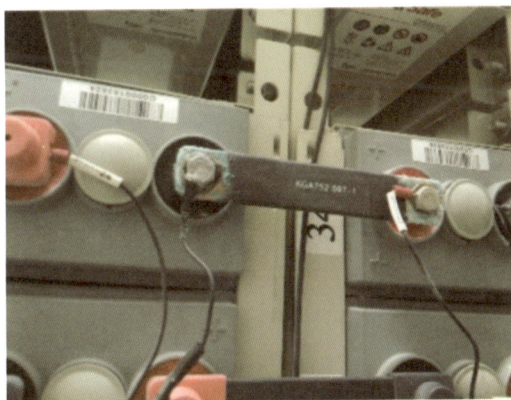

陷，在使用中产生漏液。

（4）运输或者安装过程中操作不当，引起蓄电池外壳显性或隐性的损坏，并且未及时排除，导致漏液。

（5）充电设置不合理，使电池组长期过充电导致极板生长，破坏外壳，导致漏液。

3．处理方法及防范措施

（1）有蓄电池漏液（爬酸）时，将其擦拭干净并涂以凡士林进行处理。

（2）进行蓄电池试验，开阀探查内部情况。

（3）缩短运维检修周期，加强蓄电池温度监测。

（4）严格规范新建变电站蓄电池安装流程，确保散热满足要求、运行维护便利。

（5）采用力矩扳手紧固蓄电池极柱螺栓。投运前检查极柱受力、密封情况；投运后定期进行红外测温。

（6）加强设备出厂检验。

图 4-10　蓄电池安全阀崩开

（7）强化蓄电池质量监督，严格进行抽检检验。

### 4.1.3　安全阀故障

蓄电池安全阀故障主要表现为安全阀不能正常开启、关闭，开闭阀压力不合理，安全阀开裂，安全阀崩开（图 4-10）等。

蓄电池安全阀故障原因及解决措施见表 4-4。

表 4-4　　　　　　　　　　　安全阀故障原因及解决措施

| 可能原因 | 原因分析 | 解决措施 |
|---|---|---|
| 安全阀质量 | 安全阀开、闭压力不合理 | 选用开、闭阀压力满足规程要求的安全阀 |
| | 电池采用胶帽阀设计，无法全检开闭阀压力 | 安全阀选用整体阀设计 |
| 生产过程 | 安全阀安装时未旋转到位 | 安全阀采用专用工具安装 |
| | 安装胶帽阀时，密封胶将胶帽粘牢 | 调整密封胶用量，避免粘住胶帽阀 |
| | 胶帽阀安装不到位，胶帽翘起，造成电池无法闭阀 | 确保胶帽阀安装到位，避免安装不良 |
| 电池使用 | 使用过程拧开安全阀，未旋紧或忘记安装 | 在使用过程中，非专业人员严禁拧开安全阀 |

【案例 1】安全阀开裂。

1．案例简述

某公司在验收中发现 1 只 12V/110A·h 蓄电池安全阀开裂，开裂位置如图 4-11 所示。

2．原因分析

（1）安全阀开阀、闭阀压力不符合要求。

（2）外部应力、运输等造成。

（3）安全阀材质问题。

3. 处理方法及防范措施

（1）更换蓄电池安全阀。

（2）对蓄电池进行内阻、端电压及容量试验。

（3）查看均、浮充电压和电流参数设定是否正确。

（4）安全阀开阀、闭阀压力不符合规定要求的应予以更换安全阀。

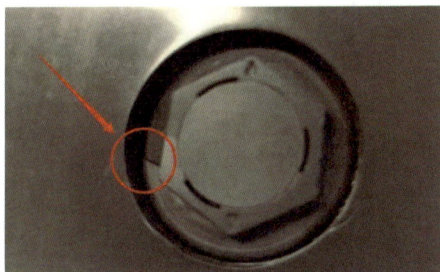

图 4 - 11　蓄电池安全阀开裂

（5）蓄电池的安装施工和运行维护中，要把蓄电池的安全阀作为检查项目。防止因为安全阀体堵死发生安全阀开裂、崩开和蓄电池外壳变形、开裂、漏液等问题，造成变电站直流系统事故。

（6）加强蓄电池抽检工作，尤其是安全阀的一致性验证。

【案例 2】蓄电池安全阀崩开。

1. 案例简述

2020 年 8 月 28 日，某公司对 330kV 变电站 2 号蓄电池组进行安全阀检查，发现有 6 只蓄电池安全阀未满足密封性、排气性要求。蓄电池为 J 公司生产的，投运时间为 2012 年 9 月。蓄电池安全阀崩开情况如图 4 - 12 所示。

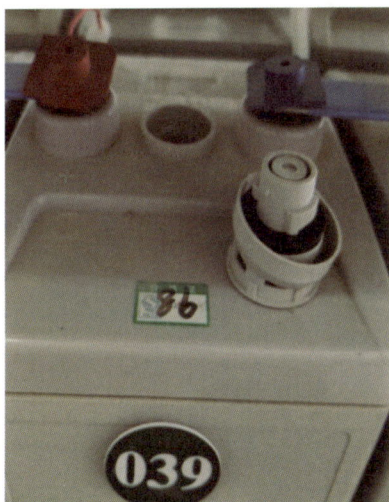

图 4 - 12　蓄电池安全阀崩开

2. 原因分析

经试验后发现，蓄电池端电压、内阻及容量满足运行要求，观察安全阀外观发现安全阀排气孔有堵塞现象，判断其故障原因是蓄电池内部高压气体将安全阀崩开，严重影响了蓄电池安全运行。

3. 处理方法及防范措施

（1）若出现个别蓄电池安全阀检查未满足密封性、排气性要求的，建议更换单只蓄电池。

（2）蓄电池安全阀密封性、排气性不符合要求数量较多的，建议更换整组蓄电池。

（3）对蓄电池进行内阻、端电压及容量试验。

（4）查看均、浮充电压和电流参数设定是否正确。

（5）蓄电池的安装施工和运行维护中，要把蓄电池的安全阀作为检查项目。防止因为安全阀体堵死发生安全阀崩开和蓄电池外壳变形、开裂、漏液等问题，造成变电站直流系统事故。

（6）加强蓄电池抽检工作，尤其是安全阀的一致性验证。

【案例 3】蓄电池安全阀崩开及外壳开裂。

1. 案例简述

2016 年 8 月 30 日，某公司 110kV 变电站配置的蓄电池组，在放电后进行均充过程中 61 号电池出现安全阀崩开及外壳开裂，如图 4 - 13 所示。

## 2. 原因分析

图 4-13　蓄电池安全阀崩开及外壳开裂

（1）经检查，蓄电池安全阀崩开及外壳开裂的原因是安全阀的开、闭阀灵敏度降低，导致内部失水后汇流排缓慢腐蚀而出现裂痕。蓄电池在放电后均充过程中，当较大电流通过汇流排裂纹时会产生火花导致氢爆，在内部压力骤然增大的情况下蓄电池安全阀崩开及外壳开裂。在蓄电池安全阀开、闭阀灵敏度降低时，蓄电池巡检装置并不能判别其异常现象及发出告警。

（2）蓄电池出现问题是由于环境温度过高、电池过充电（充电电压过高、充电电流过大或高电压、大电流充电时间过长）、开关电源故障、参数设置错误造成的。同时蓄电池安全阀开启失灵导致蓄电池热失控，造成内部压力过大安全阀崩开及外壳开裂。

（3）站内蓄电池巡检功能不足，蓄电池出现故障时不能上报告警信息。如果蓄电池发生故障的同时，系统出现短路故障，蓄电池组不能正常提供全站直流负荷，从而造成变电站全停或设备烧毁。

## 3. 处理方法及防范措施

（1）更换外壳开裂的蓄电池。

（2）对整组及同批次蓄电池进行安全阀密封性、排气性检测，不满足要求的需进行更换。

（3）严格把控均、浮充电压和电流等参数设定是否正确。

（4）蓄电池的安装施工和运行维护中，要把蓄电池的安全阀作为检查项目。防止因为安全阀体堵死发生安全阀崩开和蓄电池外壳变形、开裂、漏液等问题，造成变电站直流系统事故。

（5）加强蓄电池抽检工作，尤其是安全阀的一致性验证。

（6）目前蓄电池巡检功能不能满足运行要求，需要配置功能完善的在线监测装置，实现蓄电池容量降低、内阻增大和蓄电池开路以及其他告警功能；实现在线充放电、蓄电池单只内阻监测和纹波系数在线测试等功能。

【案例 4】整组蓄电池发生大批量外壳变形（鼓胀）。

## 1. 案例简述

某 66kV 变电站直流系统配置阀控密封式铅酸蓄电池 1 组，共 104 只，已投入运行 4 年。2014 年 6 月 5 日，巡视发现由于充电机浮充电失灵，蓄电池发生大批量外壳变形（鼓胀）（图 4-14），随即检修人员用备用蓄电池替换了整组电池。

## 2. 原因分析

（1）蓄电池安全阀存在质量问题，达不到安全阀开闭阀压力的标准值，导致蓄电池外壳变形（鼓胀）。

（2）蓄电池运行环境温度过高、过充电（充电电压过高、充电电流过大或高电压、大电流充电时间过长）和开关电源故障、参数设置错误等问题也会造成蓄电池热失控，导致蓄电池外壳发生变形（鼓胀）。

（3）安全阀开启失灵的同时出现蓄电池安全阀开、闭阀压力值及电解液失水程度不可控，存在重大安全隐患，危及直流电源系统的可靠运行，严重者会导致电网设备故障时保护装置拒动，扩大事故范围。

图 4 - 14  蓄电池发生大批量外壳变形（鼓胀）

3. 处理方法及防范措施

（1）针对蓄电池外壳变形（鼓胀）情况，选择更换蓄电池数量。

（2）严格控制蓄电池运行参数，减小充电电流，降低充电电压。

（3）检查安全阀是否堵死并检测试验。

（4）加强蓄电池抽检工作，明确将安全阀的开闭阀压力标准值作为一项重点检测项目。蓄电池在使用期间安全阀应自动开闭合，闭阀压力应在 $1\sim10kPa$ 范围内，开阀压力应在 $10\sim49kPa$ 范围内。

（5）配置功能完善的蓄电池组在线监测装置，实现蓄电池容量降低、内阻增大和蓄电池开路以及其他告警功能。

（6）蓄电池生产厂家及蓄电池使用单位认真执行蓄电池有关规程要求和阀控式铅酸蓄电池订货技术条件中的有关规定进行验收，防止缺漏项。

（7）蓄电池气密性的要求。蓄电池除安全阀外，应能承受 $50kPa$ 的正压或负压而不破裂、不开胶，压力释放后壳体无残余变形。

（8）蓄电池防爆性能的要求。蓄电池在充电过程中，当外部遇明火时，内部不应爆炸。

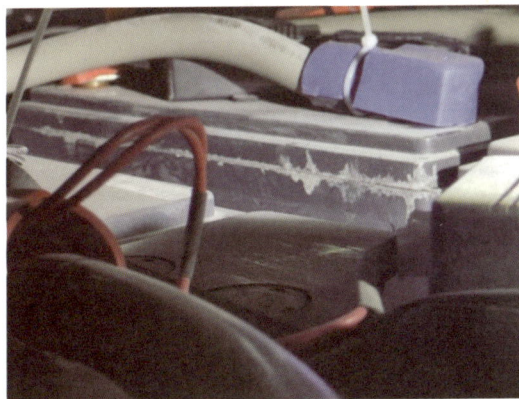

图 4 - 15  壳体与电池槽盖之间漏液

### 4.1.4  漏液（爬酸）

蓄电池运行过程中在安全阀、极柱、槽盖或其他部位出现液体溢出或堆积白色结晶物；极柱严重腐蚀等现象。阀控蓄电池一般采用的是贫液技术，内部的超细玻璃纤维隔板通道把从正极产生氧气的传导到负极进行复合吸收，内部电解液若有过多的含量，相对压力会比较大，会造成复合通道受阻，从而加大了蓄电池内部产生的气体压力，让蓄电池密封不完好的地方发生漏液。蓄电池漏液现象如图 4 - 15 和图 4 - 16 所示。

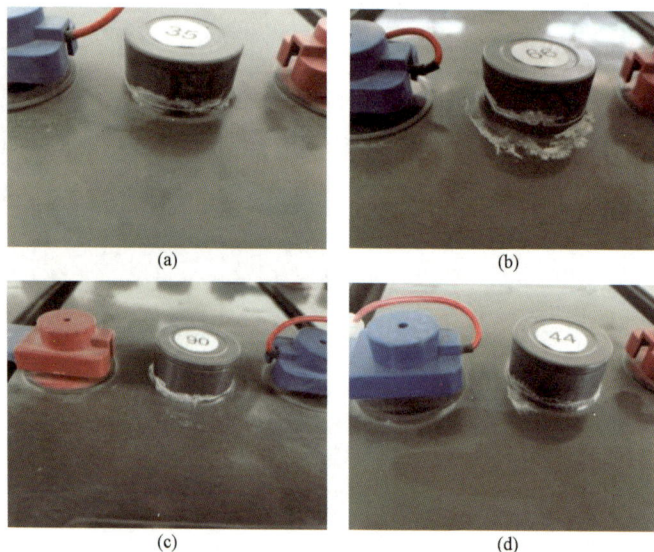

图 4-16　安全阀周围漏液

可能导致蓄电池漏液原因及解决措施见表 4-5。

表 4-5　　　　　　　　　　　　蓄电池漏液原因及解决措施

| 可能原因 | 原因分析 | 解决措施 |
|---|---|---|
| 电池质量 | 电池壳体强度不够 | 选择合适的蓄电池壳体 |
| | 电池极柱密封不良 | 调整极柱密封方式或密封工艺 |
| | 电池槽盖密封不良 | 调整槽盖密封工艺 |
| 电池假漏液 | 电池在生产过程中，阀口周围残余的一些硫酸，可能未被清理干净，当这些硫酸中的水分蒸发后，遇到温差大且潮湿的环境时，这些地方可能因吸潮而有少量液体出现 | 更换安全阀或者将阀口擦干 |
| 电池使用 | 电池运输或安装过程中由于磕碰破损。除安全阀假漏液外发生漏液 | 更换电池 |

【案例 1】极柱周围出现漏液及白色结晶体。

1. 案例简述

某公司运行维护中发现 1 只 12V/200A·h 电池端子出现爬酸和白色结晶，现场情况如图 4-17 所示。

2. 原因分析

(1) 注入过量的硫酸电解液。

(2) 安装时力矩过大，极柱变形造成结构性密封损伤出现漏液。

(3) 蓄电池极柱与蓄电池盖连接处密封不严，蓄电池安全阀与蓄电池盖连接处密封不严，蓄电池槽与蓄电池盖封合处不严造成的漏液等。

3. 处理方法及防范措施

（1）将蓄电池置于干燥的环境中使用。

（2）有漏液（爬酸）时，将其擦拭干净并以凡士林进行处理。观察一段时间后仍有上述问题发生，需要进一步检查，如果是极柱问题则更换电池；如果是安全阀问题则擦拭或换阀。

（3）进行蓄电池试验，开阀探查内部情况。

图 4-17　极柱出现腐蚀及结晶体

（4）缩短运维检修周期，加强蓄电池温度监测。

（5）采用力矩扳手紧固蓄电池极柱螺栓。投运前检查极柱受力、密封情况；投运后定期进行红外测温。

【案例 2】蓄电池组漏液和腐蚀。

1. 案例简述

某 110kV 变电站配置的蓄电池组在运行过程中出现数只电池漏液和极柱腐蚀现象，同时电池内部存在缺液现象，现场情况如图 4-18 所示。

2. 原因分析

检修人员对现场对电池做了进一步检查后，发现电池运行仅四年时间的整组电池容量有明显下降趋势。多只电池出现漏液和极柱腐蚀现象。主要原因是电池制造工艺差，厂家为了节约成本有偷工减料的情况，造成蓄电池出现问题。

图 4-18　蓄电池极柱腐蚀严重

3. 处理方法及防范措施

（1）加强巡视，对缺液的蓄电池补充电解液。

（2）严格把控验收关，保证投运的设备正常可靠运行。

（3）有蓄电池漏液（爬酸）时，将其擦拭干净并涂以凡士林。

（4）进行蓄电池试验，开阀探查内部情况。

（5）缩短运维检修周期，加强蓄电池温度监测。

（6）根据漏液蓄电池的数量，进行相应的更换。

【案例 3】蓄电池爬酸漏液。

1. 案例简述

（1）2017 年 2 月 22 日，检修人员在对某 750kV 变电站内一次设备进行检查时，发现站内Ⅰ段站用蓄电池组部分蓄电池连接处存在锈蚀爬酸的情况，这属于严重缺陷，需立即进行处理，如图 4-19 所示。相关班组接到检修任务后，立即组织人员赶赴现场进行处理。

（2）某换流站蓄电池投运时间长，蓄电池存在锈蚀、漏液等缺陷。极 2 蓄电池室 2 号蓄

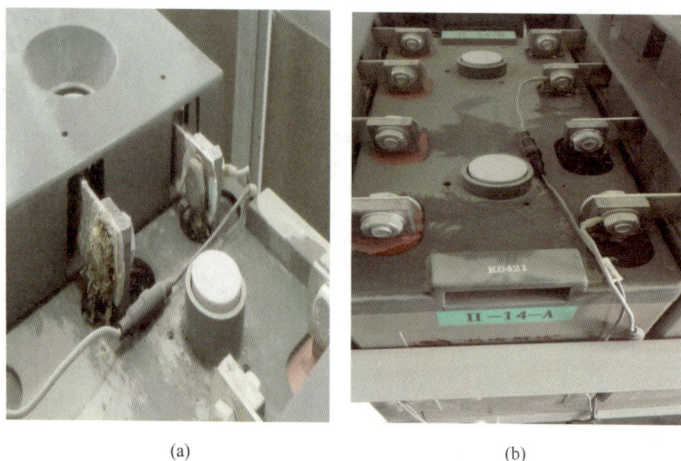

(a)                              (b)

图 4-19  蓄电池出现极柱腐蚀严重及漏液现象

(a) 处理前；(b) 处理后

电池组中 36 号蓄电池存在漏液现象，如图 4-20 所示。

2. 原因分析

（1）因蓄电池极柱连接固定不当，运行中由于震动造成连接处螺栓与正、负极柱扭矩过大，长时间运行，造成正负极柱与电池外壳密封结构破坏，出现极细小的裂缝，电池内部酸液由此外浸即出现"爬酸"现象。

（2）腐蚀多发生在负极，原因为铅酸蓄电池在工作时，电子的流向是从负极流向正极。如果电池中盖上面有酸液存在，正负极之间会形成回路，负极由于释放电子，负极端子的镀层、基材被氧化，继而发生腐蚀。

图 4-20  极 2 蓄电池室蓄电池漏液现象

（3）一些蓄电池螺栓套松动，密封圈受压减小导致渗液。

（4）密封胶老化导致密封处有纹裂。

（5）电池严重过放过充。

3. 处理方法及防范措施

（1）加强对蓄电池的运行工况检查，尤其是极柱、安全阀周边。

（2）严格规范新建变电站蓄电池安装，确保散热满足要求、运行维护便利。

（3）采用力矩扳手紧固蓄电池极柱螺栓。投运前检查极柱受力、密封情况，投运后定期进行红外测温。

（4）加强设备出厂检验，确保无缺陷蓄电池投入运行，强化蓄电池抽检及技术监督，建立装备质量监督及反馈体系。

（5）有蓄电池漏液（爬酸）时，将其擦拭干净并涂以凡士林。

（6）对蓄电池进行开阀检查，并进行相关的检测试验，不满足运行要求的蓄电池需进行更换。

**【案例 4】**蓄电池漏液造成接地。

1. 案例简述

2016 年 7 月，某 220kV 变电站在进行蓄电池核对性充放电工作过程中，直流电源系统发出接地信号。检查直流电源系统绝缘监察装置时，发现各支路对地绝缘良好，均未发生接地。通过使用手持式直流接地查找仪对各支路及蓄电池电缆进行接地测试，发现 2 号蓄电池组对地绝缘不良。经进一步检查，发现 95 号蓄电池有漏液，漏液现象如图 4-21 所示。

图 4-21　蓄电池漏液现象

2. 原因分析

（1）外观检查情况。根据故障发生后绝缘监测装置的报警显示，优先考虑为蓄电池问题，观察蓄电池，若闻到刺鼻气味，则确定蓄电池漏液造成直流母线接地。

（2）试验监测情况。将漏液电池拆除，更换新电池后，再进行测试，发现故障现象消失，直流系统正负极对地电压恢复正常，系统恢复正常。

（3）由安全阀质量问题引起的安全阀处爬酸等原因造成的蓄电池漏液。

（4）蓄电池长时间运行出现了漏液，由于所渗漏液体的导电性，致使蓄电池通过漏液接地，此类故障主要表现是母线的正负极对地电压出现偏差，具体电压偏差比例大小随接地电池只数的不同而有所变化。

（5）现场安装的绝缘监测装置未将蓄电池组的对地绝缘情况纳入监测范围，且不能检测蓄电池组对地绝缘情况。

3. 处理方法与防范措施

（1）因直流母排、蓄电池组、蓄电池电缆、巡检线绝缘问题或直流充电模块故障引发直流接地的缺陷时有发生，在绝缘检查装置无法查找出接地支路的情况下，可以通过暂停一组蓄电池组或轮流停用直流充电模块的方法，配合手持式直流接地查找仪对以上部位逐一排查，最终确定故障点。

（2）根据故障发生后绝缘监测装置的报警显示，判别是否为蓄电池问题，观察蓄电池，若闻到刺鼻气味，则确定蓄电池漏液造成直流母线接地。退出并拆除漏液的蓄电池，更换蓄电池。

（3）通过更换具有监测蓄电池接地故障的绝缘监测设备，或加装直流漏电电流传感器、交流互感器的方式将蓄电池组纳入绝缘监测范围。

（4）规范蓄电池安装，蓄电池连接线应长度适宜，避免蓄电池极柱受力。

（5）建议蓄电池组地板部需增加 3mm 以上防酸垫，避免蓄电池组接地。

（6）运行维护时注意对安全阀的巡视检查。

# 4.2  蓄电池内部故障分析与处理

造成蓄电池故障的内部因素主要是极板硫化、活性物质脱落、极板栅架腐蚀、极板短路、自放电、极板拱曲等，故障特征主要呈现为电压、内阻的变化。阀控式蓄电池在浮充运行中电压偏差值、开路状态下最大最小电压差值、放电终止电压值、内阻值应满足规定值，严格控制单体电池的浮充电压上、下限，防止蓄电池因充电电压过高或过低而损坏。

## 4.2.1  电压不平衡

运行中蓄电池开路端电压、浮充端电压等偏差值超出标准范围是蓄电池最常见现象，蓄电池组中单只电池电压不平衡的原因及解决措施见表 4 - 6。

表 4 - 6              蓄电池组中单只电池电压不平衡的原因及解决措施

| 可能原因 | 原因分析 | 解决措施 |
|---|---|---|
| 电池质量 | 电池酸饱和度不一致 | 调整电池灌酸精度控制 |
|  | 电池活性物质偏差大 | 加强生产一致性控制 |
|  | 电池内阻偏差大 | 配组因素考虑内阻因素 |
| 电池连接 | 电池螺栓未紧固或螺栓出现腐蚀 | 紧固螺栓，更换腐蚀螺栓 |
| 电池使用 | 充电参数设置不合理 | 合理设置充电参数 |
|  | 未按规定进行均衡充电 | 电池放电后或新电池在浮充 3～6 个月后，应进行均衡充电 |
|  | 不同厂家电池混用 | 严禁不同厂家电池混用 |
|  | 出现落后电池 | 更换落后电池 |

【案例 1】浮充电时蓄电池电压偏差较大。

1. 案例简述

某公司在运行维护中发现 1 只蓄电池浮充状态下端电压不平衡（过低），监测数据如图 4 - 22 所示。

2. 原因分析

（1）制造过程工艺差。

（2）未按规定进行补充充电。

（3）内部存在短路、局部放电等现象。

（4）外接设备的异常耗电现象。

3. 处理方法及防范措施

（1）蓄电池本身原因造成的应予以更换。

（2）未按规定进行补充充电造成的应按规定进行全充、放电循环 2～3 次，使容量恢复，减小电压偏差值。

（3）外接设备的异常造成的应及时联系相关专业人员进行排查。

【案例 2】蓄电池一致性逐渐变差。

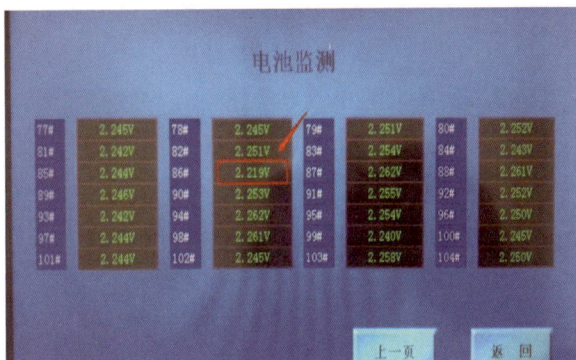

图 4-22 单只蓄电池电压监测数据

1. 案例简述

某 110kV 变电站在运行 3 年后的蓄电池一致性逐渐变差，蓄电池组单体电压最大偏差值达到 0.234V，超出规程允许范围。

2. 原因分析

（1）在串联状态下的蓄电池组虽然充放电电流是一致的，但由于各单体电池的生产差异，导致每只蓄电池实际参数不可能完全一致，如自放电率、容量、内阻等性能。

（2）蓄电池细微的差异随着时间的积累（如 1 年以上）就能达到相当的水平，使得蓄电池的一致性逐渐变差，比如自放电率较低的一些电池已经开始出现了较严重的过充电（最高电压达到 2.48V），已经超过蓄电池均充电压，自放电率高或容量稍大的电池出现较严重的欠充电（最低电压 2.14V），最大电压偏差为 0.234V，超出不超过 0.05V 的规定偏差允许范围。

（3）随着运行时间的加长，将进一步加深蓄电池参数的不一致性，过充电导致蓄电池失水、电解液干涸、热失控；欠充电除自身容量不足外，还会导致蓄电池极板硫化结晶而失去活性导致不可逆反应。出现这种情况后如果没有人为干预持续运行，将导致蓄电池容量下降直至损坏。

3. 处理方法及防范措施

（1）定期均充。定期均充会使欠充电的电池得到一定的电量补充，但对于已经过充电的部分电池，电压会迅速大幅升高，导致充电电流迅速下降，这就造成欠充电的电池实际补充的电量很有限，但对于本来就已经过充电的电池却又带来严重的过充伤害，可能导致电池失水，电解液干涸、热失控等情况发生，严重影响电池使用寿命，所以这种方法不是理想的解决方案。

（2）智能自主均衡技术。由于蓄电池个体微小差异的存在，并且差异各不相同，很难靠人工方式定期检查维护来完成均衡，建议采用智能自主均衡技术，实时在线监测每只蓄电池单体电压，在线维护电池组中每只电池电压均保持一致（±0.05V 以内），完全避免蓄电池组出现单体过充电和欠充电，让蓄电池组中每只电池都始终工作在设计最佳的工作状态，彻底消除因单体电池电压不均衡对电池寿命和容量导致的严重伤害，使电池的使用寿命接近于蓄电池的设计寿命，从而提高直流电源系统的运行安全性。

（3）对于新投运蓄电池组，在投运前随机抽取若干进行一致性性能测试，包括核容容量、重量、内阻、端电压等性能指标。

**【案例 3】** 蓄电池单只电压降低，导致直流母线电压降低。

1. 案例简述

2016 年 3 月，某公司 110kV 变电站，运维人员在例行维护测试蓄电池单只电压时发现蓄电池单体间压差过大，最大为 180mV。其中有 12 只蓄电池单体电压为 2.03～2.06V，初步判断为提前老化亏电，退出该组蓄电池，并通过便携式充电机分别对 12 只亏电电池进行活化放电、补充电。

2. 原因分析

（1）新投入运行的阀控式密封铅酸蓄电池的浮充电压，在使用半年左右将达到最佳状态。在此期间，应对蓄电池的浮充电压加强巡视检查。观察其浮充电压的分散性有无加大的趋势。

（2）蓄电池均匀性差。应按要求进行全容量反复充放电 2～3 次，使蓄电池恢复容量，减小电压的偏差值。

（3）蓄电池制造工艺的控制。对阀控式密封铅酸蓄电池生产工艺的要求比普通铅酸蓄电池要苛刻得多。只有在每道工序上都按工艺规定去做，才能最大限度地保持阀控铅酸蓄电池性能的均匀性。

（4）蓄电池组在正常运行状态下，提前出现电池老化情况是由于蓄电池内部制造工艺存在问题导致，需加强内部工艺的监造和出厂验收管理，影响直流系统可靠性，增加检修成本。

3. 处理方法及防范措施

（1）对同类设备进行重点巡视和排查，发现问题及时检查处理。

（2）蓄电池的浮充电压要求。单体电池的浮充电压为 2.23～2.28V，通常取 2.25V（25℃）。

（3）蓄电池的均衡充电电压的要求。单体电池的均充电压为 2.30～2.35V，通常取 2.35V（25℃）。

（4）加强对蓄电池的浮、均充电的管理，并根据环境温度对蓄电池的浮充电电压进行整定。

（5）加强蓄电池抽检试验工作，严格把控验收标准。

（6）若均充不能恢复，需更换蓄电池组，在此期间降低浮充运行电压，及时进行测试及测温。

**【案例 4】** 直流系统蓄电池投运后短时期内即出现电压过低、蓄电池失效现象。

1. 案例简述

某 110kV 变电站于 2015 年 8 月 12 日投运，2016 年 1 月 31 日交直流一体化总监控装置发"一体化电源故障总告警"信号，经现场检查为 1 号蓄电池组 46 号电池欠电压告警，其电压监控显示为 1.782V，用万用表实测为 1.77V，已经低于蓄电池放电终止电压为 1.8V。

2. 原因分析

（1）蓄电池存在质量缺陷。投运后短时期内即出现浮充电压过低、蓄电池失效的问题，存在蓄电池组事故放电容量不足、蓄电池组开路导致直流失电的安全隐患。

（2）蓄电池组在验收阶段虽然进行了容量核对性放电试验和内阻测试，容量合格，但是未对整组蓄电池中单体蓄电池的电压、内阻值偏差情况进行分析。

（3）运维阶段对直流系统单体蓄电池浮充电压监测不足，未及时发现单体蓄电池浮充电压异常下降的状况。

3. 处理方法及防范措施

（1）加强对蓄电池厂家入网管理和蓄电池技术监督工作，对于运行中出现严重质量缺陷的蓄电池厂家实施退出制度。

（2）基建、技改工程严格按照验收要求开展蓄电池组容量核对性放电试验和单体蓄电池内阻测试工作，留存蓄电池放电曲线、内阻值等原始数据，做好试验数据的分析比对工作。

（3）运维阶段加强对蓄电池运行状况和单体电压的监测，发现蓄电池电压和内阻有异常状况时及时处理。按运维要求定期开展蓄电池容量核对性放电试验和单体蓄电池内阻测试工作。

（4）增加单电池电压异常告警功能。

## 4.2.2　内阻值超标

当蓄电池内阻与平均值的偏差超过±10％时，需要更换蓄电池。蓄电池内阻值超标可能出现的原因及解决措施见表4-7。

表 4-7　　　　　　　　　　　蓄电池内阻值超标原因及解决措施

| 可能原因 | 原因分析 | 解决措施 |
|---|---|---|
| 电池质量 | 电池灌酸量不足 | 加强灌酸精度控制 |
| | 电池正极板、负极汇流排腐蚀 | 增加正极板、汇流排厚度 |
| | 电池内部虚焊 | 加强焊接工艺要求 |
| | 电池内部断路 | 强化出厂试验 |
| 电池使用 | 充放电参数设置不合理 | 合理设置充放电参数 |
| | 电源故障，如均浮充转化功能损坏 | 修复电源 |
| | 空调设置不合理，电池温度高而失水 | 合理配置空调 |
| | 电池阳光直晒 | 调整电池安装位置 |
| | 电池放电后未及时充电或充电不足 | 电池放电后，按照厂家推荐的参数及时充电 |

【案例1】在线监测或手动测量，内阻超过基准值的30％及以上。

1. 案例简述

某公司在运行维护中检测到1只12V/100A·h电池内阻偏高，超过平均值的20％，测试的数值如图4-23所示。

图 4-23 内阻测试数值

**2. 原因分析**

蓄电池出现内阻变大的原因主要是内部电解液失水、极板与汇流排腐蚀、极板硫化、极板变形、活性物质脱落等；过放电、放电后未能及时充电、欠充电等。

**3. 处理方法及防范措施**

（1）检查蓄电池极柱螺栓或监测线有无松动现象。

（2）完全充满电状态下实测内阻，内阻与平均值的偏差超过±10%时，需要更换蓄电池。

（3）打开安全阀用内窥镜检查蓄电池汇流排是否存在腐蚀现象。

（4）进行蓄电池容量试验。

**【案例 2】** 多只蓄电池内阻偏差超过 10%。

**1. 案例简述**

某公司 110kV 月变电站，2016 年 7 月，检修人员在进行核对性容量试验时，发现本站 1 号蓄电池组蓄电池容量为 50%，不合格。2 号蓄电池组容量为 50%，不合格（其中 25 号电池容量只有 10%，已当场退出）。

在浮充状态下，对 1 号蓄电池组中的单只电池端电压及内阻逐个测量，测得 17 号电池端电压为 2.153V、45 号电池端电压为 2.197V、63 号电池端电压为 2.153V、67 号电池端电压为 2.190V，数值皆偏小，其他电池端电压正常。内阻平均值为 $500\mu\Omega$，17 号电池内阻为 $563\mu\Omega$，63 号电池内阻为 $595\mu\Omega$，10 号电池内阻为 $602\mu\Omega$，84 号电池内阻为 $556\mu\Omega$，超出平均值的±10%。

在浮充状态下，对 2 号蓄电池组的单节电池端电压及内阻逐个测量，测得 9 号电池端电压为 2.143V、25 号电池端电压为 2.004V、27 号电池端电压为 2.154V、54 号电池端电压为 2.151V、67 号电池端电压为 2.179V、79 号电池端电压为 2.169V、84 号电池端电压为 2.183V、85 号电池端电压为 2.147V，数值皆偏小，其他电池端电压正常。内阻平均值为 $480\mu\Omega$，9 号电池内阻为 $566\mu\Omega$、25 号电池内阻为 $1300\mu\Omega$、超出平均值的±10%。

**2. 原因分析**

（1）该电池 2014 年投产，投运不满 3 年出现此类问题，说明蓄电池制造过程中工艺把关不严格，产品质量不合格。

（2）整组蓄电池内阻不均衡使充、放电时电压分布不均，导致个别蓄电池处于欠充电状态，影响了该蓄电池的性能和寿命。

（3）蓄电池充电不足，会造成负极极板硫酸盐化、活性物质减少，使得蓄电池内阻增加、容量下降，从而提前失效。

**3. 处理方法及防范措施**

（1）检查蓄电池极柱螺栓或监测线有无松动现象。

（2）完全充满电状态下实测内阻，内阻与平均值的偏差超过±10％时，需要更换蓄电池。

（3）打开安全阀用内窥镜检查蓄电池汇流排是否存在腐蚀现象。

（4）加强蓄电池组到货验收管理。严格执行规程中对蓄电池一致性的要求，应选用同厂家、同型号、同批次、内阻接近的蓄电池。

（5）加强运行直流蓄电池组的巡检。定期检测蓄电池组端电压及内阻数据（同组数值不应有明显差异），以便及时发现蓄电池组故障隐患。如果发现蓄电池组中有个别落后电池时，应及时联系检修人员进行个别蓄电池活化或更换处理。

（6）蓄电池内阻的大小也表示蓄电池的老化程度。测量蓄电池组，发现单个蓄电池内阻与制造厂提供的内阻基准值偏差大应及时处理。蓄电池的内阻值一般比初始值增加 10％～25％即为偏差较大，蓄电池的内阻异常增大，则有可能是失水所致。

【案例 3】内阻变大，蓄电池内阻与平均值的偏差超过±10％。

1. 案例简述

2020 年 6 月 2 日，使用蓄电池内阻测试仪对某公司 330kV 变电站第一组蓄电池进行内阻测试，发现有 37 只蓄电池超过平均内阻 2.41mΩ，不满足规程中对"同组蓄电池内阻与平均值的偏差不应超过±10％"的要求。蓄电池投运时间为 2011 年 11 月。

2. 原因分析

（1）运行维护不到位。整组蓄电池内阻不均衡使充、放电时电压分布不均，导致个别单体蓄电池处于欠充电状态，影响了蓄电池的性能和寿命。

（2）蓄电池充电不足，会造成蓄电池负极极板硫酸盐化、活性物质减少、内阻增加、容量下降，从而提前失效。

（3）蓄电池安装密集，不满足蓄电池安装的间距要求，造成蓄电池散热严重不良。

3. 处理方法及防范措施

（1）加强电池组的数据测量工作，做好分析，发现异常及时处理并上报。

（2）检查蓄电池极柱螺栓或监测线有无松动现象。

（3）严格按照使用说明书及规程要求，对蓄电池进行均衡充电。

（4）打开安全阀用内窥镜检查蓄电池汇流排是否存在腐蚀、电解液干涸、极板硫化等现象。

（5）加强运行的直流蓄电池组巡检工作。定期检测蓄电池组端电压及内阻数据（同组蓄电池内数值不应有明显差异），以便及时发现蓄电池组故障隐患。

（6）完全充满电状态下实测内阻，内阻与平均值的偏差不应超过±10％。出现单只蓄电池内阻测试结果不满足要求的，需要更换该蓄电池；蓄电池内阻不满足要求的数量达到整组数量的 20％时，更换整组蓄电池。

（7）在基建施工过程中，要充分考虑设备散热问题，严格按照规程规定的安装要求进行施工，避免此类情况再次发生。

（8）严格控制蓄电池运行场所的环境温度。对蓄电池环境温度达不到运行规程要求的场所，应采取调温措施。

（9）正确选择并严格控制蓄电池的浮充电压。阀控密封式铅酸蓄电池的浮充电压为 2.23～2.28V/单体，一般取 2.25V/单体（25℃），并根据蓄电池使用的环境温度及蓄电池的新旧程度对蓄电池运行的浮充电压进行校正。

（10）蓄电池内阻测试。蓄电池单体电池内阻值应与制造厂提供的阻值一致。

（11）蓄电池在线监测装置应具有监测蓄电池组电流、端电压、单体电池电压、单体内阻等功能，实现自动分析、报警。

**【案例 4】** 蓄电池内阻引起核对性充放电不合格。

1. 案例简述

某 110kV 变电站 1 号蓄电池组 2011 年投入运行。2017 年 3 月 7 日运维队在正常电池检测时发现 1 号电池组中的第 45 号、67 号、69 号电池端电压不稳，忽高忽低，隔天进行复测未有改变。

联系相关班组对 1 号电池组进行核对性充放电试验，当放电至 2h 时第 45 号、67 号、69 号电池电压低至 1.8V，测试蓄电池内阻远远大于平均内阻值。试验结果不合格，整组电池容量已不能满足系统要求，对整组电池进行更换。

2. 原因分析

（1）电池组容量不足，在事故情况下将无法为站内提供足够的直流电源。

（2）蓄电池运行寿命过低，刚运行 6 年就无法满足系统要求。

（3）产品质量不高，蓄电池制造过程中工艺把关不严格。

（4）运行维护不到位。整组蓄电池内阻不均衡使充、放电时电压分布不均，导致个别单体蓄电池处于欠充电状态，影响了蓄电池的性能和寿命。

（5）蓄电池充电不足，会造成蓄电池负极极板硫酸盐化、活性物质减少、内阻增加、容量下降，从而提前失效。

3. 处理方法及防范措施

（1）加强电池组运行数据的测量工作，发现异常做好分析并及时上报。

（2）检查蓄电池极柱螺栓或监测线有无松动现象。

（3）按照规程有关规定对蓄电池进行定期均充。

（4）完全充满电状态下实测内阻，内阻与平均值的偏差不应超过±10％。出现单只蓄电池内阻测试结果不满足要求的，需要更换该蓄电池；蓄电池内阻不满足要求的数量达到整组数量的 20％时，更换整组蓄电池。

（5）打开安全阀用内窥镜检查蓄电池汇流排是否存在腐蚀、电解液干涸、极板硫化等现象。

（6）加强运行的直流蓄电池组巡检工作。定期检测蓄电池组端电压及内阻数据（同组蓄电池内数值不应有明显差异），以便及时发现蓄电池组故障隐患。

### 4.2.3 容量不足

蓄电池容量不足，在系统发生故障时，充电机输出电压降低，断路器将不能正常分闸，可能会引起事故扩大，越级跳闸，造成设备烧坏。运行中的蓄电池组全容量核对性充放电，经三次充放电仍达不到 80％的标称容量，应进行更换。如图 4 - 24 所示为一组 600A·h 的蓄电池放电情况。

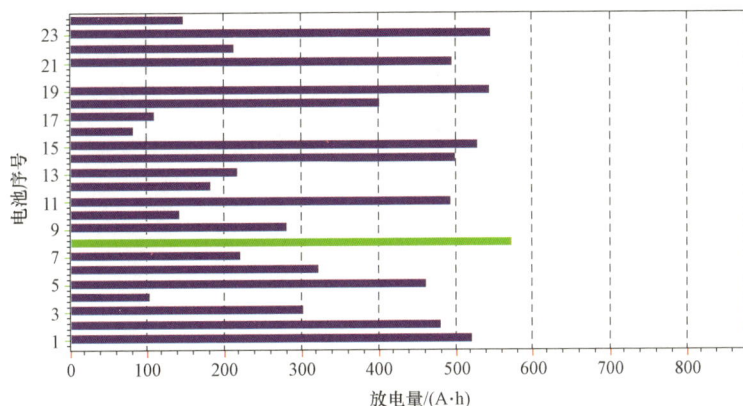

图 4 - 24　一组 600A·h 的蓄电池放电情况

分析蓄电池组容量不足的原因及解决措施见表 4 - 8。

表 4 - 8　　　　　　　　　　分析蓄电池组容量不足的原因及解决措施

| 可能原因 | 原因分析 | 解决措施 |
| --- | --- | --- |
| 电池质量 | 电池内部短路、断路 | 更换电池 |
| | 电池负极硫酸盐化 | 采用小电流充放电修复 |
| | 电池酸量不足 | 控制电池灌酸精度 |
| | 电池正极板腐蚀 | 采用耐腐蚀正极板合金 |
| 电池使用 | 充放电参数设置不合理 | 合理设置充放电参数 |
| | 电池连接松动 | 紧固电池连接 |
| | 电源故障 | 修复电源 |
| | 空调设置不合理，蓄电池工作环境温度低 | 合理配置空调，确保电池工作环境温度为 25℃ ±2℃ |
| | 电池放电后未及时充电或充电不足 | 电池放电后，按照厂家推荐参数及时充电 |
| | 电池滥用，如浮充型电池用于循环场景 | 避免电池滥用 |

【案例 1】蓄电池容量未达到额定容量的 80％。

1. 案例简述

某公司在蓄电池核对性充放电试验过程中发现该组蓄电池容量不足，容量未达到额定容量的 80％，测试数据如图 4 - 25 所示。

2. 原因分析

（1）运行中浮充电压正常，放电时电压很快降至终止电压。

（2）蓄电池长期欠充电，浮充电压低于规定值，造成极板硫酸盐化。

（3）深度放电频繁。

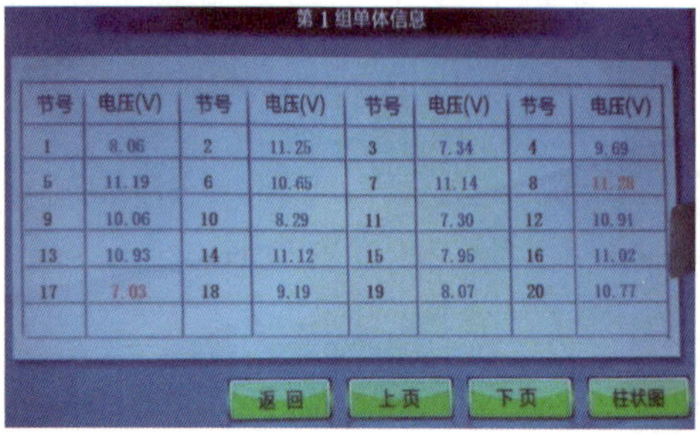

图 4-25 蓄电池放电电压

（4）若仍低于 80％ 额定容量，应更换蓄电池组。

（4）蓄电池放电后未立即充电，造成极板硫酸盐化。

（5）蓄电池内部电解物质变质、失水干枯。

3. 处理方法及防范措施

（1）调整浮充电运行时的电压值。

（2）避免深度放电。

（3）进行核对性放电，容量达不到要求时，进行全充、放电循环 2～3 次。建议小电流补充电活化，活化成功进行使用。

【案例 2】蓄电池组质量不过关且充电装置运行不稳定严重威胁变电站安全运行。

1. 案例简述

（1）某 35kV 变电站直流系统于 2012 年投入使用，蓄电池单体电压为 2V。2016 年 10 月，在对该站蓄电池组进行核对性充放电试验时，蓄电池组容量仅为 72％，经检查发现有 4 只蓄电池已损坏，且该站直流系统中电池电压巡检装置损坏，无法监视每块蓄电池的单体电压。另外，该直流系统配置 4 个充电模块，其中 2 个损坏已退出运行，另外 2 个充电模块也频繁发生故障，蓄电池无法正常充电。

（2）某 220kV 变电站 2 号蓄电池组 2012 年投运，2015 年 9 月进行容量试验，发现容量降低至 50％，放电持续时间仅 5h，该电池至容量试验时运行时间不到 4 年，电池容量已不满足要求。

（3）2015 年 3 月 26 日，某 110kV 变电站蓄电池组核对性放电试验，放电开始后仅 25min 就有 10 只电池端电压降至中止电压 1.8V，充好电后进行第二次放电，20min 后有 9 只电池电压降为 1.8V，有 5 只电池电压接近 1.85V。现场检查蓄电池外观，发现多数电池安全阀附近有溢液痕迹，测量运行中充电装置输出电压为 239.5V，高于监控器浮充电压设定值（设定值为 234V），检查充电模块输出电压，发现有 1 只充电模块输出电压为 239.6V，其余正常。

2. 原因分析

蓄电池核对性放电发现的问题主要是蓄电池容量不足、电池电压参差不齐，内阻离散性大。

（1）蓄电池质量不过关，个别损坏，导致蓄电池容量偏低，无法满足运行要求。

（2）充电模块频繁故障，不满足运行要求，影响蓄电池的寿命。

（3）电池电压巡检装置故障，无法监视直流系统的运行状况，在蓄电池损坏的情况下无法发出告警信号。

（4）蓄电池组长期欠充电，浮充电压低于规定值，造成极板硫酸盐化；频繁深度放电；蓄电池组放电后未立即充电，造成极板硫酸盐化等。

（5）厂家产品质量不良，蓄电池极板合金质量差，极板薄，电解液灌装工艺不良。

（6）没有针对个别落后的铅酸蓄电池单独进行均衡充电处理，使其恢复容量。还是采用对整组蓄电池进行均衡充电的方法处理个别落后蓄电池，造成多数正常电池被过度充电的情况。并且由于电池单体电压产生差异会随着充、放电的循环往复而不断增大，使蓄电池失效。

（7）新蓄电池组未能及时安装使用，超期存放又没按要求进行及时补充电，造成蓄电池组在投运后出现较大电压偏差（超过平均值±0.05V）；个别蓄电池极板硫化严重，蓄电池组的寿命提前终止。

3. 处理方法及防范措施

（1）对整组蓄电池连接片进行紧固，并对个别落后现象严重的电池进行单体补充电或者活化。若不能恢复蓄电池容量，对整组蓄电池进行更换。

（2）更换期间，接入备用蓄电池以保证变电站直流电源设备的供电可靠性。

（3）对直流设备进行提升改造，满足设备运行要求。

（4）更换电池巡检装置故障，保证在单只蓄电池故障情况下发出告警信号。

（5）缩短蓄电池组运维周期，调整设备参数。

（6）强化蓄电池出厂验收，进行抽检，重点关注蓄电池极板合金质量、极板厚度、电解液灌装工艺等。主要原因是蓄电池连接片接触不良或者个别电池落后。应对整组蓄电池连接片进行紧固，并对个别落后现象严重的电池进行单体补充电或者活化。针对个别蓄电池容量不满足的情况，进行电池单体活化处理，对单体活化后容量仍不足的蓄电池给予更换。

（7）新安装的阀控密封蓄电池组，未进行全核对性放电试验。未与厂家提供的放电曲线、内阻值进行吻合性验证，对产品质量问题未能及时发现。

【案例 3】蓄电池组容量不足造成直流失电。

1. 案例简述

（1）2016 年 12 月，某 35kV 变电站运行人员做例行交流系统电源切换试验时，当分开交流屏运行进线开关后，整站直流失电，后将交流切至备用进行后，直流恢复。

（2）2016 年 9 月 16 日，某公司 110kV 变电站进行设备改造，工作结束后，在 1 号主变压器低压侧合闸操作时（低压侧断路器为电磁机构），控制室照明突然变暗，控制屏各类指示灯突然变暗，低压侧开关合不上，连续操作 2 次，现象相同，当时分析可能是蓄电池容量不足造成的。随后快速派遣直流电源车赶到现场，将直流屏的负荷用直流电源车带，再次操作 1 号主变压器低压侧开关正常，控制室指示灯无闪烁现象。对原蓄电池进行核对性放电，电池几乎无容量。

（3）2015 年 11 月，某变电站在 10kV 开关消缺结束进行合闸送电操作时，由于电磁操作机构合闸电流大，蓄电池容量不足，无法提供足够电流，致使合闸操作不成功。

2. 存在问题

（1）蓄电池运行时间长（均超过 8 年），性能老化导致容量不足，造成全站直流失电。

（2）目前直流系统监控系统平时均为交流浮充状态，只能采集蓄电池电压，对电池容量无法监测，且蓄电池充放电试验一年开展一次，中间如有问题无法及时发现。

（3）直流系统为单电单充接线设计，蓄电池平时为浮充状态长期运行，蓄电池未进行全容量核容实验，使得直流供电可靠性降低。

（4）蓄电池放电后未立即充电，长期欠充电，浮充电压低于规定值，造成极板硫酸盐化。

（5）深度放电频繁。

（6）蓄电池内部电解物质变质、失水干枯。

3. 处理方法及防范措施

（1）更换蓄电池组。

（2）建议加装蓄电池在线监测系统，及时监测每只蓄电池内阻等数据，实现数据及告警实时上传功能。正常运行加强蓄电池内阻测试，蓄电池单体电池内阻值应与制造厂提供的阻值一致，允许偏差范围为±10％，不合格的及时活化处理或更换。

（3）蓄电池组全容量核对性充放电，蓄电池单体电压不一致性的数量超过整组数量的5％，或经三次充放电仍达不到100％的标称容量，应整组更换。

（4）加强蓄电池组的日常巡视，定期记录蓄电池组单体电压值，发现异常及时处理和更换。

（5）增加蓄电池组，由单电单充改为双电双充。

【案例4】蓄电池设备充放电检测异常。

1. 案例简述

（1）某110kV变电站直流电压等级为220V，蓄电池组由18只12V/100A·h电池组成，蓄电池生产日期为2007年1月。此次蓄电池充放电单组蓄电池设置放出额定容量的50％，单体电压不低于12V，按10h放电率设置放电电流为10A。放电46min时，18号电池低于下限定值，放电终止。试验现场情况如图4-26所示。

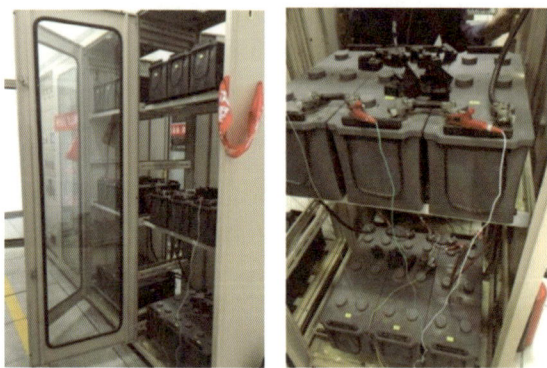

图4-26 试验现场图片

（2）某220kV变电站2号蓄电池组由104只蓄电池构成，单只蓄电池电压为（2.23±0.01）V，在2017年3月25日断开充电机对蓄电池进行核对性充放电时，该组电池电压急剧下降，初步判断为该电池组容量已经严重不足。

2. 原因分析

（1）由于设备老旧，元器件损坏较多，不符合运行规程要求。不带充电装置情况下，蓄电池放电时电压很快下降到终止电压值。

（2）充电电流过大、温度过高等原因造成蓄电池内部失水干涸、电解物质变质。

3. 处理方法及防范措施

（1）对运行年限过长且状态不正常的蓄电池组应及时进行更换。

（2）对站内蓄电池组进行专项排查和整治，确保蓄电池组性能正常。

（3）对于超期服役、容量不足的蓄电池进行重点监测，定期开展隐患排查，发现问题可以适时缩短改造周期进行及时更换。

（4）蓄电池组在核对性充放电试验中，若经过三次充放电循环仍达不到蓄电池额定容量的 80%，应安排整组更换。

（5）针对个别蓄电池容量不满足的情况，进行电池单体活化处理，对单体活化后容量仍不足的蓄电池给予更换。

### 4.2.4　开路

近年来，蓄电池由于质量严重下滑，蓄电池开路现象越来越严重，蓄电池开路会造成事故情况下直流母线失去电压，使得事故扩大。蓄电池开路的原因分析及解决措施见表 4-9。

表 4-9　　　　　　　　　　　蓄电池开路的原因分析及解决措施

| 可能原因 | 原因分析 | 解决措施 |
| --- | --- | --- |
| 电池质量 | 电池正极板腐蚀断裂 | 采用耐腐蚀正极合金 |
| | 负极汇流排腐蚀断裂 | 采用耐腐蚀负极合金 |
| | 电池内部连接件虚焊，在放电过程中熔断 | 提高电池内部焊接质量 |
| | 极柱或极耳与汇流断开 | 提高极柱或极耳与汇流排焊接质量 |
| | 极板硫化严重 | 更换电池 |
| | 电解液硫酸密度高长期运行造成的严重腐蚀 | 更换电池 |

如确认蓄电池为其内部原因造成的开路情况，应及时将蓄电池组退出运行（此阶段应确保直流系统有可靠的备用直流电源）并及时拆除有问题的蓄电池（确保整组电池电压满足运行要求）。

【案例 1】蓄电池开路造成越级跳闸。

1. 案例简述

某 220kV 变电站因雷击造成站用变压器供电瘫痪，直流充电装置被迫停止工作，此时蓄电池发生异常，影响到直流电源系统输出稳定直流电压，致使站内断路器均无法正常跳闸，事故越级至上级电源线路跳闸，从而导致该变电站全站停电。事故共造成该区域 4 个 110kV 变电站全停及另一区域 1 个 110kV 变电站全停。

2. 原因分析

（1）雷击。该 220kV 变电站 110kV 线路门形架高跨连接处遭雷击，使三相高跨引线绝缘子串击穿，A、B 相绝缘子掉串，C 相绝缘子串第一片瓷裙炸裂，整串绝缘子贯通性闪络，即高跨引线脱落搭接在 110kV Ⅱ母线三相上，造成 110kV 两段母线相继发生三相短路。

（2）蓄电池异常。该站 110kV 侧两段母线发生三相故障后，站用交流电源消失，直流充电装置退出运行。110kV 侧母线保护动作，但因蓄电池异常造成直流母线电压不稳定，导致站内多个 110kV 断路器未跳开。故障由该站 220kV 电源线对侧的某 500kV 变电站的 220kV 线路后备保护动作切除，使该 220kV 变电站全站失电压。

（3）蓄电池组开路。该站低压异常，充电机停止输出，蓄电池开路造成全站失去了直流电源，全站保护装置瘫痪，不能动作。

（4）蓄电池解剖检查。对第一组蓄电池中电压较差的 81 号、38 号及 99 号电池进行解体分析，发现：

1）这3只电池都出现负极汇流排与部分极耳连接位置严重腐蚀，表面被白色$PbSO_4$结晶体覆盖。81号电池最为严重，负极汇流排与负极极耳连接处腐蚀严重，直接导致大部分负极极耳与负极汇流排脱离，从拆后的痕迹大致可判断，其中4片尚存部分连接，其余8片均已自然腐蚀断开。38号电池负极板汇流排同样已经炭化脱落。

2）正极板栅硫化严重出现腐蚀变脆，活性物质硫化变硬并出现脱落，负极板活性物质状态仍然良好并具有金属特性。

3）对正负极硫酸铅成分进行化验情况。正极$PbSO_4$含量为30.62%，负极$PbSO_4$含量为26.04%（正常值应低于15%）。

4）负极极耳成分化验显示出现钙化现象。Ca含量为0.12%（参考值0.08%）引起极耳变脆，容易受外力冲击而引起断裂。

5）检测3只电池酸密度，测试值均为1.29g/mL。

（5）该220kV变电站发生故障后，蓄电池供电期间因内部腐蚀严重、性能降低，造成直流母线电压降低，导致该变电站事故越级跳闸、全站停电。

3. 处理方法及防范措施

（1）严格按时、按要求对蓄电池组进行核对性充放电试验和内阻测试，并永久保存试验结果和历史试验数据，包括核对性放电曲线及放电过程数据、内阻测试数据等。

（2）对电压异常或内阻偏高的电池单体单独取出进行单体充放电活化。

（3）对于长期浮充运行作为备用的蓄电池组，定期（每个月）监测及记录各电池的浮充电压或内阻，若发现电池的电压有分化迹象（浮充电压最大值与最小值差超过0.12V）或电池的内阻超出正常值20%～50%时，应及时采取均充措施，可消除硫酸盐化带来的钝化副作用，并能提高整组电池的一致性。

（4）在直流系统维护中加强对蓄电池组的运行管理，严格按照核对容量规定对蓄电池进行维护，定期做好蓄电池组单体电压、蓄电池内阻及容量测试等试验。重点关注对运行5年以上的蓄电池组，认真分析其核对性充放电试验和内阻测试的历史数据。

（5）目前所采用的电池巡检设备只能监测蓄电池单体电压异常，不能反映蓄电池开路故障。若蓄电池开路不能得到及时处理，可能会导致变电站全停。严格验收标准，确保所有重要报警信息能传至监控中心，必须有蓄电池端电压越限报警信息。

（6）研制新型在线蓄电池测试系统，根据充、放电电流及该时刻所对应的单体电池电压，通过相关算法、曲线拟合，完成对单体电池好坏的判断。

（7）建议强化质量监督，提升对蓄电池组铅板、溶液等材质质量的检测手段和标准。

（8）在新建站设计时就考虑加装防止单体蓄电池故障开路导致整组蓄电池开路的设备。

【案例2】蓄电池极栅、导流板脱落导致电池开路。

1. 案例简述

2016年2月29日，某110kV变电站检修人员在该站内进行专业化巡视检测时，发现部分电池内部极栅与导流板部分已脱落、部分电池内阻出现严重超标、部分电池汇流排与极柱连接已处于断裂状态，导致部分电池开路。

2. 原因分析

（1）该变电站是 2013 年 11 月新投运变电站，该站蓄电池组为一体化电源系统，该蓄电池组生产日期为 2012 年 11 月，安装时间为 2013 年 1 月，在蓄电池储存期间，厂家未按要求对蓄电池进行充放电，导致蓄电池组整体性能下降。

（2）2013 年 11 月 19 日、2015 年 9 月 1 日曾对该蓄电池组进行 10h 容量核对性试验，因试验仪器不能实时监测单体蓄电池电压采用人工测量方法，测量周期为 1h，试验过程中存在对有问题的单体电池过放电，导致蓄电池性能下降。

（3）根据该蓄电池组投运前后试验检测数据分析，投运 28 个月后，3 号、76 号、100 号蓄电池内部极栅与导流板部分脱落，导致蓄电池内阻严重超标，58 号蓄电池生产质量不良容量仅为 60%（低于 80%），不合格。此故障是典型的蓄电池质量问题。

（4）该站标准配置为一电一充（1 组蓄电池组、1 套充电屏），单只蓄电池内部虚开路导致蓄电池组完全失去直流供电能力，全站直流二次负荷仅由直流充电装置供给。另外，因标准配置为一电一充，则在站用变压器交流电源失电或充电机故障的情况下，全站的直流电源系统将全部失电，所有保护装置、安全自动装置及遥控、遥测、遥信、遥调功能全部失效，严重威胁电网安全稳定运行。

3. 处理方法及防范措施

（1）3 号、58 号、76 号、100 号蓄电池退出运行，更换 4 只备用蓄电池；对 92 号、98 号蓄电池加强监视，定期检测蓄电池内阻。

（2）加强蓄电池组到货验收管理，严禁将存储时间超过 6 个月且未按规定进行补充电的蓄电池组投运。

（3）加强在运直流蓄电池组巡检，定期检测蓄电池组端电压及内阻数据，并与上一次试验数据进行比较，保证测试数据的真实性和完整性，以便正确及时发现蓄电池组故障隐患。

（4）检修人员进行蓄电池组容量核对性试验时，必须使用能够实时监测、记录单只电池电压的仪器。

【案例 3】单蓄电池失效造成整组蓄电池无容量输出。

1. 案例简述

某变电站在巡视中检查蓄电池外观检查无明显异常，充电装置输出电压正常，但蓄电池组无容量输出。

2. 原因分析

（1）工艺原因。由于个别蓄电池在原材料、工艺、注酸量及浓度、安全阀开启关闭应力等方面不够规范，导致个别蓄电池不达标，而使用部门缺乏完善的验收机制或验收手段，未能甄别出不达标的电池，当不达标的蓄电池投运后，便会很快因硫化、失水、变形等原因，造成蓄电池早期失效。

（2）维护不到位。存在离散性的一组蓄电池投运后，在充、放电过程中会表现出一定的电压离散性，这种离散性最终必然会导致同一组蓄电池中有个别蓄电池处于欠充电状态或过充电状态，如果没有及时对过充电的蓄电池或欠充电的蓄电池进行活化维护，长期运行下去，离散性大的蓄电池就会因硫化、失水等而早期失效。

（3）充电装置输出电压不正确。充电装置的输出电压高于设定值或低于设定值，都会造成蓄电池长期处于过充电或欠充电状态，从而导致蓄电池长期处于失水状态或持续硫化状态，造成容量亏损，继而蓄电池失效。

3. 处理方法及防范措施

（1）严格按照标准验收，在保证蓄电池组容量的情况下，初充电完毕后整组蓄电池的一致性：2V 电池不超过 0.03V、12V 电池不超过 0.06V。

（2）增加蓄电池开路保护设备和措施。

（3）严格按时、按要求对蓄电池组进行核对性充放电试验和内阻测试，并永久保存试验结果和历史试验数据，包括核对性放电曲线及放电过程数据、内阻测试数据等。

（4）对电压异常或内阻偏高的单体电池退出运行，进行单体充放电活化。

（5）对于长期浮充运行作为备用的蓄电池组，定期（每个月）监测及记录各电池的浮充电压或内阻，若发现电池的电压有分化迹象（浮充电压最大值与最小值差超过 0.12V）或内阻超出正常值 20%～50%时，应及时采取均充措施，可消除硫酸盐化带来的钝化副作用，并能提高整组电池的一致性。

（6）重点关注对运行 5 年以上的蓄电池组，认真分析其核对性充放电试验和内阻测试的历史数据。

**【案例 4】**蓄电池内部腐蚀导致直流电源失电。

1. 案例简述

2015 年 9 月 1 日 2 时 19 分，某 220kV 变电站直流电源系统监控装置发出直流电源失电信号。经现场对故障蓄电池进行解剖，故障蓄电池内部均发生断裂及腐蚀现象严重而引发直流母线异常。

2. 原因分析

该站第 1 组直流电源系统已投运 7 年，运行期间巡视及定检均按期进行，最近一次充放电试验时间是 2014 年 10 月 15 日，试验成绩合格。2015 年 9 月 6 日针对故障现象对第 1 组蓄电池进行充放电试验，试验前检查蓄电池电压表指示为 227V，直流电源系统正常，无任何异常告警。试验 1min 后 16 号蓄电池电压为零值，内阻无穷大。短接 16 号蓄电池，继续放电试验；6min 后 8 号蓄电池电压为零值，内阻无穷大。9 月 8 日对 8 号、16 号两只蓄电池进行解剖，发现两只蓄电池内部均发生断裂且腐蚀现象严重，据此分析，故障发生后第 1 组蓄电池供电期间，因蓄电池内部腐蚀严重，性能降低，导致直流母线电压降低。

3. 处理方法及防范措施

（1）更换第 1 组直流电源系统全部蓄电池，对第 1 组直流电源同批次蓄电池组进行一次充放电试验，并测量内阻。

（2）对其他变电站交直流电源设备进行一次全面的排查，更换不合格蓄电池组。

（3）建议运行 7～8 年以上（容量低于 85%）蓄电池组，每半年进行一次核对性充放电。

（4）对电压异常或内阻偏高的电池单体单独取出进行单体充放电活化。

（5）对于长期浮充运行作为备用的蓄电池组，定期（每个月）监测及记录各电池的浮充电压或内阻，若发现电池的电压有分化迹象（浮充电压最大值与最小值差超过 0.12V）或内阻超出正常值 20%～50% 时，应及时采取均充措施，可消除硫酸盐化带来的钝化副作用，并能提高整组电池的一致性。

### 4.2.5　短路

蓄电池短路分为内部短路和外部短路。蓄电池内部短路时电池输出电压明显低于正常电池；漏液和金属物体短接极柱会造成蓄电池外部短路。蓄电池短路易造成爆炸、着火等极其严重的后果。蓄电池短路的原因分析及解决措施见表 4-10。

表 4-10　　　　　　　　　　蓄电池短路的原因分析及解决措施

| 可能原因 | 原因分析 | 解决措施 |
| --- | --- | --- |
| 电池质量 | 极板弯曲导致隔板破损短路 | 更换电池 |
| | 极板有粘膏导致隔板破损短路 | 控制焊接质量，避免铅渣或金属异物落入极群 |
| | 有铅渣或金属异物造成隔板破损短路 | 调整极群入库工艺 |
| | 极群入壳时隔板破损短路 | 加强极板、隔板等原材料检验 |
| 电池使用 | 电池连接时，正负极短接造成单只或整组外部短路 | 电池连接时，按照正负极标识摆放，并有专人复核，更换短路电池 |
| | 安装或维护电池时，手表、钥匙扣等金属物品接触电池造成外部短路 | 安装或维护电池时，不佩戴金属饰物，更换短路电池 |
| | 安装或维护时，工具未绝缘造成电池外部短路 | 安装或维护时，工具做好绝缘，更换短路电池 |

【案例 1】蓄电池整组烧毁致使全站直流消失。

1. 案例简述

2017 年 5 月 29 日凌晨 3 时 22 分，某 110kV 变电站门卫值班员听见烟感装置动作报警，主控室有异常爆裂声，经检查主控室内存在大量烟雾，人员无法进入；4 时 15 分运行人员佩戴防毒面具进入主控室，发现蓄电池整组烧毁，蓄电池柜、直流充电及馈线柜严重烧损，部分保护、测控屏受高温熏烤，全站直流电源消失。

2. 原因分析

由于变电站现场直流电源系统充电设备和蓄电池组均已烧毁，无法对其故障原因进行进一步的测试和分析，但从变电站和集控站对该站蓄电池和充电装置有关运行记录部分数据分析，得出本次事故的原因如下：

（1）该变电站自 2017 年 5 月 21 日开始记录直流母线电压基本为 252V（浮充电压设定为 242V，均充电压设定为 252V），说明充电装置长时间处于均充电状态，蓄电池状况已经恶化，是造成本次蓄电池故障的主要原因。

（2）充电装置均充保护时间为 12h，当超过保护时间 12h 后，充电装置由均充电转为浮充电。从蓄电池两端电压和蓄电池核对放电记录分析，由于蓄电池组个别电池状况已经不良，浮充电流很可能大于 2A，此时充电装置又转为均充电，这样就形成了一个恶性循环：

蓄电池状况差→充电装置均充电 12h→充电装置浮充电→浮充电流大于 2A→充电装置均充电 12h→蓄电池状况更差→浮充电流大于 2A→充电装置均充 12h，随着时间的推移，会导致电池内部水分逐渐丢失，电池性能逐渐恶化。

（3）充电装置没有判断蓄电池故障的功能，也没有蓄电池在线监测的功能；运行人员未按照规程要求定期对蓄电池组进行必要的核对性容量测试和内阻测试，无法对数据进行系统分析和及早发现问题。

（4）充电装置长时间处于均充电状态，蓄电池组严重过充电导致个别电池内部失水发热，造成电池内部短路，从而引起电池发生燃烧事故。从现场烧损电池形状分析，电池外表无明显鼓肚和内部变形，也符合这一推断。

3. 处理方法及防范措施

（1）立即恢复变电站直流电源正常运行方式，恢复该站的正常供电。根据恢复送电次序表，在 6 月 1 日前恢复重要用户线路供电，其余的因部分受损二次设备需购买备品，延后恢复供电。

（2）对该站主控室设备进行带电除尘，改善设备运行环境。

（3）恢复该站的值班，并加强设备的运行巡视检查。

（4）从本次设备事故中可以看出，运行单位对站用电源运行维护理解和掌握程度不够，应加强相关的知识培训，完善防止变电站全停事故预案中交直流站用电源部分相关内容，提高运行人员技能水平和事故处理速度。

（5）进行蓄电池室改造力度，设置独立蓄电池室，安装必要的温度调节装置。

（6）配置蓄电池和充电装置在线监测或状态监测设备。统计站用交直流电源及蓄电池组等设备在线监测或状态监测设备的安装情况，对同类举一反三，立即对所辖变电站进行全面的蓄电池组状况和性能质量、充电装置工作状态的检查。

（7）对电压异常或内阻偏高的电池单体单独取出进行单体充放电活化。

（8）对于长期浮充运行作为备用的蓄电池组，定期（每个月）监测及记录各电池的浮充电压或内阻，若发现电池的电压有分化迹象（浮充电压最大值与最小值差超过 0.12V）或内阻超出正常值 20%～50% 时，应及时采取均充措施，可消除硫酸盐化带来的钝化副作用，并能提高整组电池的一致性。

【案例 2】蓄电池有严重异响。

1. 案例简述

某公司在变电站巡视中发现单只蓄电池内部有严重异响、整组蓄电池电压异常。

2. 原因分析

（1）隔板质量不好或缺损。极板活性物质穿过隔板正、负极板虚接触或直接接触，隔板窜位致使正负极板相连。

（2）极板上的活性物质脱落。活性物质脱落后沉淀在电池的底部形成"导电层"，"导电层"厚度增加至接触到正、负极板的下缘时，导致正负极板相连。

（3）蓄电池密封不严。正负极板因外来导电物体进入而发生相连。

（4）焊接极群和装配时有"铅流""铅豆"残留在正负极板间，充、放电过程导致隔板破损形成正负极相连。

（5）内部短路。铅蓄电池内部单格电池的正负极群之间发生连接、触碰。

（6）过充电。过度充电容易造成极板碎裂和脱落，这些活性物质的颗粒落到电池底部，容易造成短路。

3. 处理方法及防范措施

（1）单组蓄电池系统应迅速将蓄电池组退出运行，投入备用设备或采取其他措施及时消除故障，恢复正常运行方式。

（2）两组蓄电池系统可将联络断路器或隔离开关闭合，由另一组蓄电池和充电装置带全部直流负荷。

（3）如无备用蓄电池组，在事故处理期间只能利用充电装置带直流系统负荷运行，且充电装置不满足断路器合闸容量要求时，应临时断开合闸回路电源，待事故处理后及时恢复其运行。

（4）通知检修人员处理，更换同型号、容量蓄电池。检查和更换蓄电池时，必须注意核对极性，防止发生直流失电压、短路、接地。

（5）对其他变电站同型号蓄电池进行抽样解体检查。

（6）进一步加强蓄电池的巡视和检查。定期开展蓄电池动态充放电试验，并记录充放电后蓄电池电压和内阻情况。

（7）阀控式蓄电池在有条件的无人变电站内应尽量安装在专用蓄电池室内，环境温度应满足运行技术规范。

（8）对于长期浮充运行作为备用的蓄电池组，定期（每个月）监测及记录各电池的浮充电压或内阻，若发现电池的电压有分化迹象（浮充电压最大值与最小值差超过 0.12V）或内阻超出正常值 20%～50%时，应及时采取均充措施，可消除硫酸盐化带来的钝化副作用，并能提高整组电池的一致性。

## 4.3　蓄电池整组故障分析与处理

### 4.3.1　蓄电池巡检装置故障导致电压采集异常

1. 案例简述

某公司在运行维护中发现蓄电池巡检装置故障，电压采集数据异常，外观检查情况无异常。用万用表直流电压挡分别测量单节电池电压正负极桩头和该节电池对应电池电压采集模块输入端电压，电池正负极桩头测得电压正常，采集模块输入端电压为 0V，进一步检查发现，该电池与采集模块前端串接的熔丝熔断。

2. 原因分析

直流蓄电池巡检装置电压采集数据异常原因主要有三点：

（1）个别电池与采集模块前端串接的熔丝熔断或焊线接触不良。

（2）电池电压显示为 0V。由于电池电压采集模块内部故障和电池电压采集模块工作电源的一级级衰减达不到正常工作电压，使得个别电池电压实际测量值与显示值相差很大，超越门限报警值而报警（过高或过低）。

（3）采集模块工作电压严重不足（主机端工作电压达不到正常工作电压），使得主机显示屏显示混乱，装置不能正常工作。

### 3. 处理方法及防范措施

（1）用万用表直流电压挡分别测量单只电池电压正、负极桩头和该只电池对应电池电压采集模块输入端电压，若电池正、负极桩头测得电压正常，采集模块输入端电压为0V，则检查该电池与采集模块前端串接熔丝是否熔断、焊接线接触是否良好、采样线端子是否接触良好，若否则更换熔丝或将连接线焊接好。

（2）用万用表直流挡分别测量单只电池电压正、负极桩头和该只电池对应电池电压采集模块输入端电压，若电池正、负极桩头测得电压和采集模块输入端电压均正常，采集模块工作电源正常，主机显示屏上显示电压与实测电压相差很大，装置报警，可判定为电池电压采集模块故障（内部个别通道故障），则更换该故障模块。

（3）用万用表直流电压挡分别测量单只电池电压正、负极桩头和该只电池对应电池电压采集模块输入端电压，若电池正、负极桩头测得电压和采集模块输入端电压均正常，采集模块工作电源异常（10V以下），主机显示屏发出"××号电池电压采集模块故障"信号，则说明采集模块驱动不足。将较细的电池电压采样线更换成1.5mm²以上较粗的导线，对连接距离较长的采样线接成环路（即最后一块模块的电源输出端和第一块模块的电源输入端连接）。这两种方法都是在抬升模块的工作电源。

（4）用万用表直流电源挡测量主机端工作电压，若低于10V，此时显示屏显示混乱，装置不能正常工作，则更换采集装置主机。

（5）直流蓄电池巡检装置可以对单只蓄电池电压进行检测，以便及时发现和处理蓄电池组的缺陷和隐患。作为检修部门，对蓄电池组巡检设备做好储备，特别是蓄电池采样模块和巡检装置电源模块等。

## 4.3.2 蓄电池出口熔断器熔断造成一般性的电网事故

### 1. 案例简述

由于蓄电池总熔断器熔断，导致一般性电网事故。某220kV变电站66kV线路发生三相短路故障，直接影响到站内站用变压器以及充电装置的输出电压下降；蓄电池熔断器已熔断，站内二次设备失去直流电源；站内的主变压器及66kV系统的保护均未动作，使该站220kV线路Ⅰ、Ⅱ段对侧相邻两个220kV变电站的220kV线路故障跳闸，造成该站220kV母线及66kV母线停电。

### 2. 原因分析

（1）由于熔断器的安秒特性曲线误差较大，在10kV合闸回路发生短路时，蓄电池熔断器与下级10kV合闸熔断器同时熔断。蓄电池熔断器熔断后，撞击指示器被熔断器的铭牌挡住没有弹出，值班人员未能及时发现。

（2）66kV线路发生三相短路故障时，该站66kV母线和站用变压器电压降低，直流充电模块输出电压下降至100V左右，而此时蓄电池熔断器早已熔断，直流母线失去直流电源，66kV 线路微机保护及断路器均未动作，同时站内其他保护装置也因失去直流电源均未动作，造成相邻的两个 220kV 变电站的 220kV 线路感受到故障跳闸，致使该站 220kV 母线及 66kV 母线停电。

（3）熔断器本身设计上存在缺陷，熔体出现老化现象，老化的原因有以下几个方面：

1）无冶金效应的熔体老化。由于熔断体反复通过较大电流，使熔体受到加热和冷却的循环，产生热膨胀和冷却收缩，使熔体受到机械应力，引起熔体金属材料晶格粗化、扭曲，导致电阻率增加而使特性变坏。

2）有冶金效应的熔体老化。由于熔断体通过电流时温度增加，还会使灭弧介质材料的分子溶解到熔体中去，产生合金现象，改变了熔点，而使特性变坏。

3）由于熔断器受环境温度和湿度的影响较大，熔断时间分散性大。

4）熔断器受一次大短路电流冲击，特性变化非常大，无法检验。

5）与基座的安装接触力的变化，接触表面氧化，使接触电阻变化很大。

6）在使用或安装中，易因外力破坏致部分熔片折断或受伤，内部电阻增大，成为熔断器的薄弱点，熔断器整体性能下降，导致越级动作。

7）由于熔断器结构原因，出厂无法检测安秒特性曲线是否准确以及报警接触点能否可靠动作。

3. 处理方法及防范措施

（1）对蓄电池出口熔断器进行定期检查，进行周期性更换。

（2）熔断器经过大短路电流冲击后应予以更换。

（3）蓄电池组总出口熔断器应配置熔断告警点，信号应可靠上传至调控部门。

（4）当直流断路器与蓄电池组出口总熔断器配合时，应考虑动作特性的不同，对级差做适当调整，也可采用具有熔断器特征性的直流断路器作为保护元件。

（5）目前，还有较多变电站都不同程度地存在上级配置直流断路器下级配置熔断器的情况，多数变电站配置的直流断路器不是同一系列，即在直流断路器、熔断器级差配合方面仍存在一定的问题。需要加快防止变电站全停的反事故措施落实，上级配置直流断路器下级严禁配置熔断器。落实变电站选用同一系列直流断路器，加快极差配合试验的落地。

### 4.3.3　蓄电池极柱、连片腐蚀造成整组烧毁

1. 案例简述

2015 年 11 月 7 日 23 时 49 分，某 66kV 变电站发生一起蓄电池燃毁故障。事故发生时，安全保卫人员闻到一股烟熏味道并听到有火灾报警的声音，变电站主控室及保护室内有大量浓烟，运维人员到达现场协助消防人员进行灭火，检查发现保护室内东北角 1 号、2 号蓄电池屏柜顶层及中层的蓄电池着火，蓄电池组所有电池已烧损，充电装置故障停止运行。

2. 原因分析

（1）导致蓄电池组着火直接原因。

在正常使用时，有两种情况下固定型阀控式铅酸电池有可能着火：

1）电池极柱大量漏酸，电解液滴到其他电池或设备上，正负极之间形成回路，短路引起燃烧。

2）电池短路，内部电流过大，阀控关闭不严，引起燃烧。与上两层电池相比，地面最近的下层蓄电池烧损情况较轻，着火部位主要是从蓄电池屏柜的上、中层蓄电池开始燃烧，电解液流淌到下层蓄电池随之短路着火（蓄电池组分上、中、下三层布置）。

（2）现场调查分析。

1）现场实地考察。蓄电池在最佳条件及合格的浮充电压下设计寿命为 10～15 年。保护室内环境温度虽然低于 20℃，达不到厂家技术使用手册要求的 20～25℃ 值，但符合运行环境温度 5～35℃ 的要求，由厂家浮充寿命与温度曲线得知蓄电池低于 20℃（常年恒温）能运行 10 年，并未超期服役。

2）班组记录。2012 年 7 月 2 日和 2013 年 1 月 22 日两次的班组记录仅描述无异常情况，但两年内均没有 100% 容量核对性充放电试验记录等相关材料作为有效支撑数据。

3）现场检查。47 号、49 号、64 号、106 号、107 号电池极柱、连片被酸腐蚀，变形较严重。从现场调查情况分析，蓄电池外壳及压力阀均密封严密，蓄电池内部化学反应产生的气体和电解液从因电池极柱、连片酸腐蚀导致变形的极柱根部泄漏出来。

（3）暴露的问题。

1）蓄电池存在质量问题。2014 年 4 月 11 日就发现 5 只电池为 0V，虽然采取了紧急补救措施，但是未彻底消除隐患。

2）2014 年 11 月 3 日进行的放电试验中，29 号电池仅 12min 就下降到终止电压值，分析其原因是蓄电池内部失水干涸、电解物变质，此问题未引起充分重视。

**3. 处理方法及防范措施**

（1）对该站事故现场进行清理维修，安装新蓄电池组。

（2）对其他变电站同型号蓄电池进行抽样解体检查，如有发现极板严重腐蚀的情况，立即整组更换。

（3）加强蓄电池的巡视和检查。定期开展蓄电池动态充放电试验，并记录充放电后蓄电池电压和内阻情况。对电压异常或内阻偏高的电池单体单独取出进行单体充放电活化。

（4）对于长期浮充运行作为备用的蓄电池组，定期（每个月）监测及记录各电池的浮充电压或内阻，若发现电池的电压有分化迹象（浮充电压最大值与最小值差超过 0.12V）或阻超出正常值 20%～50% 时，应及时采取均充电措施，可消除硫酸盐化带来的钝化副作用，并能提高整组电池的一致性。

（5）将蓄电池组在线运行数据通过变电站管理后台服务器远传到管理班组，实时在线生成数据。

（6）阀控式蓄电池在有条件时应尽量安装在专用蓄电池室内，环境温度应满足运行规程要求。

### 4.3.4 蓄电池室发生火灾

**1. 案例简述**

2015 年 12 月 24 日，某 220kV 变电站蓄电池室发生火灾报警，经现场勘察，室内柜式空调完全烧塌，并伴有散状碎片，有两节蓄电池受到高温影响壳体产生变形，室内漂浮塑料燃烧后黑色灰尘，室内外环境及电池表面受污染严重。

2. 原因分析

从监控录像上看，发生火灾的原因是柜式空调的自燃，空调的燃烧过程先是有火星发出，过一会火光突然增强，柜体发生倒塌并完全烧毁。经查，蓄电池室空调不是防爆空调。

3. 处理方法及防范措施

（1）加强蓄电池室的验收工作。

（2）蓄电池室应使用防爆型照明、排风机及空调，开关、熔断器和插座等应装在蓄电池室门外，室内照明线宜穿管暗敷。

（3）直流电源成套装置柜（含蓄电池柜）与其他二次盘柜布置在一个房间内时，室内应保持良好通风，宜装设对外机械通风装置。

（4）独立蓄电池室不应有与蓄电池无关的设备和通道。

（5）与蓄电池室相邻的直流配电间、电气配电间、电气继电器室的隔墙不应留有门窗及孔洞。

（6）独立蓄电池室的门应向外开启，应采用非燃烧体或难燃烧体的实体门，门的尺寸不应小于 750mm×1960mm（宽×高）。独立蓄电池室应设置视频、烟感、温感探头，并将火灾告警信号上传。

## 4.4　蓄电池内部失效分析

阀控密封式铅酸蓄电池（后称"VRLA 电池"）失效模式可以分为正极失效、负极失效、电解液干涸失效、隔板失效、汇流排腐蚀失效、排气阀老化失效、电池槽破裂失效等。一般而言，这些失效模式相互关联，相互影响共存。比如，活性物质不可逆硫酸盐化是由于欠充电造成的，而欠充电可能源自过高浓度的硫酸，而这又是由于失水或内部短路造成的。电池性能的衰退可能是多种失效模式共同作用的结果，但是对于某款蓄电池或某种用途的蓄电池，一般而言只有一种或几种占主要地位的失效模式决定其使用寿命。

综上所述，VRLA 电池常见失效模式如图 4-27 所示。表 4-11 总结出了常见 VRLA 电池失效模式的形成原因、现象及影响参数。

表 4-11　　　　　VRLA 电池常见失效模式的形成原因、现象及影响参数

| 失效模式 | 形成原因 | 故障现象 | 影响参数 |
| --- | --- | --- | --- |
| 正极板栅腐蚀 | 浮充电压过高、温度过高 | 不显现 | 浮充电压、温度 |
| 正极铅膏软化 | 充电电流过大、电解液密度过高 | 不显现 | 浮充电流、温度 |
| 硫酸盐化 | 浮充电压偏低、长时间充电不足、放电后未及时充电 | 充电时电压迅速升高，放电时电压迅速下降 | 浮充电压 |

| 失效模式 | 形成原因 | 故障现象 | 影响参数 |
|---|---|---|---|
| 电解液干涸 | 浮充电压过高、过充电流过大、温度偏高、密封不严 | 开路电压较高,放电容量较小,内阻显著增大 | 浮充电压、温度、内阻 |
| 热失控 | 温度过高、电解液过多 | 浮充电流迅速增大,温度升高,内阻下降,电池外壳鼓胀 | 温度、电解液、浮充电流 |
| 微短路 | 沉积短路、穿刺短路 | 开路电压和浮充电压基本正常,较大电流放电时,电压下降较大 | 放电电流 |
| 汇流排腐蚀 | 析氧腐蚀、缝隙腐蚀 | 开路电压偏低,浮充偏低,容量偏低,内阻偏高 | 浮充电压、内阻 |
| 电池漏液 | 密封失效、电池槽破裂 | 酸漏出,容量降低,链接条或者铁架存在腐蚀 | 密封胶、密封工艺 |

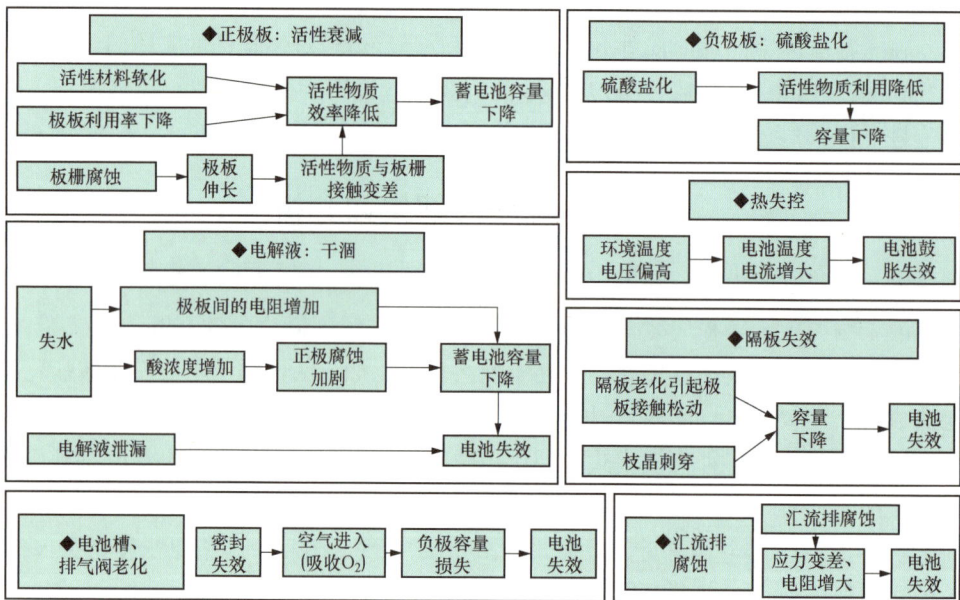

图 4-27  VRLA 电池常见失效模式

### 4.4.1 蓄电池拆解检查

1. 案例简述

2019 年 3 月 26 日,某 66kV 变电站蓄电池盖与槽明显分离,安全阀缺失,负极柱与负极汇流排分离,负极汇流排明显断裂,蓄电池槽未见异常。事故电池为 VRLA 电池(2V/500A·h),出厂时间为 2012 年 3 月 14 日,电池故障情况如图 4-28 所示。

2. 拆解检查

（1）拆解后发现蓄电池负极汇流排断裂严重，与 6 个极耳及负极极柱连接处的负极汇流排断裂，散落在上方；负极柱出现明显腐蚀和硫化现象；未断裂的负极汇流排出现宽度不均匀现象。拆解后事故调查如图 4 - 29 所示（其中正极板和正极柱连接处的断裂非本次事故造成，因拆解需要所致）。

（2）对其他蓄电池进行开阀检查。对蓄电池安全阀逐个开阀，通过手机灯光与摄像头结合对负极汇流排进行检查。检查后发现该站有 7 只蓄电池负极汇流排出现裂痕、腐蚀严重等隐患和缺陷，开阀检查情况如图 4 - 30 所示。

图 4 - 28　拆解前故障蓄电池

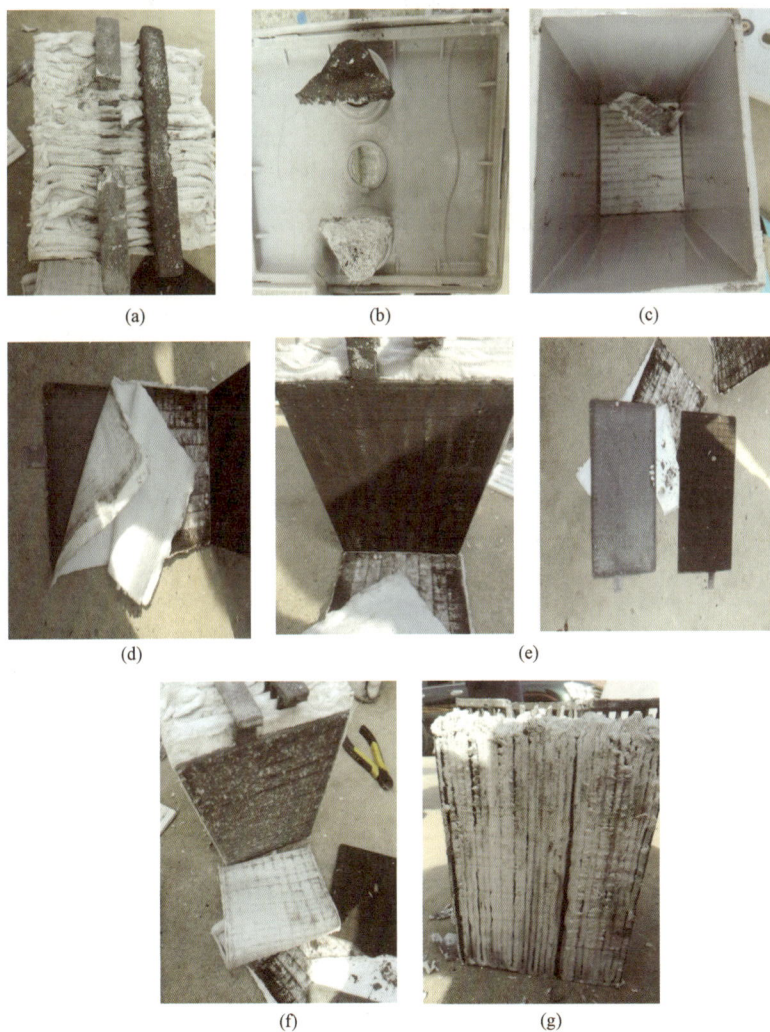

(a)　　　　　　　　　　(b)　　　　　　　　　　(c)

(d)　　　　　　　　　　　　　(e)

(f)　　　　　　　　(g)

图 4 - 29　故障蓄电池拆解情况

（a）汇流排；（b）极柱；（c）蓄电池槽；（d）隔板；（e）极板；

（f）负极板上有白色结晶物硫酸铅；（g）蓄电池拆解后极板立面

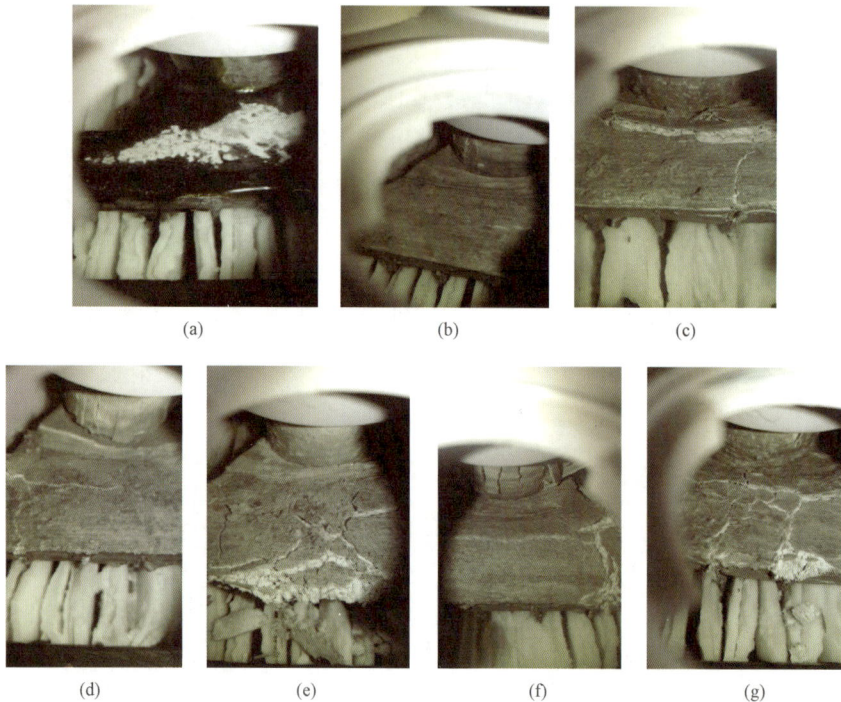

图 4 - 30　蓄电池开阀检查情况

### 3. 失效原因分析

（1）正极板栅腐蚀。正极板栅腐蚀是蓄电池最常见的失效方式，这是由于电池老化严重或者电池运行所处的环境温度过高等原因引起电池失水，使电池内部的电解液比重有所增高，继而电解液酸性增强，导致电池正极板腐蚀、正极板孔隙率增高。电解液失水减少、正极板栅腐蚀使极板活性物质相对变少，最终导致电池容量变低。

长期浮充电应用工况以及充电电压较高易出现正极板栅腐蚀现象。影响 VRLA 电池正极板栅腐蚀速率的最为关键的因素之一就是板栅合金成分，VRLA 电池多数采用 Pb - Ca - S - Al 合金正极板栅，其最主要优点具有较高的析氢过电位，抑制气体析出，具有较好的免维护性能。Pb - Ca - Sn - Al 合金板栅耐腐蚀性能与合金中的 Sn/Ca 比例密切相关。当 Sn/Ca 质量比较小时，Ca 会生成金属间化合物 $Pb_3Ca$，合金晶粒尺寸较小，腐蚀严重。当 S/Ca 质量比大于 9 时，合金中形成稳定的 $(PbSn)_3Ca$ 或 SnaCa 沉淀，合金晶粒尺寸增大，耐腐蚀性能提高，如图 4 - 31 和图 4 - 32 所示。除了板栅合金成分外，板栅设计、铸造工艺、杂质含量、电解液浓度、环境温度和浮充电压等也都是影响 VRLA 电池正极板栅腐蚀重要因素。

正极板栅腐蚀一方面降低了板栅机械强度，引起板栅断裂，活性物质脱落；另一方面引起腐蚀层增大，临界腐蚀加剧，增加电池欧姆内阻，最终导致电池容量下降。腐蚀后的正极板栅及合金如图 4 - 33 所示，从电池测试来看，表现为电池容量迅速下降，充电电压快速升高，电池内阻增大。

（2）正极活性物质软化脱落。正极活性物质软化是指活性物质之间以及活性物质与板栅之间失去结合力，是 VRLA 电池的一种主要失效模式。正极活性物质结构复杂，D Pavlov

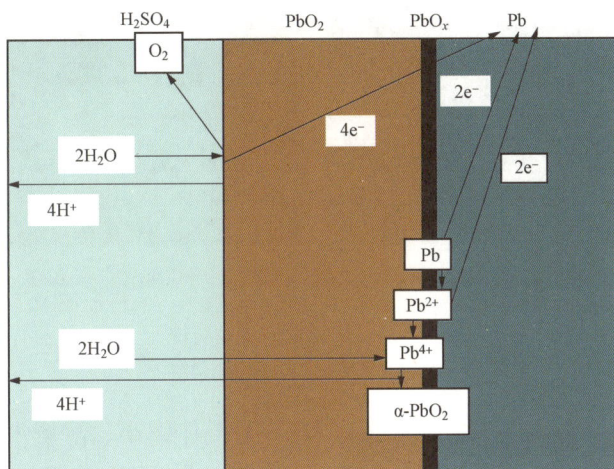

腐蚀反应：$Pb+2H_2O \longrightarrow \alpha\text{-}PbO_2+4H^++4e^-$

析氧反应：$2H_2O \longrightarrow O_2+4H^++4e^-$

图 4 - 31　板栅合金腐蚀机理示意图

等人认为正极活性物质是一个具有质子和电子传输功能的凝胶晶体体系，正极活性物质结构的最小单元为$PbO_2$颗粒，这种$PbO_2$颗粒是由$\alpha\text{-}PbO_2$、$\alpha\text{-}PbO_2$的晶体和凝胶和水化$PbO_2\text{-}PbO(OH)_2$构成的。无定型的凝胶处于亚稳态，随着充放电循环的进行，$PbO_2$颗粒中的无定形态逐渐晶形化，结晶度较高、结合力较差的$\beta\text{-}PbO_2$晶体增多，水化聚合物链数目减少，凝胶区电阻增加，晶粒间的电接触恶化，同时，充电时形成的$PbO_2$带电胶粒又互相排斥，晶粒间接触减少，结合力下降，最终导致正极活性物的软化脱落。

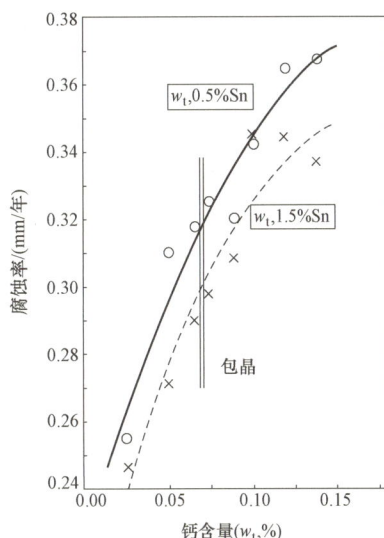

图 4 - 32　Ca 和 Sn 的含量对铅钙合金腐蚀速率的影响

正极活性物质软化主要出现在动力型深循环使用工况下，多次深度的充放电，使得支撑活性物质的骨架结构坍塌，活性物质晶粒细化。铅膏中$\alpha\text{-}PbO_2$、$\alpha\text{-}PbO_2$的比率，对正极活性物质压力、温度以及充放电策略（过充电、过放电、大电流充电）都会影响正极活性物质软化。

正极活性物质软化失效的一种情况是铅膏从板栅中脱落，电池容量损失，如图 4 - 34 所示。另一种情况，正极铅膏活性物质颗粒细化，失去硬度，呈泥浆状。表现在电池中，电池容量下降。

（3）负极硫酸盐化。蓄电池组长时间处于过放电和充电欠电压状态，造成蓄电池硫化整组电池容量下降。严重者无法恢复电池容量。VRLA 电池活性物质为$PbO_2$和$Pb$，在放电的过程中，正极的$PbO_2$转化为$PbSO_4$，负极的$Pb$同样转化为$PbSO_4$。这个过程形成的

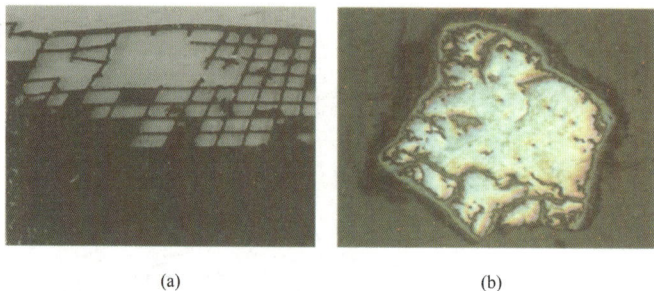

图4-33 正极板栅合金腐蚀
(a) 可见光照片；(b) 金相谱图

图4-34 正极板活性物质脱落照片

PbSO₄ 晶体细小、溶解度高，能够在充电时候重新转化为 PbO₂ 和 Pb。然而，当电池处于长时间深放电、欠充电状态、开路或者小倍率放电态时，电池负极中的 PbSO₄ 晶体无法完全转化，剩余 PbSO₄ 晶体将成为新的 PbSO₄。沉积的晶核，通过溶解—沉积逐渐长大，形成颗粒粗大、溶解度小、化学活性差的 PbSO₄ 晶体，不再参与化学反应，即不可逆硫酸盐化（图4-35）。不可逆硫酸盐化使得电池活性物质减少，并且容易在负极板表层富集，形成致密层，阻碍电解液进入，导致极板内部活性物质无法参与反应，电池容量损失，最终电池失效。

负极硫酸盐化一般出现在长期放置、长期小电流充电以及部分荷电态充放电的工况下。除了电池本身特性，如负极添加剂（BaSO₄、木素、腐殖酸以及碳材料等）、电解液密度、电池开闭阀压等因素外，负极硫酸盐化主要受电池充放电制度的影响。长期欠充电、小倍率放电、深放电、部分荷电态高倍率充放电时，给硫酸铅晶体提供了较好的生长环境，蓄电池负极很容易发生不可逆硫酸盐化。在高温环境中，硫酸盐化尤其严重。

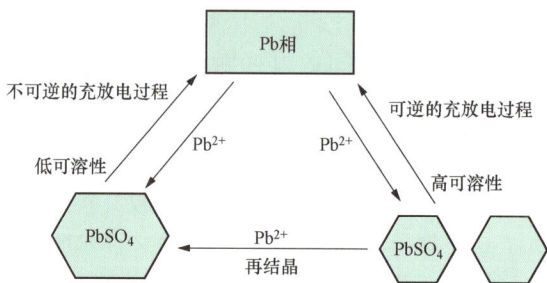

图4-35 负极硫酸盐化示意图

负极硫酸盐化主要表现为负极活性物质形成颗粒粗大的、电化学活性低的 PbSO₄ 晶体。反应在电池上，电池充电电压上升过快，放电时电压下降过快，电池容量不足；解剖时满充电的电池，发现负极极板划痕无金属光泽，铅膏与隔板粘连；化学滴定分析，PbSO₄ 含量增大；RD 分析出现显著 PbSO₄ 特征峰；SEM 分析出现粗大 PbSO₄ 晶体，硫酸盐化的负极极膏的微观形貌如图4-36所示。

（4）电解液干涸。氧气和氢气析出的标准电极电势分别为 1.23V 和 0V，而蓄电池的正

极和负极的反应平衡电位分别为 1.69V 和
−0.37V，这意味着在电池充电的过程中必然伴
随着析氧和析氢反应，引起电池水损耗。幸运的
是，在铅极板上，析氧和析氢反应都具有较大的
过电位，使得电池在充放电反应先于析氧和析氢
反应发生。一般来说，充入电量约 70% 时，正极
开始发生析氧反应；而当充入电量约 90% 时，负
极开始出现析氢反应。VRLA 电池设计将正极析
出的氧气通过隔膜到达负极与负极活性物发生氧
复合反应生成 $PbSO_4$，生成的 $PbSO_4$ 在充电时转

图 4 - 36　硫酸盐化的负极极膏的微观形貌

化成铅，如图 4 - 37 所示。一方面，VRLA 电池的氧复合循环通过与负极复合消耗掉了大量的
氧气；另一方面，由于铅跟氧气发生反应，电位向正方向偏移，析氢反应推迟出现，如图 4 -
38 所示，并且负极活性物质过量，可使电池的析氢速度降到极小。

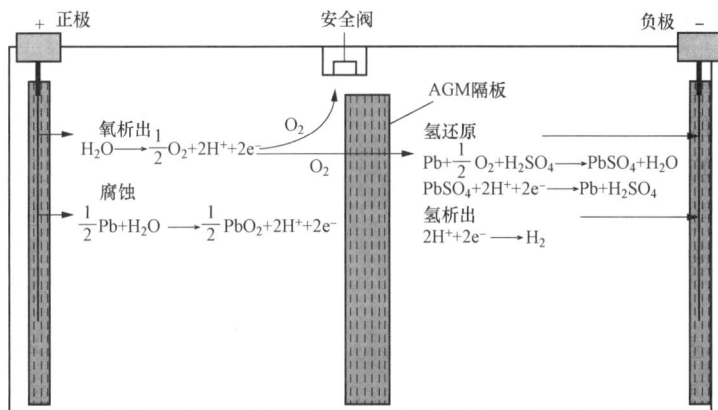

图 4 - 37　VRLA 电池正、负极反应

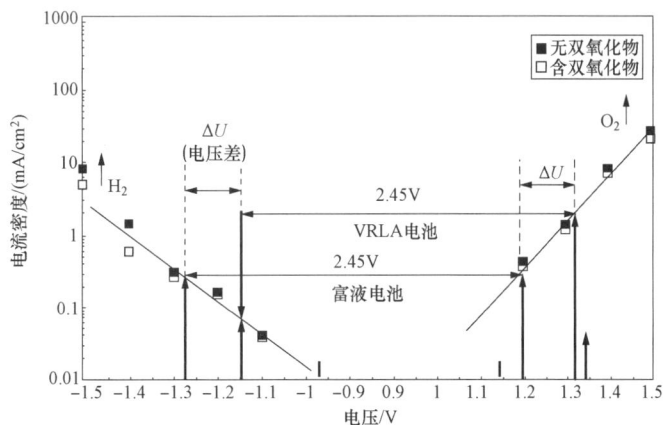

图 4 - 38　VRLA 电池正、负极电位变化

VRLA 电池是一种贫液式电池，内部的电解液全部吸附在电池的 AGM 隔膜中，没有游离的电解液。因此，VRLA 蓄电池对水损耗十分敏感，电池失水会引起 AGM 隔膜饱和度降低，引起电池内阻增大。图 4-39 所示为 AGM 隔膜饱和度对电阻的影响。由图 4-38 可知，当电池水损耗使得 AGM 隔膜饱和度小于 80% 时，电池隔膜电阻会显著增大，从而导致电池容量减少，寿命终止。此外，大量的水损耗也会引起电解液浓度增大，从而加速合金板栅的腐蚀、正活性物质的软化以及负极硫酸盐化。

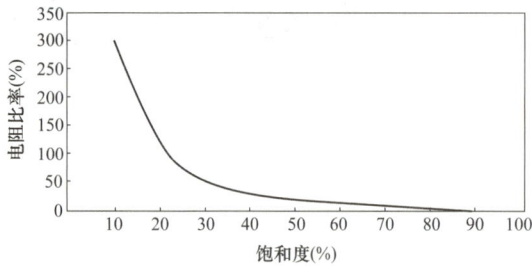

图 4-39　AGM 隔膜饱和度对电阻的影响

造成 VRLA 电池水损耗的因素较多，电池的外壳破损、排气阀开阀压力过小、氧复合反应不完全、电解液杂质含量过高以及浮充电压过高是导致电池电解液干涸的常见原因。同时，电池正极板栅腐蚀和电池自放电过程也会消耗电解液中的水，引起电解液的干涸。

VRLA 电池电解液干涸失效表现在电池性能上主要为开路电压偏高，内阻偏大，容量不足。通过解剖分析，通常隔膜含酸量较小甚至呈干涸状态，酸密度偏高。

（5）热失控。热失控是指蓄电池在恒压充电时，电流和温度发生一种积累性的相互促进的作用，并逐步损坏蓄电池的现象。为了减少电池失水，VLA 电池采用负极氧复合设计，而氧复合反应能够放出大量的热量，相同电流下氧复合反应放出的热量约为电池恒流充电过程的 68 倍、水分解过程的 2.6 倍，如图 4-40 所示。同时，VRLA 电池采用密封贫液紧装配式设计，散热性较差，大量热量积累在蓄电池内部，引起电池温度迅速升高。温度升高又使电池失水加剧、隔膜饱和度下降，从而加剧电池氧复合反应，引起浮充电流增大。氧复合反应的加剧又产生大量的焦耳热反过来又促使蓄电池内部温度进一步升高，从而形成恶性循环，引起 VRLA 电池热失控。VLA 电池热失控会引起电池温度升高，外壳膨胀变形，最终导致电池失效。

电池浮充电压、环境温度、隔膜饱和度以及电池结构都是影响电池热失控重要因素。在众多因素中，浮充电压是导致蓄电池热失控最为关键的因素，而环境温度增大也会加剧电池热失控的风险。

VRLA 电池热失控失效表现为浮充电流迅速增大，温度升高，电池外壳鼓胀；解剖失效电池，电池隔膜内出现黑点、黄斑，酸密度增大，正极活性物质软化。

（6）汇流排腐蚀。在 VRLA 电池中负极汇流排合金在浮充的过程中也会出现腐蚀现象，负极汇流排表面形成粉末状的硫酸盐层，引起汇流排机械强度的降低，在应力的作用下易于发生断裂，从而导致电池失效。

负极汇流排腐蚀是 VRLA 电池一种特有的失效方式，是电化学腐蚀与化学腐蚀共同作用的结果。负极汇流排不同部位的反应分布如图 4-41 所示（图中 Cl 为腐蚀层；$I_v$ 为通过吸附在隔板的电解液表面的电流；$I_s$ 通过腐蚀层孔的电流；$I$ 为回路总电流）。由于贫液和氧气复合的特性，大量氧气聚集在极群上部，而负极汇流排表层电位随着离开液面距离增大

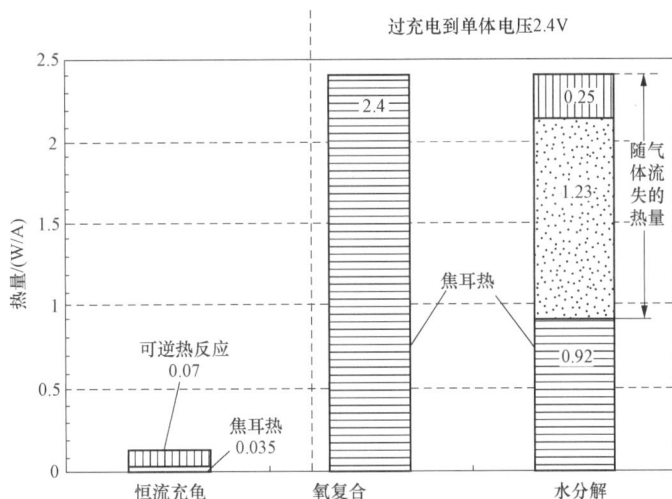

图 4-40　恒流充电，氧复合过程及水分解过程产生的热量

向正方向移动，负极极耳距离集群 1～3cm 处，电位由 $-1.3$～$-1.1V$（相对于 $Hg/Hg_2SO_4$ 电极）向正移为 $-0.8$～$-0.6V$（相对于 $Hg/Hg_2SO_4$ 电极），高于 $PbSO_4/Pb$ 的平衡电位（$-0.9V$，相对于 $Hg/Hg_2SO_4$ 电极），负极汇流排失去阴极保护。同时，汇流排上吸附电解液膜的 pH 值离集群越远，pH 越高，在汇流排顶部造成碱性环境，化学腐蚀反应加速。在长时间的浮充使用过程中会发生腐蚀，腐蚀严重时会导致汇流排断裂，造成电池汇流排腐蚀失效。

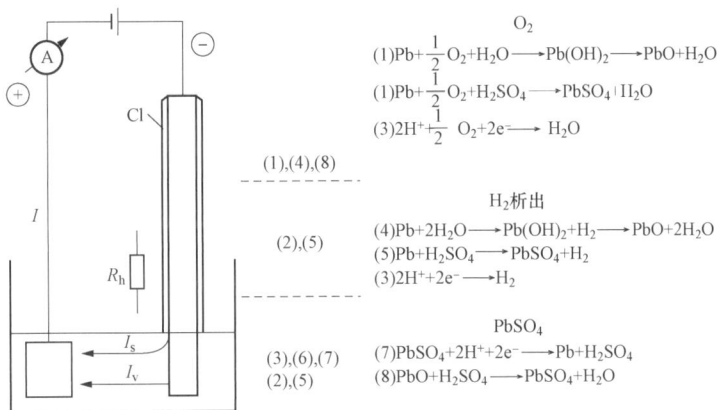

图 4-41　负极汇流排不同部位反应

同时，由于焊接温度、冷凝速度以及表面杂质的影响，焊接过程中会改变汇流合金金相结构，导致汇流排合金中 Sn 的偏析，引起强烈的晶间腐蚀，加剧汇流排腐蚀速率。

此外，由于焊接不均匀，导致极耳与汇流排不能完全熔融而形成虚焊，在极耳与汇流排交界处形成缝隙，由于缝隙内外存在着氧浓度差从而形成氧浓差电池，发生局部缝隙腐蚀。

影响负极汇流排腐蚀的内因主要有汇流排合金成分、焊接工艺、汇流排与集群的距离、负极汇流排处的氢气环境以及电池内氧气环境。

负极汇流排腐蚀失效电池主要表现为开路电压偏低、内阻偏高，浮充电压出现不停跳动，小电流放电容量影响不大，大电流放电容量急剧下降。解剖失效电池，可以发现汇流排表层存在白色粉末状硫酸铅，严重时汇流排完全粉化断裂。

汇流排腐蚀典型图片如图 4-42 所示。

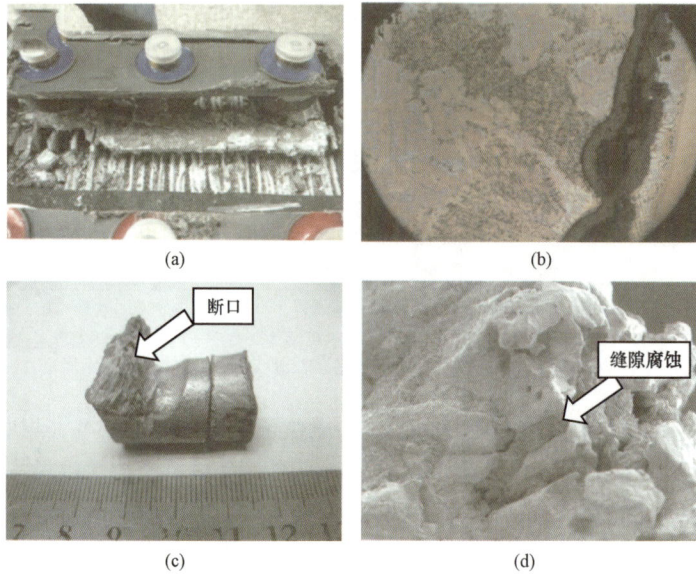

图 4-42　汇流排腐蚀典型图片
（a）蓄电池负极汇流排腐蚀；（b）负极汇流排缝隙腐蚀金相图；
（c）负极汇流排与极耳连接处断口照片；（d）负极汇流排缝隙腐蚀显微照片

（7）电池漏液。电池漏液主要包括极柱漏液、槽盖漏液以及阀口漏液三种形式。

极柱漏液：密封胶密封的结构出现密封胶与极柱金属铅粘接失效，硫酸腐蚀极柱表面直到电池极柱连接端；或者密封胶与槽盖结合界面的粘接失效，硫酸通过界面到达电池外部。

槽盖漏液：电池槽与电池盖之间通过热熔粘接方式或者密封胶方式将电池槽和盖粘接到一起，热熔粘接界面或者胶水粘接界面失效后，内部硫酸泄漏或渗漏到电池外部。

阀口漏液：由于电池设计有内部气压安全保护的装置，电池内部的高压酸蒸汽会与气体一起通过减压阀排出，低浓度硫酸会残留在阀口。

VRLA 电池出现漏液失效多表现在电池外部存在酸漏出，容量降低，连接片或者铁架存在腐蚀，严重时漏出的酸液会使得电池形成通路产生火花，引起燃烧。

## 4.4.2　失效模式验证

### 1. 样品选择

从××单位废旧蓄电池仓库收集了 10 只失效铅酸蓄电池（编号 1~10），这些蓄电池来自 5 家不同的供应商，标称电压均为 2V，标称容量为 200A·h、300A·h 和 500A·h，均为近半年从变电站直流系统退役下来的失效蓄电池。对失效蓄电池进行外观、质量、开路电压、电导、$C_{10}$ 容量和 $C_3$ 容量测试，其基本信息见表 4-12。

表 4 - 12　　　　　　　　　　　　失效蓄电池基本信息表

| 电池编号 | 标称电压 /V | 标称容量 / (A·h) | 质量 /kg | 开路电压 /V | 电导 /S | $C_{10}$容量 / (A·h) | $C_3$ 容量 / (A·h) |
|---|---|---|---|---|---|---|---|
| 1 | 2 | 300 | 19.42 | 1.130 | — | — | — |
| 2 | 2 | 300 | 19.45 | 1.938 | 52 | — | — |
| 3 | 2 | 300 | 21.92 | 2.129 | 1963 | 302 | 234 |
| 4 | 2 | 300 | 22.86 | 2.138 | 1863 | 302 | 245 |
| 5 | 2 | 200 | 18.69 | 1.046 | — | — | — |
| 6 | 2 | 300 | 18.81 | 2.138 | 3552 | 205 | 163 |
| 7 | 2 | 300 | 22.38 | — | — | 44 | — |
| 8 | 2 | 300 | 22.27 | 0.581 | — | — | — |
| 9 | 2 | 500 | 32.11 | 2.149 | 3071 | 481 | 351 |
| 10 | 2 | 300 | 18.55 | 2.174 | 1097 | 57 | — |

### 2. 失效蓄电池电极电位分析

电极电位法是在蓄电池正、负极之间加入参比电极，根据蓄电池充电或放电过程中正、负极分别相对于参比电极的电位变化，对比电池端电压变化曲线，从而判断蓄电池失效的电极是正极还是负极。表 4 - 13 为失效蓄电池的电极电位分析表。图 4 - 43 展示了部分失效蓄电池电极电位充放电曲线。初步判定，正极失效是蓄电池失效的一个主要原因，3 号、4 号、6 号、7 号、9 号和 10 号共 6 只蓄电池由于正极在放电末期电压急剧下降导致蓄电池电压下降，蓄电池失效。热失控是蓄电池失效的另一个原因，2 号和 7 号蓄电池在充电末期的浮充电流高达 20A，存在热失控的倾向，失效蓄电池热失控过程电压电流曲线如图 4 - 44 所示。另外有 3 只蓄电池（1 号、5 号和 8 号）出现断路，其正、负极开路电压都偏离正常值，无法判断电池失效部位。

表 4 - 13　　　　　　　　　　　　失效蓄电池电极电位分析表

| 电池编号 | 正极开路电位/V （相对于 $Ag/Ag_2SO_4$ 电极） | 负极开路电位/V （相对于 $Ag/Ag_2SO_4$ 电极） | 失效初判 |
|---|---|---|---|
| 1 | 0.824 | −0.295 | |
| 2 | 0.980 | −0.934 | 热失控 |
| 3 | 1.067 | −0.979 | 正极失效 |
| 4 | 1.133 | −0.994 | 正极失效 |
| 5 | 0.758 | −0.283 | |
| 6 | 1.097 | −0.899 | 正极失效 |
| 7 | −0.303 | −0.914 | 正极失效/热失控 |
| 8 | 0.141 | 0.097 | |
| 9 | 0.886 | −1.096 | 正极失效 |
| 10 | 1.094 | −1.006 | 正极失效 |

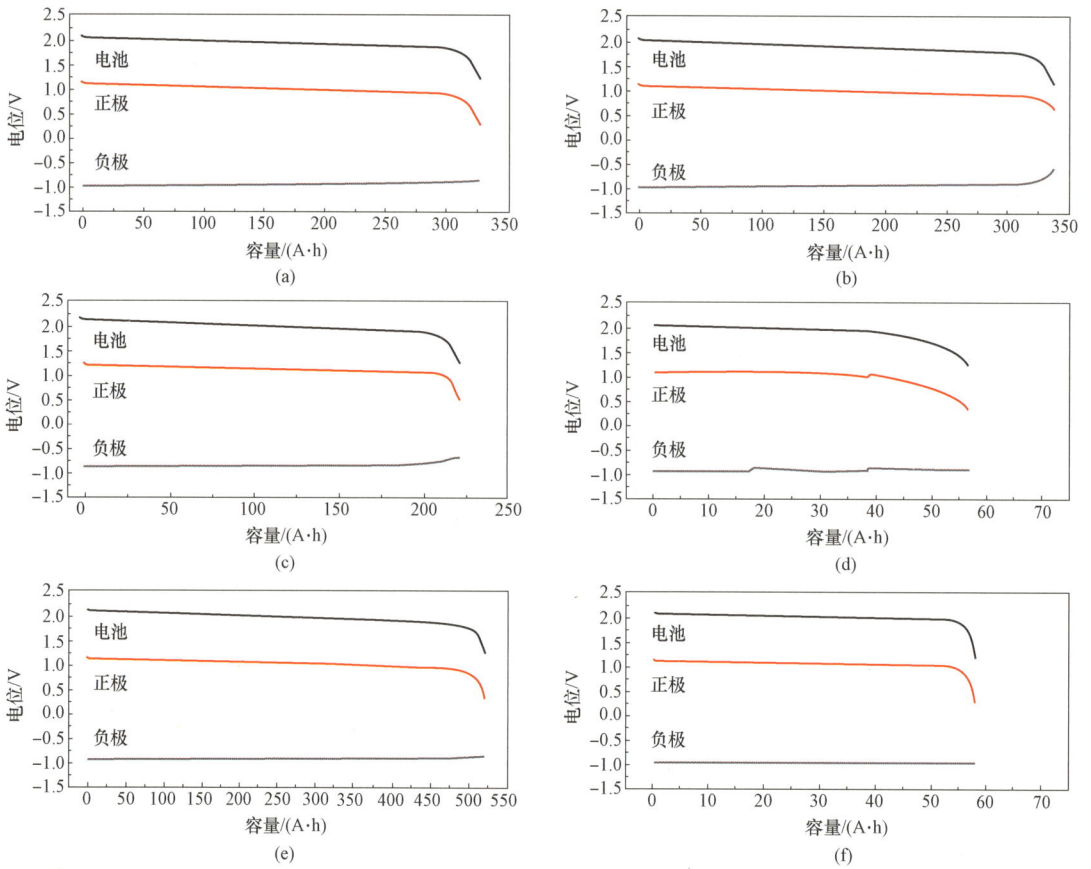

图 4-43  3 号、4 号、6 号、7 号、9 号、10 号失效蓄电池电极电位充、放电电压曲线

(a) 3 号蓄电池；(b) 4 号蓄电池；(c) 6 号失效蓄电池；(d) 7 号失效蓄电池；

(e) 9 号失效蓄电池；(f) 10 号失效蓄电池

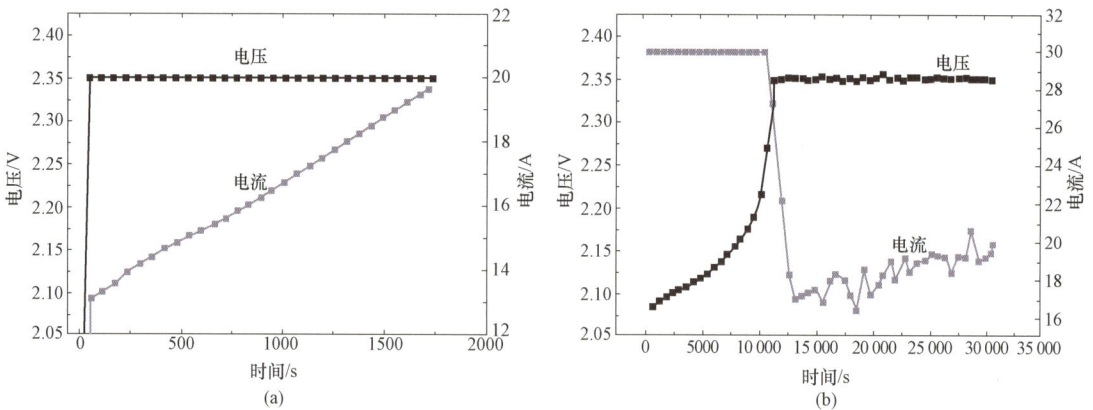

图 4-44  2 号和 7 号失效蓄电池热失控过程电压电流曲线

(a) 2 号蓄电池；(b) 7 号蓄电池

## 3. 失效蓄电池解剖分析

将 10 只失效蓄电池解剖后，对其正极板、负极板、隔板、正极汇流排和负极汇流排等

部位进行仔细检查。从表 4 - 14 中形貌可以看出，正极板栅合金腐蚀是蓄电池失效的最主要的因素之一，10 只蓄电池都出现了不同程度的正极腐蚀，除了 3 号、6 号和 9 号蓄电池正极板栅仍然能保持极板结构外，其他蓄电池的正极板栅都在解剖的过程中断裂，表明这些蓄电池的正极板栅严重腐蚀，已经失去维持极板结构的机械强度。

表 4 - 14　　　　　　　　　　　失效蓄电池内部各组成部分形貌

| 电池编号 | 电极 | 极板 | 隔板 | 汇流排 |
|---|---|---|---|---|
| 1 | 正极 | | | |
| | 负极 | | | |
| | 腐蚀情况 | 正极板栅严重腐蚀，不能保持机械结构 | 隔板有黄斑，有热失控发生 | 负极汇流排严重腐蚀，完全断裂 |
| 2 | 正极 | | | |
| | 负极 | | | |
| | 腐蚀情况 | 正极板栅严重腐蚀，不能保持机械结构 | 正常 | 正极汇流排弯曲，负极汇流排严重腐蚀，部分极耳与汇流排断开 |
| 3 | 正极 | | | |
| | 负极 | | | |
| | 腐蚀情况 | 极板结构完整，铅膏软化粘连隔膜 | 正常 | 正常 |

| 电池编号 | 电极 | 极板 | 隔板 | 汇流排 |
|---|---|---|---|---|
| 4 | 正极 | | | |
| | 负极 | | | |
| | 腐蚀情况 | 正极板栅腐蚀较严重，难以有效保持板栅结构 | 正常 | 正常 |
| 5 | 正极 | | | |
| | 负极 | | | |
| | 腐蚀情况 | 正极板栅筋条严重腐蚀，负极表面有黄色氧化铅 | 正常 | 正常 |
| 6 | 正极 | | | |
| | 负极 | | | |
| | 腐蚀情况 | 极板结构完整，铅膏软化粘连隔膜，正极板底部有硫酸铅的白斑 | 正常 | 正常 |

| 电池编号 | 电极 | 极板 | 隔板 | 汇流排 |
|---|---|---|---|---|
| 7 | 正极 | | | |
| | 负极 | | | |
| | 腐蚀情况 | 正极板栅腐蚀较严重，难以有效保持板栅结构 | 电解液轻微干涸 | 负极汇流排腐蚀较严重，但结构基本完整 |
| 8 | 正极 | | | |
| | 负极 | | | |
| | 腐蚀情况 | 正极板栅腐蚀较严重，难以有效保持板栅结构 | 电解液轻微干涸，隔膜上有大量黄斑 | 负极汇流排腐蚀断裂 |
| 9 | 正极 | | | |
| | 负极 | | | |
| | 腐蚀情况 | 极板结构完整，铅膏软化粘连隔膜 | 有隔膜被穿透 | 正常 |

续表

| 电池编号 | 电极 | 极板 | 隔板 | 汇流排 |
|---|---|---|---|---|
| 10 | 正极 | | | |
| | 负极 | | | |
| | 腐蚀情况 | 正极板栅腐蚀较严重，铅膏软化粘连隔膜 | 正常 | 正常 |

负极汇流排腐蚀是另一种典型失效模式。有 4 只蓄电池（1 号、2 号、7 号和 8 号）负极汇流排腐蚀严重，其中 1 号和 8 号蓄电池负极汇流排完全断裂。表 4-14 中也可以看到这两只蓄电池都已经出现断路现象。

同时，6 号、9 号和 10 号蓄电池出现了一定程度的铅膏软化，而且大部分电池负极板都没有了金属光泽，并与隔板粘连着，表明负极表面有一定程度的硫酸盐化。9 号蓄电池失效主要原因是部分隔板穿透，正、负极之间形成了微短路。在浮充电工作模式下，由于微短路引发自放电，这只蓄电池的容量将低于其他电池。但在 C 容量测试过程中，由于放电是紧接着充电进行的，自放电很有限，所以测试的 $C_{10}$ 容量仍然可以达到 520A·h。这应该是个别案例，并非站用蓄电池失效的主要原因。

4. 失效蓄电池的材料分析

失效蓄电池正、负极二氧化铅含量、硫酸铅含量、比表面积、酸密度信息见表 4-15。因为 6 号、7 号、8 号蓄电池属于矮型电池，所以只对上、下两部分进行了测量。由表 4-16 可见，断路或者无法充电的失效电池，正极二氧化铅含量和酸密度非常低，推测是由于长时间搁置，蓄电池正、负极发生自放电，正极二氧化铅与电解液中的硫酸反应生成硫酸铅造成的。图 4-45 展示了失效蓄电池正、负极铅膏的扫描电子显微镜（SEM）照片，可以看到电极内部存在着大量的硫酸铅晶体。表 4-16 展示了正极板栅合金及正负极汇流排合金金相分析结果。由表 4-16 可见，正极板栅合金存在着严重的腐蚀，除了 6 号和 9 号蓄电池的板栅合金外，其他电池的合金筋条都被腐蚀缝隙完全贯穿了，意味着这些板栅合金已经无法提供维持极板所需的机械强度。在解剖过程中，对应的蓄电池正极也表现出极板断裂的现象。同时，除了少数一些负极汇流排具有防护层的蓄电池外，多数负极汇流排腐蚀严重，金相测试腐蚀层在 150～600μm 之间，部分汇流排还存在着腐蚀缝隙，增加了负极汇流排失效的风险。

表 4 - 15 失效蓄电池正负极活性物质含量及酸密度分析表

| 电池编号 | 正极 PbO$_2$ 含量（%） | | | 正膏比表面积 /(m²/g) | 负极 PbSO$_4$ 含量（%） | | | 负膏比表面积 /(m²/g) | $\rho$(PbSO$_4$，g/m³) | | |
|---|---|---|---|---|---|---|---|---|---|---|---|
| | 上 | 中 | 下 | | 上 | 中 | 下 | | 上 | 中 | 下 |
| 1 | 26.40 | 29.41 | 25.60 | 2.46 | 13.91 | 16.95 | 13.27 | 0.5 | 1.01 | 1.01 | 1.01 |
| 2 | 41.46 | 23.33 | 19.60 | 1.61 | 12.55 | 11.63 | 15.78 | 0.21 | 1.02 | 1.03 | 1.04 |
| 3 | 53.75 | 61.54 | 70.75 | 2.28 | 11.81 | 14.39 | 11.84 | 0.312 | 1.27 | 1.27 | 1.27 |
| 4 | 73.88 | 69.87 | 67.50 | 1.96 | 8.44 | 9.13 | 10.83 | 1.07 | 1.26 | 1.26 | 1.26 |
| 5 | 16.13 | 16.38 | 16.41 | 0.91 | 14.97 | 19.27 | 14.23 | 0.29 | ① | | |
| 6 | 68.39 | — | 35.82 | 1.19 | 15.53 | — | 15.96 | 0.46 | 1.27 | — | 1.27 |
| 7 | 33.37 | — | 34.85 | 1.53 | 15.41 | — | 18.20 | 0.29 | 1.01 | — | 1.01 |
| 8 | 49.55 | — | 44.09 | 5.07 | 18.55 | — | 27.23 | 0.235 | 1.01 | — | 1.01 |
| 9 | 64.88 | 65.23 | 75.62 | 2.01 | 14.18 | 15.72 | 14.60 | 1.03 | 1.25 | 1.25 | 1.25 |
| 10 | 71.51 | 62.80 | 67.78 | 1.24 | 15.15 | 14.81 | 15.98 | 0.47 | 1.30 | 1.30 | 1.30 |

① SiO$_2$ 含量为 10.43%。

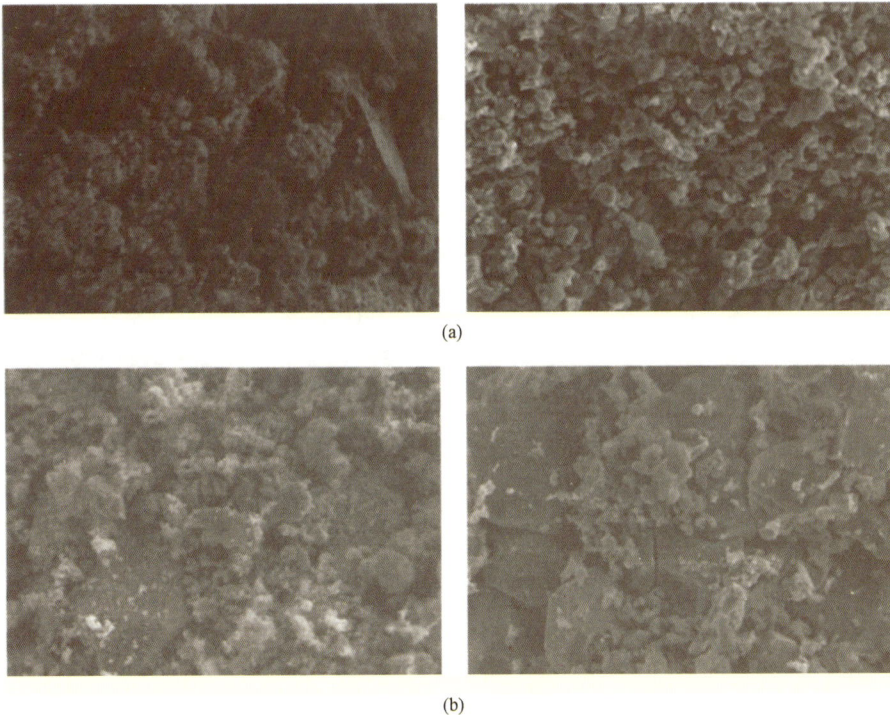

(a)

(b)

图 4 - 45 1～10 号失效蓄电池正极铅膏和负极铅膏的显微照片（一）

（a）1 号蓄电池；（b）2 号蓄电池

133

(c)

(d)

(e)

(f)

图 4-45 1～10 号失效蓄电池正极铅膏和负极铅膏的显微照片（二）

（c）3 号蓄电池；（d）4 号蓄电池；（e）5 号蓄电池；（f）6 号蓄电池

(g)

(h)

(i)

(j)

图 4-45　1～10 号失效蓄电池正极铅膏和负极铅膏的显微照片（三）

（g）7 号蓄电池；（h）8 号蓄电池；（i）9 号蓄电池；（j）10 号蓄电池

表 4 - 16                  失效蓄电池正极板栅及正、负极汇流排合金金相分析

| 电池编号 | 项目 | 正极板栅 | 正极汇流排 | 负极汇流排 |
|---|---|---|---|---|
| 1 | 照片 | | | |
| | 腐蚀厚度 | 严重腐蚀 | 50～200μm | 400～600μm |
| 2 | 照片 | | | |
| | 腐蚀厚度 | 严重腐蚀 | 50～200μm | 400～500μm |
| 3 | 照片 | | | |
| | 腐蚀厚度 | 30～40μm | 20～40μm | 60～80μm |
| 4 | 照片 | | | |
| | 腐蚀厚度 | 100～150μm<br>缝隙腐蚀严重 | 100～160μm | 250～400μm |
| 5 | 照片 | | | |
| | 腐蚀厚度 | 严重腐蚀，<br>约 1200～1500μm | 50～100μm | 30～100μm |

| 电池编号 | 项目 | 正极板栅 | 正极汇流排 | 负极汇流排 |
|---|---|---|---|---|
| 6 | 照片 | | | |
| | 腐蚀厚度 | $50\sim100\mu m$ | $150\sim250\mu m$ | $20\sim40\mu m$ |
| 7 | 照片 | | | |
| | 腐蚀厚度 | 严重腐蚀 | $50\sim100\mu m$<br>腐蚀裂缝 | $150\sim250\mu m$ |
| 8 | 照片 | | | |
| | 腐蚀厚度 | 严重腐蚀 | $50\sim100\mu m$<br>腐蚀裂缝 | $150\sim250\mu m$；<br>腐蚀裂缝 |
| 9 | 照片 | | | |
| | 腐蚀厚度 | $10\sim30\mu m$ | $50\sim100\mu m$ | $20\sim60\mu m$ |
| 10 | 照片 | | | |
| | 腐蚀厚度 | 严重腐蚀 | $40\sim80\mu m$ | $350\sim450\mu m$ |

**5. 典型失效模式分析**

根据上述失效蓄电池的外在特性和内在材料表征信息，综合分析各个失效模式对电池的影响，站用铅酸蓄电池提前失效的主要原因有正极板栅腐蚀、负极汇流排腐蚀和负极硫酸盐化。电池失效模式分析见表 4 - 17。

表 4 - 17                              电池失效模式分析表

| 电池编号 | 正板栅腐蚀 | 铅膏软化 | 热失控 | 负极硫酸盐化 | 汇流排腐蚀 | 干涸 | 短路 |
|---|---|---|---|---|---|---|---|
| 1 | ▲ | | ▲ | ▲ | ▲ | | |
| 2 | ▲ | | ▲ | ▲ | ▲ | | |
| 3 | ■ | ■ | | ■ | | | |
| 4 | ▲ | ■ | | ■ | ■ | | |
| 5 | ▲ | ■ | | ■ | | ▲ | |
| 6 | ■ | ▲ | | ● | | | |
| 7 | ▲ | ■ | ▲ | ▲ | ▲ | ● | |
| 8 | ▲ | | ▲ | ▲ | ▲ | ● | |
| 9 | ● | ▲ | | ● | | | ▲ |
| 10 | ▲ | ▲ | | ■ | ■ | | |

注：▲严重；■普通；●轻微。

（1）正极板栅腐蚀。正极板栅腐蚀是浮充型蓄电池最常见的失效模式，因此 10 只失效蓄电池都有着不同程度的正极板栅腐蚀问题。正极板栅腐蚀会引起板栅形变、铅膏与板栅脱离、正极极化增加，从而导致蓄电池容量的下降。

（2）负极汇流排腐蚀。由于负极氧复合反应，负极汇流排处呈碱性环境，使得金属铅不断被腐蚀形成硫酸铅，最终导致负极汇流排断裂。从解剖结果来看，负极汇流排腐蚀往往伴随着正极板栅腐蚀、热失控及电解液干涸等失效因素。推测在蓄电池浮充过程中，电池正极板栅先发生腐蚀，从而使得正极电位向更正的方向偏移，即加剧了在正极上的析氧反应；氧气的大量析出造成电池负极氧复合反应增大，加剧负极汇流排的腐蚀风险；正极板栅腐蚀及氧气析出的过程都需要消耗水，从而引起电解液的干涸，增加了氧气传递通道，进一步加剧氧复合反应，同时增加了电池热失控的风险。

（3）负极硫酸铅盐化。由于蓄电池浮充电压偏低、长期充电不足、电解液密度过高或温度过高等原因，蓄电池负极板上就会生成大颗粒的硫酸铅晶体，这种大颗粒硫酸铅晶体会堵塞极板活性物质的微孔，阻碍了电解液的渗透和扩散；同时由于硫酸铅晶体导电性差，增加了蓄电池的内阻；在充电时这种硫酸铅晶体也不易转变成为海绵状铅，使极板上的活性物质减少，会降低蓄电池的有效容量。

（4）其他失效模式。如铅膏软化、热失控等失效模式也是站用 VRLA 电池的重要失效模式，但更多的时候是由于前 3 种失效模式导致了进一步失效。

从危险性来说，正极板栅腐蚀、负极硫酸盐化两种模式会引起蓄电池内阻增大，容量下降，因此均可以通过核容来发现。不同的是，正极板栅腐蚀是蓄电池"筋骨"的损坏，不能修复；而负极硫酸盐化一般来说可以通过脉冲电流、添加修复剂等物理、化学的手段，使蓄电池容量得到一定程度的修复。负极汇流排腐蚀则最具有隐蔽性，危害也往往最大。在浮充电过程中，电流很小，汇流排保持连接，浮充电压基本能保持正常值，一旦发生事故需要大电流放电时，被严重腐蚀的汇流排会被烧断，引起蓄电池组开路，彻底失去应有的功能。

# 4.5 蓄电池故障处理

## 4.5.1 电池巡检故障

### 1. 巡检装置故障

（1）首先查看模块运行状态，根据监控器告警编号查看对应巡检仪模块运行灯、保护灯、故障灯是否异常。

（2）若不正常，可以对模块断电重启进行测试。

（3）查看模块设置地址是否正确，一般模块面板或者模块底座有地址拨码，可以按照正确地址重新拨码。

（4）可以采用互换法测试，排除接触不良或者接线问题。

（5）可以采用电脑截报文方法（需要厂家支持）。

### 2. 单只或部分蓄电池电压异常故障

在监控器里查看电池巡检单元，找出具体哪只电池故障，并检查此电池单体电压，若电池电压实际测量正常则考虑是采样问题引起，主要原因有：

（1）采样回路故障。采样回路故障主要为保险损坏或者压接不良。若监控器报警为两只连续编号的蓄电池同时欠电压（如 20 号、21 号电池电压异常），则可以确定是由采样回路引起的（20 号蓄电池采样线压接位置错误、压接位置不良或者采样保险氧化）。

（2）蓄电池巡检模块故障。若排除采样回路问题，并在巡检模块处测得有电压，则考虑巡检模块故障。在有条件的情况下用排除法进行确认，对巡检模块互换（现场有 2 只及以上巡检模块）。

（3）蓄电池本体问题。如实际测量蓄电池端电压异常（正常浮充电压在 2.2~2.3V 之间），则为蓄电池本体问题，按照规程要求对蓄电池单体活化处理或进行更换。

## 4.5.2 蓄电池组开路及蓄电池更换

### 1. 蓄电池开路紧急处理办法

（1）双充双电系统。当发现蓄电池组中任意一只电池开路时，可以通过母线联络开关进行并列方式（母线联络开关上下口压差不得超过系统电压的 2%），将存在开路电池的蓄电池组退出运行，由另一组蓄电池带全站直流负荷。

（2）单充单电系统。利用带电更换蓄电池保安装置（简称跨接宝或装置）退出开路电池；若现场无跨接宝，则可以短时将蓄电池组退出运行，在拆除开路电池后恢复蓄电池组运行。拆除开路电池需要调整充电装置的浮充、均充电压。

### 2. 不停电更换单只蓄电池

不需要将蓄电池组脱离直流母线，使用带电更换装置可实现更换或拆除单只蓄电池。

（1）更换前的准备。应按现场工作的需求准备相应的工器具和材料，履行相关手续，做好相应的安全措施，并得到运行单位的许可，维护人员方能进入现场开展工作。

（2）更换与测试接线。确定待更换的蓄电池及其正、负极性，按照带电更换装置的使用说明或作业指导书依次操作。一般将黑色夹子固定在待更换电池负极相连的蓄电池正极处，

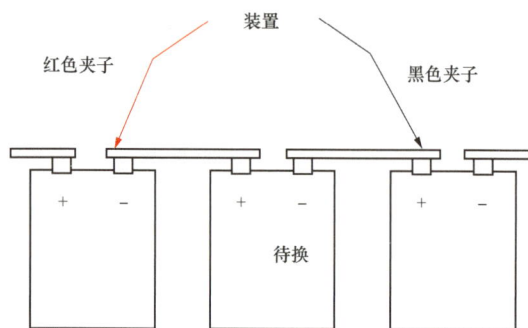

图 4-46 正确接线方式

红色夹子固定在待更换电池正极相连的蓄电池负极处，如图 4-46 所示。检查无误后，将待更换电池拆除，安装新蓄电池，恢复蓄电池连接片。

当装置带有显示功能时，可按图 4-47 所示的测试接线和步骤进行。将黑色夹子固定在待更换电池负极相连的蓄电池正极，用绿色夹子连接到待换电池的正极，若装置显示该电池电压，则表示接线正确。将红色夹子固定在待换电池正极相连的蓄电池负极，此时跨接指示灯应点亮，检查无误后，将待更换电池拆除，安装新蓄电池，恢复蓄电池连接片。先撤除红色夹子后，用绿色夹子连接到新电池的正极，装置应显示新的电池电压。

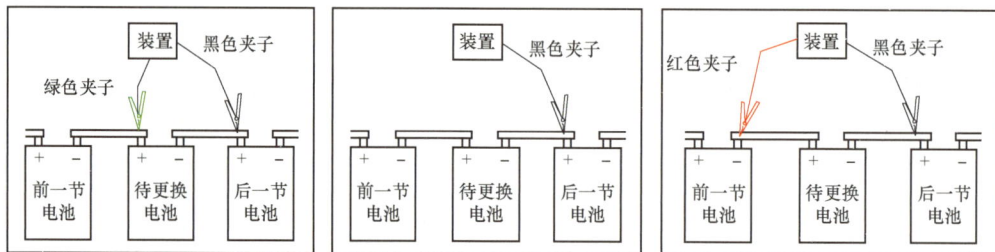

图 4-47 测试接线与测试步骤

（3）拆除测试接线，恢复现场。确认蓄电池连接片接触良好、连接牢固后，取掉红色夹子（或绿色夹子）和黑色夹子，完成带电更换蓄电池，按照运行单位的现场工作要求履行相关手续后，结束工作。

（4）注意事项。蓄电池组处于浮充电状态下，方可进行带电更换电池；蓄电池无法从外观直接确定正、负极时，应采用万用表测量的方法确定正、负极；连接测试接线前应确保装置的红（绿）色、黑色夹子间不存在短路；装置进行连接线时，正、负极应正确连接测试接线，切勿接反，并确保夹子连接牢固；当一组蓄电池中出现 2 只以上开路电池时，不能采取此方法，应立即更换整组蓄电池。

### 4.5.3 蓄电池整组更换作业

当蓄电池组中 2 只及以上电池出现问题时，建议更换整组蓄电池。

1. 更换前准备

（1）全站配置 2 组蓄电池时，采用退出需更换的蓄电池组，通过母线联络开关由另一组蓄电池带全站直流负荷的方式，开展蓄电池组更换作业，可按照以下步骤进行：

1）检查两套直流系统的母线电压、极性是否一致，如果压差过大，应调整一致，压差不应超过 5V。

2）合入母线联络开关，短时将两段直流母线并列运行。

3）将更换的蓄电池组退出运行，拉开蓄电池隔离开关，取下蓄电池出口保险。

4）检查此时的直流系统运行状态应正常。

（2）全站仅配置 1 组蓄电池时，采用接入备用蓄电池带全站直流负荷的方式进行蓄电池组更换作业，可按照以下步骤进行：

1）计算备用蓄电池标称容量是否满足运行要求。

2）检查备用蓄电池的壳体应无变形、裂纹和损伤，并且密封良好、外观清洁无漏液现象、安全阀良好。

3）备用蓄电池的正、负极性正确，极柱无变形。

4）连接片、螺栓及螺母等无锈蚀。

5）对备用蓄电池组连接并进行补充充电。

6）将充满电的备用蓄电池组接入蓄电池组备用开关。

7）检查两组蓄电池的端电压、极性是否一致，如果压差过大，应调整一致，压差不应超过 5V。

8）两组蓄电池短时并列运行。

9）将更换的蓄电池组停止运行，并从直流系统中隔离。

10）检查直流系统的运行状态应正常。

2. 拆除原有旧蓄电池组

（1）对原蓄电池组的各引线位置、电缆用途和名称以及各连接线的正、负极性应做好标注。

（2）拆除原有旧蓄电池组，拆除时应有专人监护，拆下后的连接线端头用绝缘性能良好的绝缘包布包扎好。

3. 安装新蓄电池

（1）检查蓄电池的壳体应无变形、裂纹和损伤，并且密封良好，外观清洁无漏液现象，安全阀良好。

（2）蓄电池的正、负极性正确，极柱无变形。

（3）连接片、螺栓及螺母等无锈蚀。

（4）将新蓄电池安装到已确定的位置上。

（5）按照蓄电池安装规范的要求，对蓄电池进行可靠连接。

（6）对新蓄电池进行一次 100％全容量核对性充放电试验，以便检查蓄电池实际容量与标称容量的差值。

（7）检查新安装的蓄电池的电压、极性与直流母线是否一致，如果压差过大，应尽量调整一致，压差不应超过 5V。

（8）合上相应的蓄电池出口保险、隔离开关，投入新蓄电池组。在短时并列后，停用过渡用蓄电池组，恢复原直流电源系统运行方式。

（9）检查直流电源系统运行状态，核对、调整充电装置的各项运行参数。

4. 新蓄电池测试

(1) 对新安装的蓄电池进行一次动态放电试验（冲击试验）检查蓄电池是否存在连接不可靠的隐性缺陷，冲击试验后对蓄电池进行补充充电。

(2) 对新安装的蓄电池进行均衡充电，待充电稳定后，进行一次内阻测试，并与厂家提供的数据进行比对。

(3) 经验收无问题后，新蓄电池组正式投入运行。

5. 竣工报告

(1) 竣工后编写工程总结及整理相关资料，进行三级验收进行资料移交。

(2) 移交资料包括蓄电池说明书、出厂试验报告、厂家充放电曲线、产品出厂合格证明及安装单位的蓄电池投运前的充放电记录、工程总结等。

## 4.5.4　单只蓄电池活化

在成组的蓄电池中，由于个别蓄电池的自放电或其他原因，会造成蓄电池电压偏差大、内阻变大或容量不足，而定期的均衡充电并不能解决单只蓄电充容量不足的问题。在出现单只蓄电池容量不足时，应对单只蓄电池进行活化维护。

日常维护中对落后蓄电池进行处理的设备通常是采用蓄电池单体活化仪，它具有电池放电方式、电池充电方式和电池活化等三种独立的使用方式。蓄电池单体活化仪利用高频、低压、大电流，在定向电流的作用下分解紧附在电池极板表面的硫酸铅结晶体，将其重新还原成铅离子，从而实现蓄电池充电及修复功能。

1. 测试准备

(1) 首先确认蓄电池处于脱离系统的状态，然后用充放电电缆按"正"（红色）"负"（黑色）将仪器的正、负极与电池正、负极并接。

(2) 接线时应按照"先仪器，后电池"顺序进行接线，即先接仪器端的连线，后接电池端的连线。

(3) 连接测试仪器电源线，仪器的保护地线应可靠接地。

(4) 再次检查接线是否正确，特别需要注意电池组端子正、负极接线是否正确。

2. 活化作业

活化前设置好活化循环次数、单次活化充放电时间、保护电压等参数，预设的活化循环执行完毕时或人为终止操作均可停止活化过程。

(1) 参数设置包含单节电池的标称容量、电池标称电压选择（2V、6V、12V）、放电小时率、放电电流、终止放电电压下限值、放出容量、放电时长、均充电压、浮充电压、充电电流、浮充转换值、过电压保护、放充电过程次数（最大10次）、充电模式选择（连续：充电过程中采用连续电流方式充电。脉冲：激活电池使用，充电过程中采用脉冲电流方式充电）等。

(2) 启动单只蓄电池活化仪，此时仪器可以根据设定的参数进行自动开始工作。

(3) 测试完毕后，先关闭测试仪电源，再拆除接线。拆线时应先拆除与电池的连线，后拆除与仪器的连线。

# 第5章  DC/DC 变换电源及电力用 不间断电源典型故障诊断与分析

直流变换电源和不间断电源（Uninterruptible Power System，UPS）是变电站交直流电源的重要组成部分。21世纪初交直流一体化电源在变电站逐渐兴起，将直流电源与通信电源、不间断电源共享蓄电池组，通信电源通过 DC/DC 直流变换方式实现。近年来，DC/DC 直流变换电源已从最初的通信直流 DC/DC 变换电源装置，衍生出电力用直流变换电源、双向直流变换电源、通信用直流变换电源、并联直流电源组件等装置，用于母线失电压补偿、并联直流电源系统等交直流电源新兴技术领域。

本章在总结近十年变电站通信用直流变换电源（以下直流变换电源均指通信用直流变换电源）和不间断电源运行维护经验基础上，全面梳理设备运行维护关键点、常见故障形式及分类，给出装置运行的典型故障案例，为变电站交直流电源相关专业技术管理、运维检修人员在设备设计审查、新投验收、运行维护、隐患排查、故障分析及事故处置时提供参考。

## 5.1  直流变换电源故障诊断与分析

通信用 DC/DC 直流变换电源常见故障主要有直流变换模块故障、DC/DC 模块不均流、48V 直流失电、DC 48V 母线过/欠电压告警、直流进线断路器脱扣、馈线断路器跳闸、监控装置故障、指示灯故障、数字表计故障、防雷器故障等，其常见故障及处置方式见表 5-1。

表 5-1　　　　　　　　　直流变换电源常见故障及处置方式

| 序号 | 故障分类 | 故障现象 | 处置方法 |
|---|---|---|---|
| 1 | 直流变换模块故障 | （1）直流变换模块报警灯亮，运行指示灯熄灭、无显示。<br>（2）直流变换模块正常运行时无电流输出。<br>（3）监控装置发模块故障信号 | （1）检查直流变换模块直流输入是否正常，模块运行状态是否正常，若变换模块运行正常则进一步检查监控装置通信是否正常。<br>（2）如直流进线断路器跳闸，应将 DC/DC 直流变换模块退出运行，检查模块是否存在短路等故障，确认无故障后方可投入试送，如模块内部故障则更换直流变换模块。<br>（3）如直流变换模块无电流输出，可根据负荷情况调整模块运行方式，检查模块输出电流是否变化，如直流变换模块不能正常输出，则应更换模块 |
| 2 | DC/DC 模块不均流 | （1）单个模块输出电流显示为 0A。<br>（2）定期测试时，模块不均流度超过±5% | （1）逐个退出方式，检查电流为 0A 的模块是否正常，如故障则应更换模块。<br>（2）检查模块后面的并机通信线是否可靠连接（或插好）。<br>（3）更换测试试验不合格的模块 |

| 序号 | 故障分类 | 故障现象 | 处置方法 |
|---|---|---|---|
| 3 | 48V 直流失电 | （1）监控系统发出通信直流电源消失告警信息。<br>（2）通信直流负载部分或全部失电，光传输设备、数据接口屏、保护接口装置等部分或全部出现异常并失去功能 | （1）通信直流部分消失，应检查直流电源屏侧至通信电源的馈线断路器是否跳闸，接触是否良好，检查无明显异常时可对跳闸断路器试送一次。<br>（2）通信直流母线失电压时，首先检查直流进线断路器是否跳闸，DC/DC 直流变换模块是否正常有无异味，若直流进线断路器跳闸，应对该回路进行检查，在未发现明显故障现象或故障点的情况下，允许合上直流进线断路器试送一次，试送不成功则不得再强送。<br>（3）如因单台 DC/DC 直流变换模块故障导致直流进线断路器越级跳闸，则退出故障 DC/DC 直流变换模块，断开所有馈线断路器，对剩余正常模块逐个试送至系统运行正常后，再逐个恢复馈线输出。<br>（4）如因 220V/110V 直流电源失电引起，应尽快处理直流电源故障并恢复供电。<br>（5）如多台 DC/DC 直流变换模块故障，剩余 DC/DC 直流变换模块不足以承担全部通信负荷，应断开非重要通信负荷，优先保障对重要负荷供电（配置有联络开关的，可合上联络开关），并尽快更换故障 DC/DC 直流变换模块 |
| 4 | DC 48V 母线过/欠电压告警 | （1）后台及监控装置发出 DC 48V 母线过/欠电压信号。<br>（2）DC/DC 直流变换模块异常报警灯亮。<br>（3）DC 48V 母线电压表显示异常 | （1）实测 DC 48V 母线电压是否与报警显示一致，排除误报。<br>（2）如实际存在过/欠电压异常，检查 DC/DC 直流变换模块电压显示，必要时轮流将直流变换模块逐个退出检查，更换故障模块 |
| 5 | 直流进线断路器脱扣 | （1）后台机监控装置发模块故障报警、直流输出故障、直流进线断路器跳闸、48V 母线失电等信号。<br>（2）DC/DC 电源直流进线断路器处于断开位置。<br>（3）DC/DC 直流变换模块无显示，无输出电流 | （1）检查 DC/DC 电源屏直流进线输入侧是否有电，如进线侧直流输入失电压，应检查直流电源馈出回路是否正常。<br>（2）检查各 DC/DC 直流变换模块独立进线断路器（若有）是否跳闸。<br>（3）若单台模块进线断路器跳闸，则退出该模块，检查回路无短路故障后合上直流进线断路器，逐个恢复正常模块运行并检查无异常后逐个恢复馈线负载。<br>（4）如单 DC/DC 直流变换模块未配置独立进线断路器，应将所有 DC/DC 模块退出运行，断开 DC/DC 直流变换电源全部馈线断路器，逐个检查 DC/DC 模块是否存在短路故障，退出故障模块后，逐个恢复正常模块运行后逐个恢复馈线负载。<br>（5）如故障 DC/DC 模块较多，正常模块不足以承担全部负载时，优先恢复光传输设备、保护接口装置等重要负载供电。<br>（6）更换故障模块前，检查模块接线座、进线断路器等无短路故障后安装 DC/DC 直流变换模块，合上模块独立进线断路器，检查模块运行指示灯、电压（电流）显示正常，监控装置通信采样正常，无异常告警 |

| 序号 | 故障分类 | 故障现象 | 处置方法 |
|---|---|---|---|
| 6 | 馈线断路器跳闸 | （1）监控系统发出通信用直流变换电源馈线断路器跳闸告警信号。<br>（2）馈电断路器断开，辅助接点闭合 | （1）检查馈线断路器状态是否正常，电源指示灯是否熄灭。<br>（2）若馈线断路器跳闸，检查回路无明显短路故障后可试送一次，如试送不成功不得再次试送，需查明回路短路故障点并隔离后方可再次合上断路器。<br>（3）若馈线断路器状态正常，输出侧电压正常，则检查辅助接点是否正常；如输出无电压，则检查更换馈线断路器 |
| 7 | 监控装置故障 | （1）监控系统发出通信直流电源监控装置故障告警信息。<br>（2）直流电源监控装置故障灯亮、黑屏 | （1）检查监控装置电源是否正常，合上电源开关或更换电源熔丝。<br>（2）如监控装置故障，不能开机则断开电源熔丝（断路器），更换监控装置 |
| 8 | 指示灯故障 | （1）电源指示灯熄灭。<br>（2）电源空气断路器在合位，输出电压正常 | （1）应戴手套，使用带绝缘柄或经绝缘处理的工具，工作过程中注意加强监护，不得碰触带电体。<br>（2）检查指示灯电压是否正常。<br>（3）拆开的接线应逐个做好绝缘包扎和标记。<br>（4）应更换为同型号的指示灯。<br>（5）更换完毕后应检查接线牢固、正确 |
| 9 | 数字表计故障 | （1）数字表计无显示，或显示不完整。<br>（2）数字表计闪烁。<br>（3）显示值与实测不一致、偏差大 | （1）确认数字表计工作电源是否正常，熔丝是否熔断，若熔断则更换熔丝。<br>（2）如果工作电源正常，熔丝正常，则是表计本身故障，需要更换表计。<br>（3）如表计闪烁，断开其工作电源后重新启动，检查是否恢复正常，如不能恢复则需要更换表计。<br>（4）如显示与实测不一致，按照说明书重新校验，如校验不合格需更换表计 |
| 10 | 防雷器故障 | （1）正常防雷器窗口显示为绿色，异常时显示是红色，确认防雷器窗口显示是红色。<br>（2）防雷器进线端与大地导通 | （1）如果窗口显示红色，更换防雷器。<br>（2）更换防雷器前，检查新更换的防雷器正常。<br>（3）更换防雷器时，需断开防雷器输入端保护开关（若有）。<br>（4）更换防雷器后，合上防雷器输入端保护开关（若有），检查电气回路正常，无接地 |

## 5.1.1　通信用直流变换模块清洁方法不当造成全站通信负载失电

### 1. 案例简述

2017 年，通信运维人员对某 220kV 变电站进行日常除尘工作时，采用电吹风直接对运行中的 DC/DC 直流变换模块进行除尘，造成灰尘窜入模块内部引起直流短路，直流输入总断路器跳闸，导致两套通信 DC/DC 直流变换电源全失电，主干服务器、数据通信网、光端机等设备全部失电，保护通道中断，如图 5-1 所示。

2. 处理情况

（1）故障发生时立即断开通信用 DC/DC 直流变换电源系统全部馈出断路器。

（2）退出全部 DC/DC 直流变换模块，检查 220V 直流输入电源回路是否存在短路故障并隔离。

（3）逐个清理 DC/DC 直流变换模块、屏柜模块接线座，检查确认回路无短路故障。

（4）合上直流输入断路器，逐个投入 DC/DC 直流变换模块进行测试，找出故障模块并隔离，恢复剩余 DC/DC 电源模块运行，如图 5-2 所示。

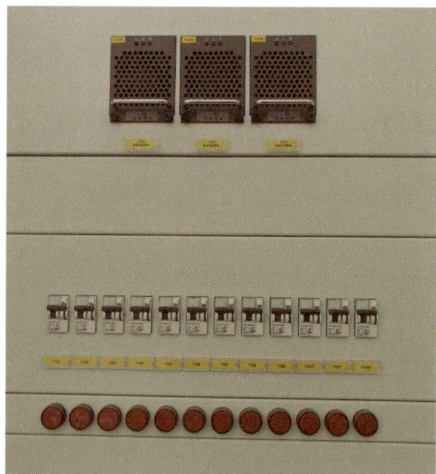

图 5-1　通信用 DC/DC 直流变换电源失电　　　　　图 5-2　隔离故障模块

（5）按照重要程度逐个恢复通信用 DC/DC 直流变换电源馈出负荷。

（6）检查负载运行正常。

3. 原因分析

该 220kV 变电站通信用 DC/DC 直流变换电源系统接线如图 5-3 所示，全站配置 2 套通信用直流变换电源，每套配置 5 台 30A 直流变换模块，直流输入电源经 63A 直流断路器后直接供 5 台直流变换模块，每台直流变换模块未配置独立直流输入断路器。

（1）造成失电事件的直接原因为通信运维人员在对 DC/DC 直流变换模块除尘时，盲目采用电吹风依次对 2 套通信 DC/DC 直流电源系统的运行模块进行吹尘处理，导致模块内部短路故障，引起直流输入总断路器跳闸，模块内部拆解如图 5-4 所示；在 1 套通信用直流变换电源失电时未观察设备运行状态便开展第 2 套设备除尘工作，最终造成两套通信用 DC/DC 直流变换电源全部失电。

（2）造成失电事件扩大的根本原因为每台 DC/DC 直流变换模块未配置独立的直流进线断路器，当发生单台模块内部短路故障时，引起直流输入总断路器跳闸，导致失电。

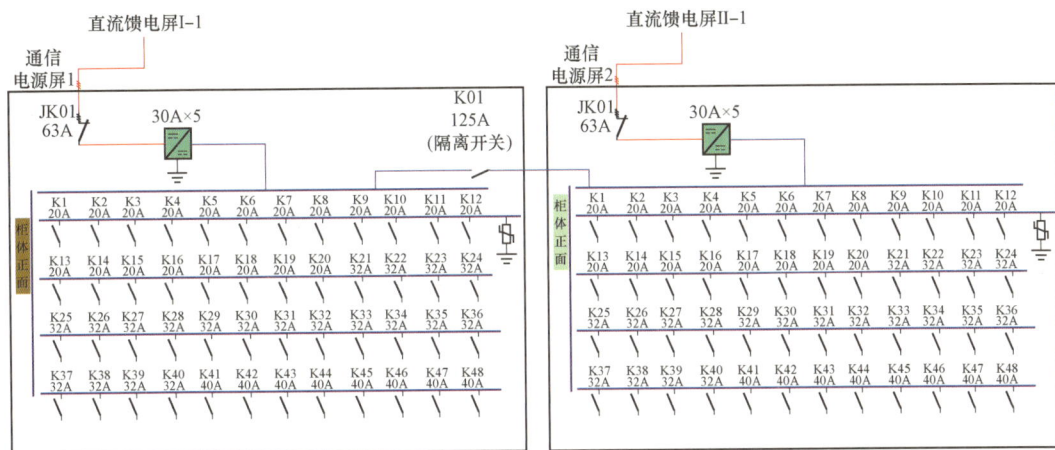

图 5 - 3　通信用 DC/DC 直流变换电源系统接线

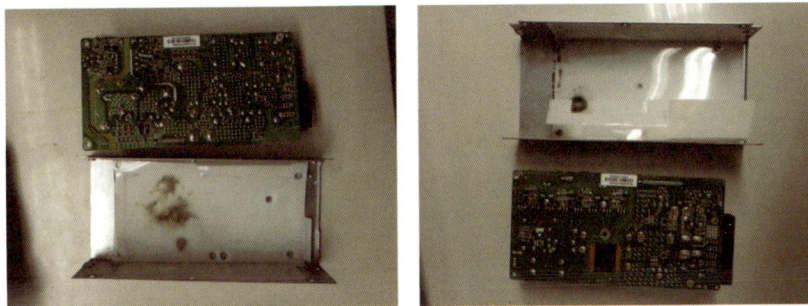

图 5 - 4　故障 DC/DC 直流变换模块拆解

### 4. 防范建议

（1）每台通信用直流变换电源模块直流输入配置独立直流断路器并与直流总输入断路器级差配合。

（2）在对通信用直流变换模块进行除尘等检修工作时，断开模块输入电源，将模块抽出后进行检修，检修完毕检查模块正常、无短路故障后投入运行。

（3）单台通信用 DC/DC 直流变换模块故障引起模块输入断路器跳闸时，不宜试送直流输入断路器，防止试送时越级跳闸导致全部模块失电。

## 5.1.2　直流变换模块故障

【案例 1】多台通信用直流变换模块故障导致通信负载失电。

### 1. 案例简述

2021 年，某 500kV 变电站 4 条 500kV 线路及 10 条 220kV 线路保护装置"通道异常"指示灯亮。经检查，发现 2 号通信电源模块屏管理模块液晶黑屏，10 个通信电源模块运行指示灯正常、输出电压正常（48V），输出电流均为 0A；1 号通信电源模块屏管理模块运行等正常，屏面数显表计显示输出电压为 35V，10 个通信电源模块运行指示灯正常。

运维人员尝试重启 2 号屏管理模块电源，无效果；约 6min 后，管理模块自动恢复，2

号屏 10 个通信电源模块中仅有 00 号和 09 号两个模块有输出，电流均为 30A 左右；检查 1 号屏 10 个通信电源模块仅有 06 号和 07 号 2 个模块有输出，电流均为 30A 左右。约 50min 后，500kV 线路保护通道异常全部复归；1h 后，220kV 线路保护通道异常全部复归。异常期间，检查一体化电源集中监控、后台监控均未发现关于一体化电源及通信电源的任何告警信息。

2. 处理情况

依次轮流更换故障模块：

（1）更换前先断开直流变换模块电源输入断路器，确认模块停运后将模块抽出。

（2）装入新直流变换模块，合上模块直流输入断路器，检查模块运行指示、输出电压、输出电流、对上通信等是否正常，并与监控装置采样数据核对无误。

（3）依次更换输出电流为 0A 的直流变换模块。

（4）全面检查直流变换电源系统运行状态，变换模块输出电压、电流正常，输入、输出断路器位置正确，指示灯状态正常，负载运行正常，无异常报警。

3. 原因分析

2 号通信电源模块屏内电源模块，已运行 8 年，模块内二次电源板元器件老化，影响模块性能稳定，造成部分电源模块电流无法输出，剩余电源模块承担负载增加，长时间运行后，电源模块过热保护启动（电源模块内部测温元件温度达到 75℃时，启动过热保护，中断电流输出），电源模块逐个过热，退出运行，造成通信电源 II 段母线失电压，无电流输出。

通信电源 II 段母线停止电流输出后，全部通信装置转至 I 段母线供电，造成 I 段母线上负荷增加，电源模块满载限压，输出电压下降，导致通信装置不能正常工作。2 号通信电源模块屏内过热后，模块中断输出，电源模块温度逐渐下降后，又自行逐步恢复输出。

（1）造成事件的直接原因为通信一体化电源运行时间长，电源模块内二次电源板元器件老化，影响模块性能稳定，造成部分电源模块电流无法输出，模块保护控制策略出现不确定性，且缺乏检测手段。

（2）造成事件扩大的根本原因为产品设计考虑不周，电流无输出、电压异常等电源模块输出异常时，模块本体和管理模块均无告警信息和告警记录，无法有效提醒运维人员及时关注和处理。

4. 防范建议

（1）完善通信用 DC/DC 直流变换模块规范，通信用 DC/DC 直流变换模块应具备故障指示、报警指示、运行指示及电压和电流显示等功能。

（2）改造通信用 DC/DC 直流变换电源系统，增加独立监控装置，直流变换模块更换为具备故障指示、报警指示、运行指示灯及电压、电流显示功能的模块。

（3）完善通信用直流变换电源遥测及报警信号，加强对直流变换模块输出电流的监视和巡视检查，模块输出电流为 0A 时立即进行检查处理。

【案例 2】直流变换模块故障。

1. 案例简述

某年，某 220kV 变电站按计划加装单台 DC/DC 直流变换模块进线开关，现场退出 DC/DC

直流变换模块，加装好进线开关后，合上直流变换模块的直流输入开关时，4 号直流变换模块无显示不工作，直流监控报 4 号直流变换模块通信中断，测量直流输入电源正常，多次分合闸加装的直流输入开关 4 号直流变换模块同样无显示不工作，其他直流变换模块上电工作正常。

2. 处理情况

（1）断开直流变换模块电源输入断路器，确认模块停运后将模块退出。

（2）装入新直流变换模块，合上模块直流输入断路器，检查模块运行指示、输出电压、输出电流、对上通信等是否正常，并与监控装置采样数据核对无误。

（3）全面检查直流变换电源系统运行状态，变换模块输出电压、电流正常，输入、输出断路器位置正确，指示灯状态正常，负载运行正常，无异常报警。

3. 原因分析

通过查询到设备铭牌上的出厂日期确为 2013 年 7 月，设备正常运行超过 9 年，通过将直流变换模块退回厂家检查分析确定为直流变换模块内控制电路板上的元器件电容老化，电容顶部有明显凸出现象，维修工程师更换故障电容后模块工作正常。

4. 防范建议

（1）定期开展 DC/DC 直流变换模块轮停检修，检查模块功能是否正常。

（2）加强 DC/DC 直流变换电源系统巡视，及时发现输出异常模块并处置。

## 5.2　电力用交流不间断电源故障诊断与分析

交流不间断电源常见故障主要有交流输入故障、直流输入故障、旁路输入故障、UPS 装置故障、静态切换开关故障、UPS 频繁转旁路工作等，其常见故障及处置方式见表 5-2。

表 5-2　　　　　　　　　　　　电力用不间断电源常见故障及处置方式

| 序号 | 故障分类 | 故障现象 | 处置方法 |
|---|---|---|---|
| 1 | 交流输入故障 | （1）监控系统发出 UPS 装置市电交流失电告警。（2）UPS 装置蜂鸣器告警（如有），市电指示灯灭，装置面板显示切换至直流逆变输出 | （1）检查 UPS 装置已自动转为直流逆变输出，输入、输出电压及电流指示是否正常。（2）检查 UPS 装置是否过载，各负荷回路对地绝缘是否良好。（3）检查交流主路输入断路器状态、输入电压是否正常。（4）若交流输入正常，则需对整流单元进行检查处理。（5）若交流输入断路器跳闸，可进行试送，如试送不成功应对 UPS 模块进行检查处理 |
| 2 | 直流输入故障 | （1）监控系统发出 UPS 装置直流失电告警。（2）UPS 装置蜂鸣器告警（如有），直流输入指示灯灭，装置面板显示直流输入故障或电池欠电压等 | （1）检查 UPS 输入、输出电压及电流指示是否正常。（2）检查 UPS 直流输入断路器、直流馈电屏侧至 UPS 的馈出断路器状态是否正常。（3）若直流输入断路器跳闸，应检查回路是否存在短路故障，未查明原因前不得试送 |

| 序号 | 故障分类 | 故障现象 | 处置方法 |
|---|---|---|---|
| 3 | 旁路输入故障 | （1）监控系统发出 UPS 装置旁路故障告警。<br>（2）UPS 装置蜂鸣器告警（如有），旁路输入指示灯灭，装置面板显示旁路输入故障，旁路输入电压表显示无电压等 | （1）检查 UPS 输入、输出电压及电流指示是否正常。<br>（2）检查 UPS 旁路输入断路器、交流电源屏侧至 UPS 的馈出断路器状态是否正常。<br>（3）若旁路输入断路器跳闸，应检查回路是否存在短路故障，未查明原因前不得试送 |
| 4 | UPS 装置故障 | （1）监控系统发出 UPS 装置故障、过载、逆变故障等告警。<br>（2）UPS 装置蜂鸣器告警（如有），装置故障、过载或逆变异常指示灯亮，装置面板显示装置故障、过载或逆变故障 | （1）检查 UPS 旁路供电，输出电压及电流指示是否正常。<br>（2）UPS 装置逆变是否正常，若逆变异常，故障处理前不得操作站用交流电源系统自动切换装置。<br>（3）若不间断电源模块故障，则更换不间断电源模块，缺陷处理前不得开展站用交流电源系统切换操作 |
| 5 | 静态切换开关故障 | 逆变输出转旁路、旁路转逆变输出不成功或造成负载失电 | （1）若逆变故障后不能转旁路供电、旁路供电状态不能正常转逆变故障时，断开不间断电源输出断路器，合上检修旁路断路器，检查更换静态切换开关。<br>（2）若逆变正常，但不能转旁路供电，申请负荷停电（转移）后检查更换静态切换开关 |
| 6 | UPS 频繁转旁路工作 | （1）UPS 装置显示工作在旁路状态。<br>（2）人为转换到逆变状态，一段时间后又会转入旁路运行 | （1）检查 UPS 装置是否存在过载、过热等，UPS 装置是否故障，散热风扇是否正常运行。<br>（2）如因积灰严重、散热风扇故障等导致装置过热，将装置转为旁路供电后清理灰尘，更换散热风扇，如 UPS 模块内部风扇故障，需将 UPS 转检修旁路供电后，对 UPS 模块散热风扇进行更换。<br>（3）若因装置过载，检查 UPS 负载情况，将非重要负载改接由站用交流电源系统直接供电，如双套 UPS 配置时可调整 UPS 装置负载分配，使其均衡，若调整后 UPS 容量仍不足以为承担负载，需按照负载重要程度将非重要负载临时转出由站用交流电源供电，校核并尽快更换大容量不间断电源装置。<br>（4）若 UPS 装置故障，需更换 UPS 主机 |
| 7 | UPS 内部直流接地 | （1）UPS 装置投入后，直流操作电源系统报接地。<br>（2）绝缘监测装置显示 UPS 供电回路存在直流接地。<br>（3）直流操作电源正负母线对地电压不平衡 | （1）检查 UPS 直流输入回路电缆是否存在破损、进线端子是否存在误搭接、直流电源表计等是否存在接地故障，若存在接地需尽快隔离。<br>（2）若为 UPS 装置内部接地，需申请将 UPS 转检修旁路供电后，退出 UPS 装置进行检修或更换主机 |

续表

| 序号 | 故障分类 | 故障现象 | 处置方法 |
|---|---|---|---|
| 8 | UPS 投运后造成直流操作电源母线纹波电压变大 | （1）UPS 装置投入后，直流操作电源系统母线纹波电压变大。<br>（2）如果配置纹波电压测量装置，显示值异常或异常波动。<br>（3）如果配置数字电压测量表计，表计显示尾数为频繁变化 | （1）直流输入是否完全隔离。<br>（2）投入 UPS 工作后用万用表测试直流母线纹波电压（或交流成分），然后退出 UPS 测量直流母线纹波电压（或交流成分）。两次测定的数据进行比较，确认 UPS 是否输出纹波电压；如果是，则需要更换 UPS |
| 9 | 监控装置故障 | （1）UPS 监控装置黑屏、花屏。<br>（2）监控装置有电源指示，但屏幕没有信息显示。<br>（3）监控装置部分数据显示缺失，无法采样 | （1）检查监控装置工作电源是否正常，电源回路断路器是否跳闸，熔断器是否熔断，若为监控装置失电可检查接线、监控装置输入侧无短路故障后，合上电源断路器或更换熔丝进行试送，如试送不成功则判断为监控装置内部故障，不得再次试送，需更换监控装置。<br>（2）若监控装置电源正常而屏幕无显示，检查监控装置通信等接线是否可靠，若仍无显示，则更换监控装置。<br>（3）若监控装置部分采样数据缺失，检查采样接线是否牢靠，各采样单元模块电源指示是否正常、熔断器是否熔断，若采样模块故障则需更换相关模块 |

## 5.2.1　不间断电源启动冲击电流过大导致直流馈出断路器跳闸

1. 案例简述

2021 年，某 500kV 变电站交流不间断电源改造时，工作人员验收过程中发现单独投入不间断电源旁路输入断路器或直流输入断路器时，站用交流配电屏侧或直流馈线屏侧断路器跳闸，经检查回路无故障，在故障跳闸后再次合闸成功。

2. 处理情况

（1）检查直流馈线至 UPS 的断路器、站用交流配电屏至 UPS 的断路器均正常。

（2）检查 UPS 电源直流输入总断路器、交流输入总断路器、旁路输入断路器正常。

（3）检查回路无短路故障。

（4）UPS 电源直流输入、交流输入断路器短时间内再次合闸正常，判断为启动电流过大导致直流输入/交流输入断路器跳闸。

（5）增加限流装置，将启动电流限制在 DL/T 1074—2019《电力用直流和交流一体化不间断电源》"由于启动引起 UPS、INV、电力用 DC/DC、双向 DC/DC 和通信用 DC/DC 的直流输入冲击电流不应超过的输入电流的 150％"要求值以下，直流输入断路器/交流输入断路器合闸时正常。

### 3. 原因分析

该新装交流不间断电源设备容量为 15kVA，经测试当交流不间断电源启动时，三相交流输入的相电流最大超过 300A，单独合上旁路输入断路器时冲击电流最大超过 700A，单独合直流输入断路器启动时最大冲击电流超过 900A，直流馈电屏侧馈出断路器为 80A，不间断电源启动冲击电流超过断路器脱扣电流引起直流屏馈出断路器跳闸，测试结果如图 5 - 5 所示。

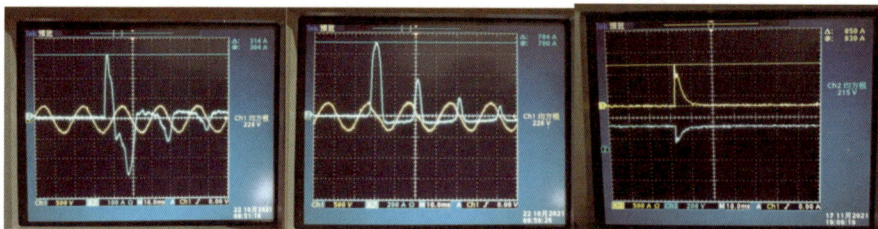

图 5 - 5　不间断电源启动电流测试

### 4. 防范建议

（1）严格执行 DL/T 1074—2019《电力用直流和交流一体化不间断电源》"由于启动引起 UPS、INV、电力用 DC/DC、双向 DC/DC 和通信用 DC/DC 的直流输入冲击电流不应超过的输入电流的 150%。"的规定。

（2）开展不间断电源启动校核，在站用配电屏侧采用具有短延时整定功能的电子脱扣断路器，在满足回路灵敏度的同时躲过回路启动电流的影响。

## 5.2.2　不间断电源馈出回路短路导致装置关机切旁路运行

### 1. 案例简述

2022 年，某 500kV 变电站施工单位开展保护屏二次压板智能防误操作系统加装工作，施工单位调试交换机在不间断电源负载设备"智能辅助控制主机屏"的插线板上搭接电源时，引起 UPS 电源1、UPS 电源2 故障停止逆变并转旁路供电运行，后台发"UPS 逆变异常"报警信号。

### 2. 处理情况

（1）检查 UPS 电源1屏"运维工作柜"、UPS 电源2屏"运维工作柜"馈出回路、"智能辅助控制主机屏"内无短路故障。

（2）按下 UPS 电源模块开机按钮，重新启动不间断电源，检查 UPS 电源启动后自动转逆变运行正常。

（3）逐个合上 UPS 电源1屏"运维工作柜"、UPS 电源2屏"运维工作柜"馈出空开，检查负载设备运行情况正常。

### 3. 原因分析

施工单位在搭接电源时，因新装的交换机内部存在短路故障，当接入1号插线板搭接电源时导致 UPS 电源1屏"运维工作柜"空气断路器跳闸，UPS 电源1模块自保护停止逆变并转旁路输出运行；现场作业人员误认为该插线板无电，又在2号插线板搭接电源，造成

UPS电源2屏"运维工作柜"空气断路器跳闸，同时引起UPS电源2模块保护停止逆变并转旁路输出，如图5-6～图5-8所示。

4．防范建议

（1）不间断电源负载搭接前应检查负载设备正常，无内部短路等故障，关闭装置电源开关。

（2）搭接电源时应先测试并确认接线板、端子电压正常后搭接工作电源。

（3）如有异常情况，在查明原因前不得继续工作，防止扩大故障范围。

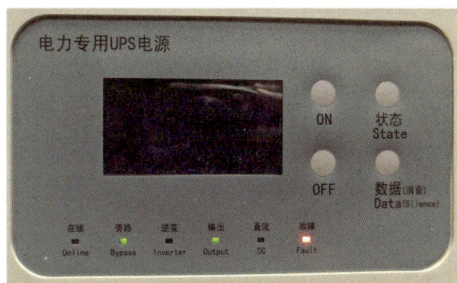

图5-6 UPS电源逆变故障

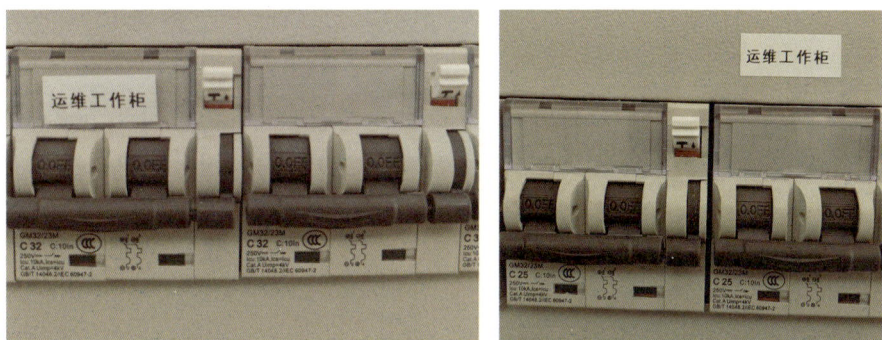

图5-7 智能辅控馈出回路

图5-8 智能辅助控制主机屏插线板

## 5.2.3 不间断电源并机操作不当导致烧毁模块

1．案例简述

2018年，某110kV、220kV变电站均发生一台UPS故障返修，另一台UPS正常运行（接线方式为双主机分段接线运行方式），期间UPS所供负荷通过空气断路器并入正常运行的UPS输出上，保证负荷不失电。待故障机维修完成后，再次并入系统，步骤如下：接好故障机接线→合上输入空气断路器调试合格→合上输出空气断路器。在合上输出空气断路器后，故障机再次故障熄屏。

2. 处理情况

（1）断开故障 UPS 模块交流输出断路器。

（2）断开故障 UPS 模块交流输入断路器、旁路输入断路器及直流输入断路器。

（3）检查 UPS 内部是否存在短路故障，并机线是否接好。

（4）合上故障 UPS 模块交流输入断路器，按下开机按钮，无法开机，断开故障 UPS 模块交流输入断路器。

（5）检查两台 UPS 模块交流旁路输入，取自不同交流母线段。

（6）退出故障 UPS 模块并返厂维修。

3. 原因分析

两台 UPS 并机运行时，其旁路输入应取自同一交流母线段，交流输出的电压、频率、相位均应保持一致，否则可能烧毁 UPS 模块。案例中，UPS 已调试运行正常，在合上 UPS 输出空气断路器时，UPS 模块再次故障，说明在装置并机过程中被烧毁。

4. 防范建议

（1）不得将不具备并机功能的 UPS 并机运行。

（2）并机运行的两台 UPS 模块交流旁路输入应取自同一段交流母线段。

（3）启动并机前应检查并接好并机线。

### 5.2.4　不间断电源交流输入配置漏电保护导致频发市电故障

1. 案例简述

2020 年，某 110kV 变电站一台 UPS 频发市电故障，期间收到检修任务赶往现场，发现站用电屏侧 UPS 电源交流输入回路断路器跳闸。

2. 处理情况

（1）检查 UPS 电源交流输入正常，UPS 电源模块正常。

（2）检查 UPS 电源交流输入回路无短路故障。

（3）检查站用交流屏至 UPS 电源回路串有漏电保护器，对该交流回路进行改造，取消漏电保护器后恢复正常。

3. 原因分析

经检查发现，该故障 UPS 交流输入端在交流屏内串接有漏电保护器，由于该地区频降暴雨，导致漏电保护器跳闸，使得 UPS 交流输入断开，故频发故障。

4. 防范建议

（1）站用交流系统重要负荷回路不应采用具有漏电保护功能的断路器。

（2）交流不间断电源交流主路输入、旁路输入回路不得采用具有漏电保护功能的断路器且不应在回路中串接漏电保护电器。

### 5.2.5　逆变器过载造成运行状态变化

1. 案例简述

某年，某变电站开启站内 8 个小室的应急负荷，逆变器报设备过载，从逆变状态转旁路运行，只合闸其中几个小室的设备，应急负荷正常。

2. 处理情况

（1）更换大容量的逆变器，使其能带全部负荷。

（2）选择性的开启应急负荷。

3. 原因分析

（1）逆变器的容量为10kVA。

（2）应急负荷统计见表5-3。

**表5-3** ×××站应急负荷统计

| 序号 | 名称 | 逆变器显示负载率 | 备注 |
|---|---|---|---|
| 1 | 主控通信楼 | 53% | 只合闸本小室应急负荷 |
| 2 | ×××继电保护室二 | 19% | 只合闸本小室应急负荷 |
| 3 | ×××kV继电保护室三 | 19% | 只合闸本小室应急负荷 |
| 4 | 综合继电保护室 | 21% | 只合闸本小室应急负荷 |
| 5 | ×××继电保护室一 | 17% | 只合闸本小室应急负荷 |
| 6 | ×××继电保护室二 | 17% | 只合闸本小室应急负荷 |
| 7 | 交直流配电室、35kV开关室和蓄电池室 | 45% | 只合闸本小室应急负荷 |
| 8 | ×××继电保护室一 | 19% | 只合闸本小室应急负荷 |
| 累计汇总 | | 210% | |

（3）统计对应急负荷LED灯的负荷统计实际负荷远大于招标及设计容量。

（4）初步怀疑LED灯的功率因数和实际标识有差异。故开启交直流配电室、35kV开关室和蓄电池室的事故照明灯，输出电压232V，实测输出电流为10.2A，逆变器负载率为45%，由此可见LED灯的功率因数较低导致。

4. 防范建议

（1）新建时应按照设计规范要求开展UPS负荷统计计算。

（2）改扩建时应对UPS负荷及容量进行复核，确认UPS容量满足需要。

# 第6章 交直流电源系统故障诊断与运维新技术

## 6.1 交流电源系统故障诊断新技术

### 6.1.1 剩余电流监测原理

#### 1. 单电源供电方式

变电站照明电源、场地检修电源等回路多采用单电源供电，其剩余电流监测基本原理如图 6-1 所示。

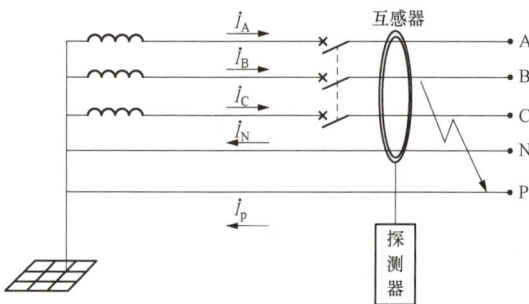

图 6-1 剩余电流监测基本原理

图 6-1 中 $I_A$、$I_B$、$I_C$ 为相电流，$I_N$ 为中性线电流，$I_p$ 为相线在对地剩余电流。根据基尔霍夫定律，流入任一封闭面电流有效值相量之和等于零。

在正常情况下

$$\dot{I}_A + \dot{I}_B + \dot{I}_C = -\dot{I}_N \tag{6-1}$$

当发生相对地剩余电流时

$$\dot{I}_A + \dot{I}_B + \dot{I}_C = -(\dot{I}_N + \dot{I}_p) \tag{6-2}$$

重新组合时

$$\dot{I}_A + \dot{I}_B + \dot{I}_C + \dot{I}_N = \dot{I}_p \tag{6-3}$$

由式（6-3）可见，探测器监测到的数值大小即反映了监测回路中电流的泄漏情况。

#### 2. 双电源供电方式

为提升供电可靠性，变电站直流电源、通信电源、主变压器冷控等回路采用双电源供电，为保证正常供电，需将两路电源零线并接，如图 6-2 所示。

在正常情况下

$$\dot{I}_{A1} + \dot{I}_{B1} + \dot{I}_{C1} = -\dot{I}_{N1} \tag{6-4}$$

在两路电源共零排时

$$\dot{I}_{A1} + \dot{I}_{B1} + \dot{I}_{C1} = -(\dot{I}_{N1} + \dot{I}'_{N1}) \tag{6-5}$$

由式（6-5）可知，双电源供电回路存在共零时，由于零线分流作用，使得单电源的采样方式下探测器的值无法反映回路真实绝缘状态。

#### 3. 双电源剩余电流监测原理

双电源回路发生相对地剩余电流 $I_p$ 时，互感器对两个回路的监测方式如图 6-3 所示。

将式（6-3）和式（6-5）中的零线电流分开监测

$$(\dot{I}_{A1} + \dot{I}_{B1} + \dot{I}_{C1} + \dot{I}_{N1}) + \dot{I}'_{N1} = \dot{I}_p \tag{6-6}$$

由式（6-6）可知，回路实际剩余电流值应为主供电回路互感器 1 和备供电回路互感器

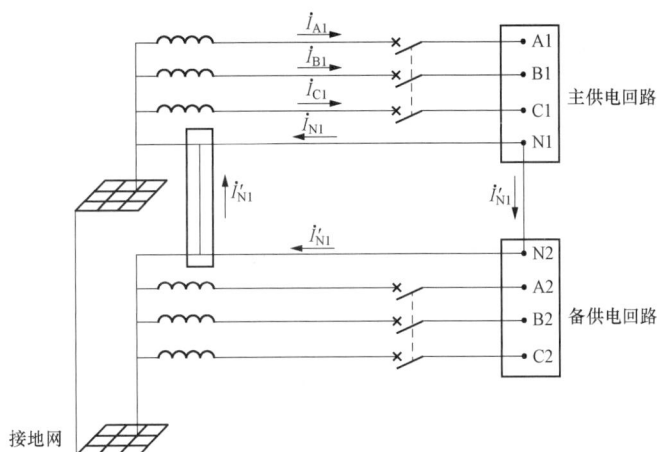

图 6 - 2　双电源共零回路

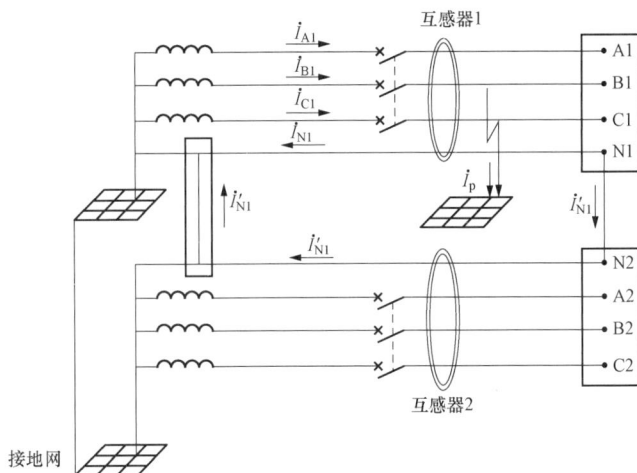

图 6 - 3　共零回路剩余电流监测

2 监测值的矢量和。

## 6.1.2　双电源共零回路矢量合成方法

由于负载的启停和负荷变化，导致 N 线的不平衡电流分量 $\dot{I}_{N1}$ 和 $\dot{I}'_{N1}$ 也在动态变化，所以互感器 1 和互感器 2 需要在同一时刻下做矢量和才有意义。

1. 二次信号并联合成法

剩余电流互感器是依据电磁感应原理将穿过互感器的电流 $\dot{I}_{in}$ 转换成二次侧小电流 $\dot{I}_{out}$ 的仪器，如图 6 - 4 所示，如果励磁损耗不计，则

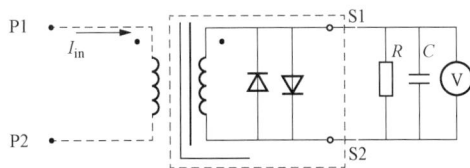

图 6 - 4　剩余电流互感器监测原理

$$\dot{I}_{in} \times n_1 = \dot{I}_{out} \times n_2 \qquad (6 - 7)$$

其中 $n_1$ 和 $n_2$ 分别为一、二次线圈的匝数，通常 $n_1 = 1$，$n_2 = 2000$。

将互感器1和2的输出端并在一起，利用二次电流信号 $\dot{I}_1$、$\dot{I}_2$ 在同一端口自动合成 $\dot{I}_p$，由于矢量和不经过器件转换，信号同步性及合成精度高，如图6-5所示。

在做单电源回路监测时，相零线距离较远、安装困难时，也可以采用该方式进线相零合成剩余电流，如图6-6所示。

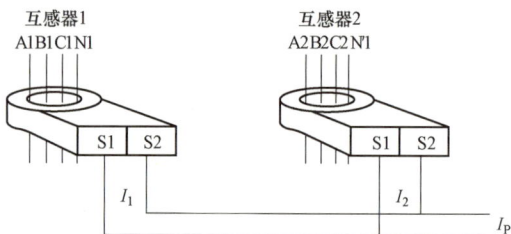

图6-5　共零回路互感器二次合成方式　　　　图6-6　相零电流互感器二次合成方式

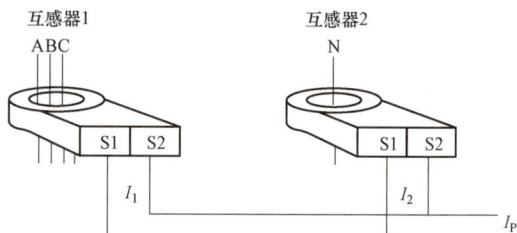

### 2. 幅值计算法

监测回路状态稳定时，$\dot{I}_1$、$\dot{I}_2$ 与传输线上的电压具有稳定的相位角，如图6-7向量合成原理。

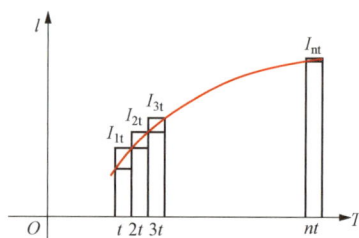

在某个时刻

$$\dot{I}_1 = |\dot{I}_1|\cos(W_1 t + \theta_1) \tag{6-8}$$

$$\dot{I}_2 = |\dot{I}_2|\cos(W_2 t + \theta_2) \tag{6-9}$$

在 $W_1 t = W_2 t$ 时，剩余电流的幅值计算

$$|\dot{I}_p| = \sqrt{|\dot{I}_1|^2\cos^2\theta_1 + 2|\dot{I}_1||\dot{I}_2|\cos\theta_1\cos\theta_2 + |\dot{I}_2|^2\cos^2\theta_2} \tag{6-10}$$

由式（6-10）可知，监测互感器1和互感器2二次电流幅值以及与同参考电压的相角即可计算出该时刻的剩余电流值。

由于相角在某个时刻下监测所得，而幅值在一至多个周期内计算，因此该方法适用于稳定状态下的剩余电流监测。

### 3. 波形叠加法

互感器的二次电流信号 $\dot{I}_1$、$\dot{I}_2$ 在AD转换芯片的处理下分解为离散的数字信号，如图6-8所示。数字信号在同样的处理频率下，按时间或点位进行叠加运算，计算矢量和的幅值即为剩余电流 $|\dot{I}_p|$。

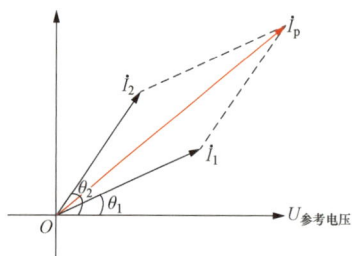

图6-7　向量合成原理　　　　　　　图6-8　模拟信号分解

互感器 1 电流 $\dot{I}_1$ 信号分解

$$I_1(t) = \sum_{n=1}^{\infty} |\dot{I}_1| \cos(nW_1 t + \theta_1) \tag{6-11}$$

互感器 2 电流 $\dot{I}_2$ 信号分解

$$I_2(t) = \sum_{n=1}^{\infty} |\dot{I}_2| \cos(nW_2 t + \theta_2) \tag{6-12}$$

互感器 1 和互感器 2 信号合成

$$I_p(t) = \sum_{n=1}^{\infty} \big[ |\dot{I}_1| \cos(nW_1 t + \theta_1) + |\dot{I}_2| \cos(nW_2 t + \theta_2) \big] \tag{6-13}$$

$\dot{I}_p$ 数字信号合成原理如图 6-9 所示。

在同样的 AD 处理方式下 $W_1 = W_2 = W$，剩余电流的幅值计算

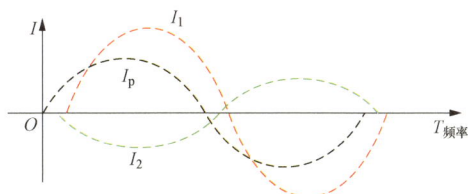

图 6-9　$I_p$ 数字信号合成原理

$$|I_p| = \sqrt{\frac{1}{n} \sum_{n=1}^{n} \big[ |\dot{I}_1| \cos(nWt + \theta_1) + |\dot{I}_2| \cos(nWt + \theta_2) \big]^2} \tag{6-14}$$

**4. 三种方法的比较**

以上三种共零回路矢量合成方法优缺点见表 6-1，在实际应用中可以根据具体情况进行选择。

表 6-1　　　　　　　　　　三种共零回路矢量合成方法优缺点

| 方法 | 二次信号并联合成法 | 幅值计算法 | 波形叠加法 |
|---|---|---|---|
| 优点 | (1) 实时性高。<br>(2) 精度高 | (1) 安装相对简单。<br>(2) 传输数据少。<br>(3) 软件配置共零回路 | (1) 安装简单。<br>(2) 波形还原度高、精度高。<br>(3) 软件配置共零回路 |
| 缺点 | (1) 安装复杂、需要跨屏二次联络线。<br>(2) 安装完成后不方便调整 | (1) 需要接入参考电压；参考电压为零时无法计算。<br>(2) 只能计算稳定状态下的剩余电流 | 传输的数据量大，传输时间较长 |

## 6.1.3　站用交流电源剩余电流监测方法

**1. 剩余电流监测装置的组成结构**

剩余电流监测装置由剩余电流监测主机、信号处理单元和剩余电流互感器组成。在改造站中剩余电流监测主机通常由独立的监控屏和相关的通信模块组成，用于剩余电流监测信息的本地显示、监控管理以及远程数据监控；在新建站中，剩余电流监测信息与其他交流信息被一起上传到交流总监控装置或交直流电源一体化监控装置进行显示和管理，监测数据通过交直流电源一体化监控装置上传到远程监控平台。

监控终端用于剩余电流互感器的信号处理，处理数据上传到剩余电流监测主机进行统一调用、分配组合，完成馈线电流的数据监测和共零馈线数据的配置计算合成，剩余电流监测装置组成如图 6-10 所示。

2. 剩余电流监测系统方案

剩余电流监测装置能够完成集中接地点电流监测、馈线剩余电流监测、长电缆剩余电流监测等方案配置，系统方案如图 6-11 所示。

3. 剩余电流监测装置主要功能

剩余电流监测装置通常能够完成以下主要功能：

（1）剩余电流数据监测和告警。

（2）剩余电流历史数据曲线查看和存储。

（3）剩余电流监测装置对于非重要回路可出口控制断路器跳闸。

（4）剩余电流互感器断线短线在线监测。

（5）剩余电流越限故障录波。

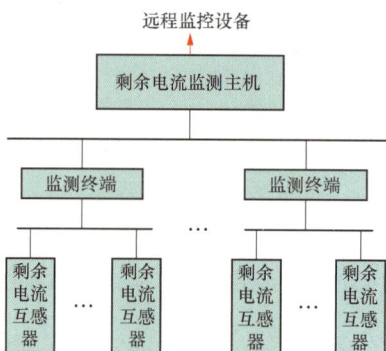

图 6-10  剩余电流监控装置基本组成

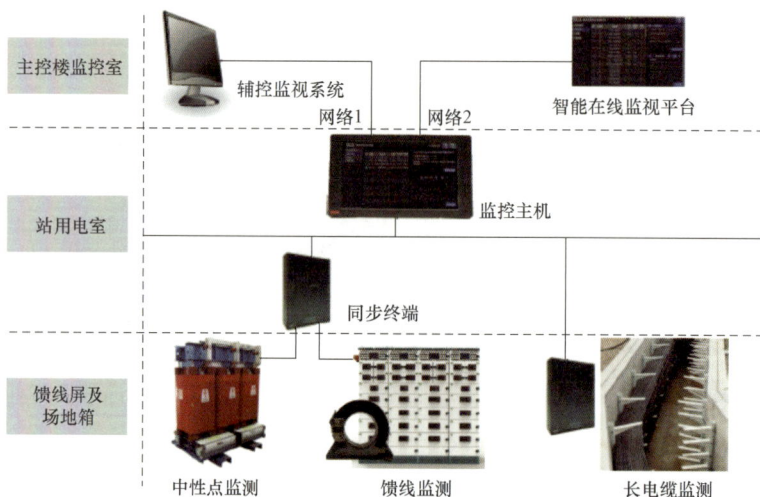

图 6-11  剩余电流监测系统方案

4. 站用交流电源剩余电流监测方案选择

（1）在 TN-S 的集中接地处加装剩余电流监测装置，监测全站的剩余电流，具体如图 6-12 和图 6-13 所示。

适用范围：TN-S 系统及非典型 TN-S 系统。

优点：对在运变电站改造量小，只需解除 PEN/N 线重复接地即可。

缺点：只能对全站剩余电流进行监测，无法故障选线，无法动作跳闸，发现问题需要运检人员现场处置，异常处置速度慢；全站剩余电流背景值大，整定值需要根据各站实际运行经验调整。

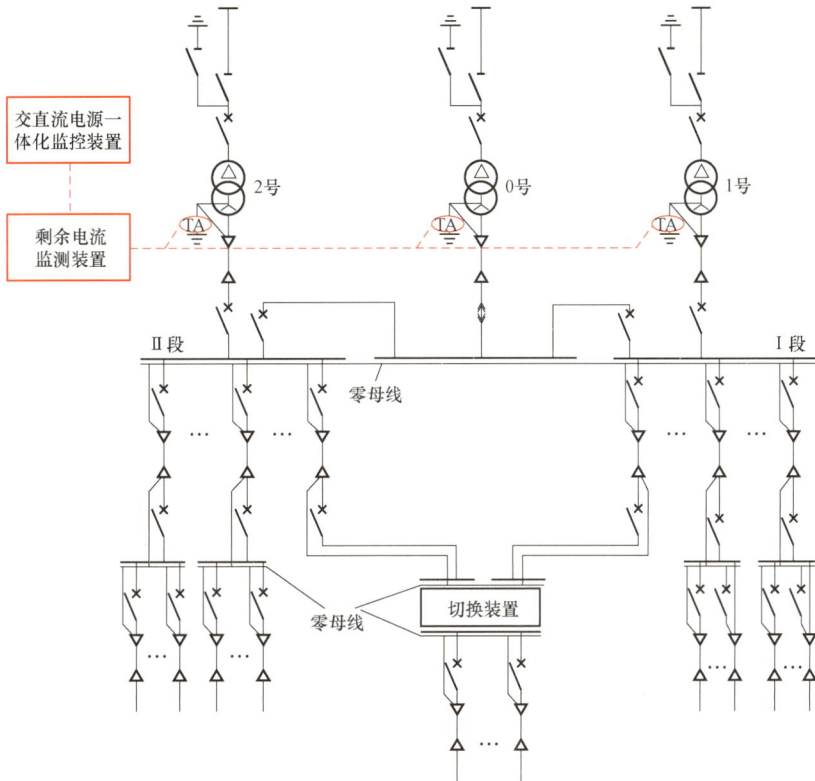

图 6-12 站用变低压侧中性点接地电流监测

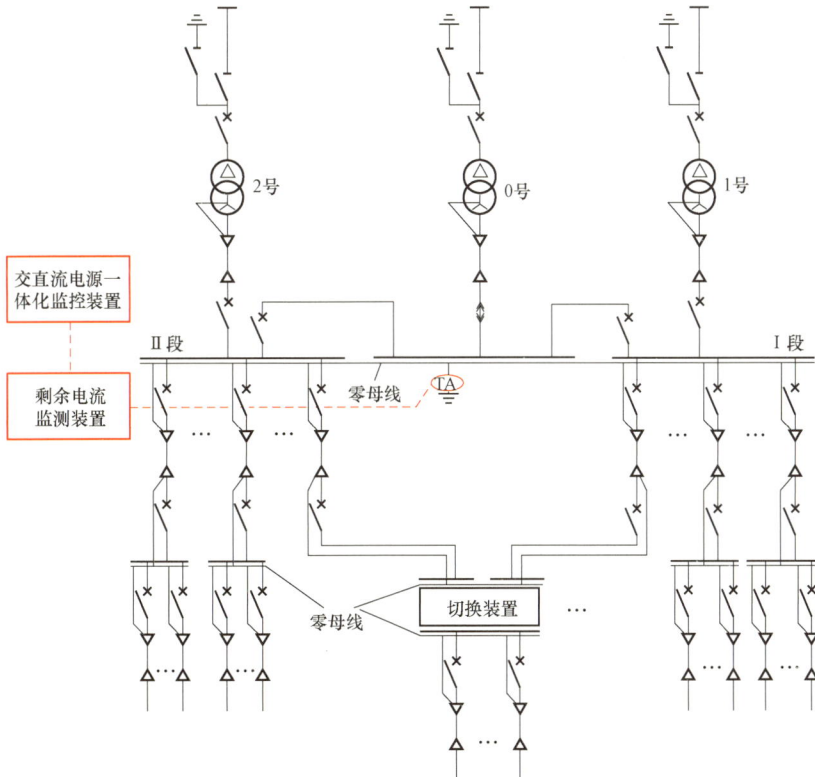

图 6-13 站用配电屏一点接地电流监测

（2）在变电站低压交流电源系统馈线处加装剩余电流监测装置，监测每回馈线的剩余电流情况，单电源回路可直接监测，共零回路通过装置计算矢量和的方式解决，具体如图 6-14 所示。

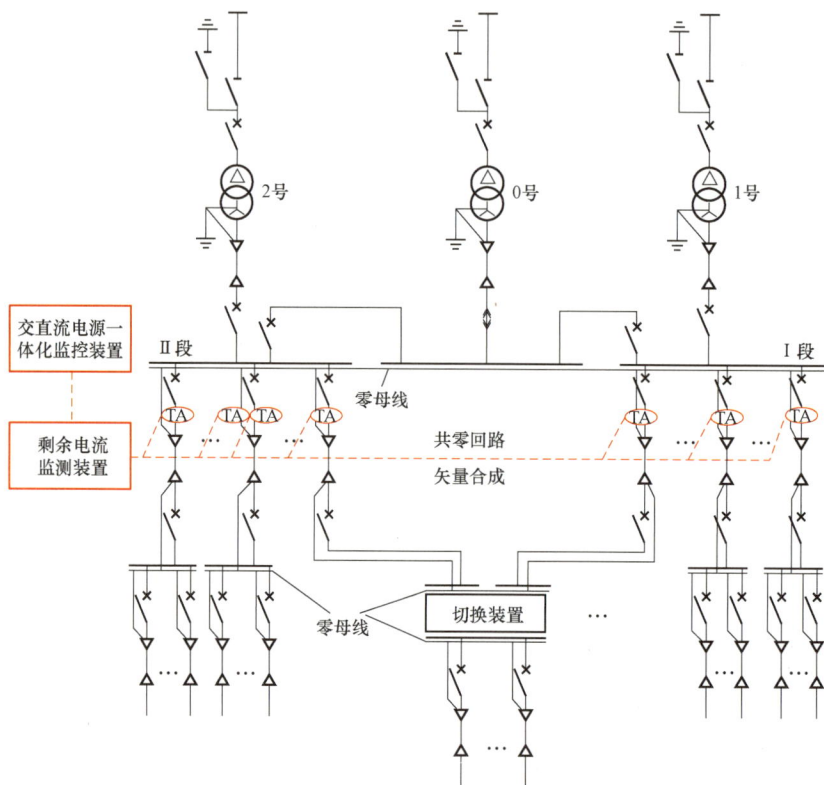

图 6-14　馈线回路剩余电流监测

适用范围：TN-S 系统及非典型 TN-S 系统。

优点：监测所有馈线剩余电流，可进行故障选线，可应用于断路器跳闸，能够快速隔离故障；单回馈线剩余电流背景值小，有规范标准依据。

缺点：在运变电站改造量大，需解除 PEN/N 线重复接地，用单只 TA 采集剩余电流，现场安装难度大，用两只 TA 采集剩余电流，TA 的量程和精度要求高。

（3）在动力长电缆首末两端加装剩余电流监测装置，并通过计算矢量和的方法直接得出电缆本身的剩余电流，具体如图 6-15 所示。

适用范围：所有变电站。

优点：可监测电缆本体绝缘状况，对接地方式无要求，无需改造接地方式；可应用于断路器跳闸，能够快速隔离故障。

缺点：电缆两端剩余电流采集与合成难度大；全站需布设大量线缆。

（4）在动力长电缆首末两端铠装加装铠装层接地电流监测装置，并通过计算矢量和的方法直接得出电缆铠装层接地电流，具体如图 6-16 所示。

适用范围：所有变电站带铠装的电缆。

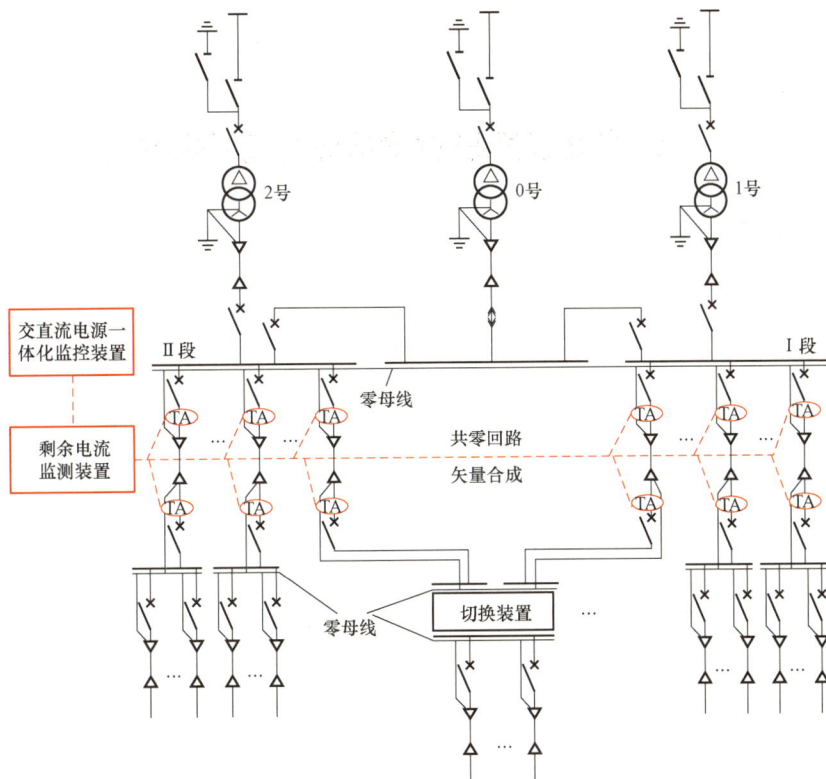

图 6-15　长电缆首末端电流监测

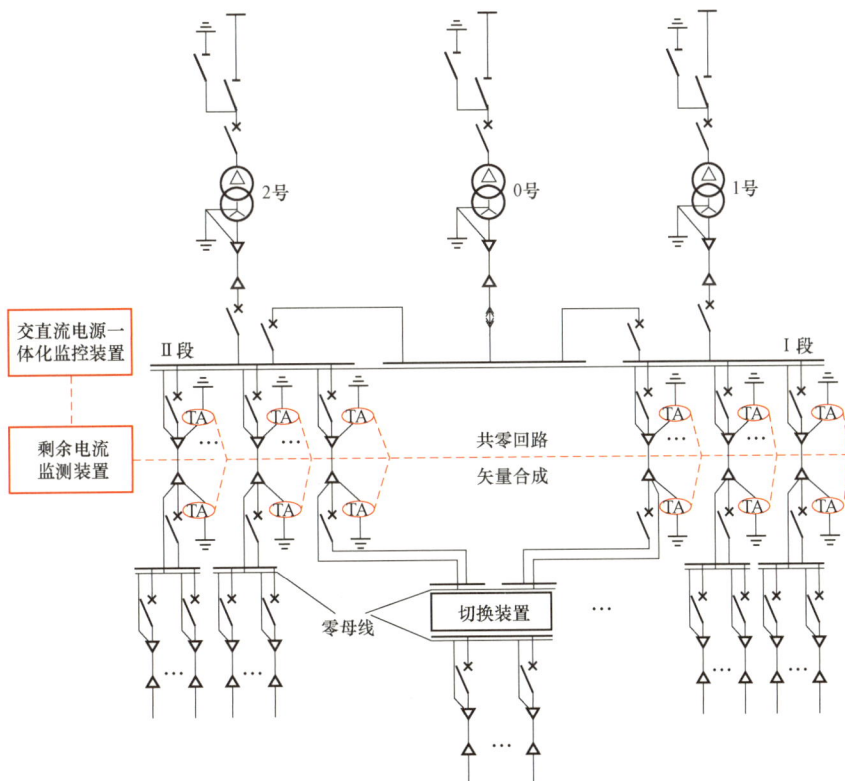

图 6-16　铠装层接地电流监测

优点：可应用于断路器跳闸，能够快速隔离故障。

缺点：电缆两端剩余电流采集与合成难度大；全站需布设大量线缆。

# 6.2 直流电源系统故障诊断与运维新技术

## 6.2.1 在线浅放电容量预估技术

### 1. 概述

铅酸蓄电池的设计寿命一般为 10 年左右，但在实际使用过程中，通常在 6～12 个月容量便逐渐下降，部分电池使用寿命不足 6 年。经过剖析大量失效电池发现，"硫化"（硫酸铅结晶）是电池失效的一个重要因素。如果经常充电不足、不及时充电、长期过放电或者电池中电解液硫酸浓度过高、电池静态闲置时间过长等，均会生成硫酸铅小晶体，这些小晶体再吸附周围的硫酸铅，就像滚雪球一样形成大的惰性结晶体，这些体型较大结构紧密的硫酸铅结晶充电时不但不能再还原成氧化铅，还会沉淀附着在电极板上，造成极板工作面下降，蓄电池内阻越大，充放电性能变差，导致蓄电池使用寿命大幅缩短。另外，当硫酸铅结晶大量堆积时，还会吸引铅微粒形成铅枝，正负极板间的铅枝搭桥就造成电池内部微短路，而且硫酸铅结晶不断增大堆积，产生膨胀力，最终使极板断裂脱落或外壳破裂，造成蓄电池不可修复的物理损坏。若能及时、尽早、有效抑制电池极板的"硫化"现象，就可以大大延长电池的实际使用寿命。因此对长期浮充运行的蓄电池，可通过定期降低充电机上母线电压，使蓄电池承担变电站经常性直流负荷，实现对蓄电池浅放电，放电一段时间后，再恢复充电机上母线电压，对蓄电池浅充电，通过这种激励方式，对蓄电池的工作状态产生一定扰动，打破其内部相对静止的环境，以达到阻止硫酸铅结晶生长的目的，从而有效抑制或大幅减缓蓄电池硫化进程，实现蓄电池在线养护。另外，铅酸蓄电池抑制"硫化"应及早进行，在新电池或电池较新时就定期开始浅放充维护，能最大限度地降低"硫化"对电池的损伤，使电池性能下降速度变慢很多，最大限度延长电池使用寿命。

### 2. 浅放电容量预测方法

（1）放电电压变化。铅酸蓄电池以恒定电流放电，其端电压随放电时间的变化趋势如图 6-17 所示。在放电初期（放电开始～$T_1$），端电压下降极快如图中 A-B 段；放电中期（$T_1$～$T_2$），端电压下降较为平缓如图中 B-C 段；放电末期（$T_2$～$T_3$），端电压也快速下降达到放电截止电压，如图中 C-D 段。

以 2V 铅酸蓄电池为例，在浮充电状态下

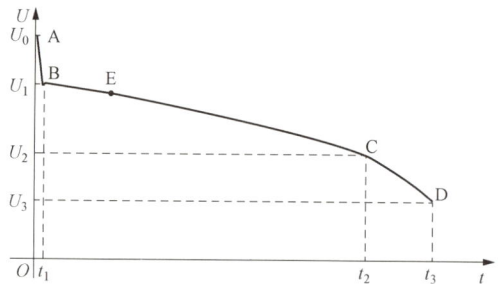

图 6-17 电池端电压与放电时间的关系

开始恒流（0.1C 电流）放电，图 6-17 中 A、B、C、D 各点时间与端电压见表 6-2。实际核容放电过程中，如果是在线放电，蓄电池处于浮充电状态，$U_0$ 大约为 2.25V，否则，$U_0$ 与蓄电池脱离浮充电的时间有关。

蓄电池的容量主要取决于图 6-17 中 B-C 段的放电时间，而 B-C 段电池端电压的下降

受以下两方面的影响：

1）电解液中硫酸的浓度随放电时间增加而不断降低，从而使蓄电池的电动势（$E$）随放电时间增加而不断降低。

2）极板中活性物质（铅/二氧化铅）随放电时间不断转化为硫酸铅、电解液中硫酸的浓度随放电时间不断降低，从而使离子移动阻力随放电时间不断增加，即蓄电池内阻（$R$）随放电时间不断增加。

**表 6-2**　　　　　　　　　　　　　　**对应图 6-17 中各点放电时间与端电压**

| 变化区间 | A-B | B-C | C-D |
|---|---|---|---|
| 放电时长/min | $T_1$ | $T_2 \sim T_1$ | $T_3 \sim T_2$ |
| | $1 \sim 2$ | $550 \sim 600$ | $30 \sim 60$ |
| 电压下降/mV | $U_1 \sim U_0$ | $U_2 \sim U_1$ | $U_3 \sim U_2$ |
| | $150 \sim 200$ | $180 \sim 200$ | $50 \sim 120$ |
| 电压值/V | B | C | D |
| | $2.03 \sim 2.08$ | $1.85 \sim 1.95$ | $1.8$ |

众所周知，放电过程中，蓄电池端电压 $U = E - I \times R$。从上面的分析得知，蓄电池的电动势 $E$ 随放电时间下降，内阻 $R$ 则随放电时间而增加，因此，当放电电流 $I$ 保持恒定的条件下，蓄电池端电压随放电时间呈现加速下降，而不是随放电时间线性下降，实际情况也是如此。

（2）预测方法。对电池放电电压随放电时间变化的曲线进行分析，阀控铅酸蓄电池恒流放电过程中，端电压随时间的变化趋势采用时间的二次函数进行拟合，拟合函数的计算值与实际放电电压最为吻合，公式如下：

$$U(t) = at^2 + bt + c \tag{6-15}$$

从图 6-17 中不难发现，$t_1 \sim t_2$ 放电时间段，蓄电池端电压随放电时间的变化趋势平滑，没有明显的转折点，而蓄电池的容量又主要由 $t_1 \sim t_2$ 放电时间所决定，这一特征为浅放电预测蓄电池容量提供了依据。

所谓浅放电预测蓄电池容量，是对蓄电池进行 $30\% \sim 50\%$ 额定容量放电，如图 6-17 中放电至 E 点。再利用 B-E 段蓄电池端电压值进行二次函数拟合，求出公式（6-15）中有关参数 $a$、$b$、$c$ 具体数值。

以 10h 放电率为例，放电截止电压为 1.8V，将 1.8V 代入公式（6-15），即可计算出蓄电池可放电时间，进而可预测蓄电池可放电容量。显然，由于蓄电池在放电末段（C-D 段），电压下降速度要快于主放电段（B-C 段），因此，上述预测的容量将大于实际容量，需要进行校正。

（3）参数计算：公式（6-15）中，$a$、$b$、$c$ 三个常数决定了电池端电压随放电时间的变化趋势，要预测蓄电池的可放电时间（放电容量），必须先计算出 $a$、$b$、$c$ 三个常数。

通过对蓄电池进行浅放电，获取对应放电时间的蓄电池端电压，见表 6-3。

表 6-3                              蓄电池放电时间与端电压

| 放电时间/min | $t_1$ | $t_2$ | $t_3$ | ... | $t_n$ |
|---|---|---|---|---|---|
| 单体电池电压/V | $U_1$ | $U_2$ | $U_3$ | ... | $U_n$ |

将表 6-3 中的数据代入二次拟合函数计算式（6-16）~式（6-18），当 $n \geqslant 3$ 时，可求出式（6-16）中 $a$、$b$、$c$ 三个常数。

$$cn + b\sum_{i=1}^{n} t_i + a\sum_{i=1}^{n} t_i^2 = \sum_{i=1}^{n} U_i \qquad (6-16)$$

$$c\sum_{i=1}^{n} t_i + b\sum_{i=1}^{n} t_i^2 + a\sum_{i=1}^{n} t_i^3 = \sum_{i=1}^{n} t_i U \qquad (6-17)$$

$$c\sum_{i=1}^{n} t_i^2 + b\sum_{i=1}^{n} t_i^3 + a\sum_{i=1}^{n} t_i^4 = \sum_{i=1}^{n} t_i^2 U_i \qquad (6-18)$$

（4）容量预测结果分析。

1）数据来源。从国内发供电企业收集了 300 多组蓄电池组核容放电数据，基本情况如下：蓄电池组运行时间 3~10 年、标称电压为 110/220V；单体电池额定容量为 200~1000A·h、额定电压为 2V。对每组电池核容放电数据进行整理，见表 6-4。

表 6-4                              核 容 放 电 数 据

| 电池编号 | 放电时间/min | | | | | | | | | |
|---|---|---|---|---|---|---|---|---|---|---|
| | 60 | 120 | 180 | 240 | 300 | 360 | 420 | 480 | 540 | 600 |
| 1 | V11 | V12 | V13 | V14 | V15 | V16 | V17 | V18 | V19 | V110 |
| 2 | V21 | V22 | V23 | V24 | V25 | V26 | V27 | V28 | V29 | V310 |
| ... | | | | | | | | | | |

采用前 3h 放电测量的单体电池电压，即对应放电时间为 60min、120min、180min 三个电压值，通过式（6-16）、式（6-17）、式（6-18）求取式（6-16）中 $a$、$b$、$c$ 三个常数，得到该电池放电电压与放电时间的二次拟合函数公式（6-15）。再将 2V 铅酸蓄电池 0.1C 电流放电截止电压 1.8V 代入式（6-15），即可求出该电池以 0.1C 恒流的持续放电时间 $t$(min)。以 0.1C 电流放电，放出额定容量的放电时间为 600min，因此，电池的预测容量与额定容量之比（％）＝$t/6$。

2）性能判断原则。浮充用蓄电池组定期（1 次/1~2 年）核容放电，判断电池容量是否合格的标准为能否放出 80％额定容量。即当电池放出容量大于或等于 80％额定容量时，该电池容量满足运行要求，否则该电池容量不合格。

目前有关规程要求放电电流的误差小于或等于 1％，即由放电电流误差造成的放电容量测量误差为±1％。而放电设备对单体电池电压测量误差（一般在±10~30mV），造成的放电容量测量误差约为 2％~5％。显然，上述原则不太合理。

为解决上述问题，将判断标准由 80％额定容量一个点变为一个区间即 75％~85％额定容量见表 6-5，将电池容量分为 3 个区域。单体电池容量小于 75％额定容量判断为不合格，大于 85％额定容量判断为合格；75％~85％额定容量判断为合格但须关注。

表 6 - 5　　　　　　　　　　　　容量区间与性能判断

| 容量区间 | <75% | 75%～85% | >85% |
|---|---|---|---|
| 性能判定 | 不合格 | 合格但须关注 | 合格 |

3）结果分析。采用上述容量预测方法，分析了 11 855 节电池核容放电数据，对比预测容量与实际放出的容量，按容量区间进行统计，结果见表 6 - 6。

表 6 - 6　　　　　　　　　　　预测容量与实测容量对比表

| 预测容量 | <75% | | 75%～85% | | >85% | | 合计 |
|---|---|---|---|---|---|---|---|
| 预测电池总节数 | 92 | | 263 | | 11 500 | | 11 855 |
| 预测正确电池节数 | 78 | | 215 | | 11 421 | | 11 714 |
| 正确率 | 0.66% | | 1.81% | | 96.34% | | 98.81% |
| 不正确电池实测容量 | 75%～85% | >85% | <75% | >85% | 75%～85% | <75% | 合计 |
| 预测不正确电池节数 | 14 | 0 | 7 | 41 | 79 | 0 | 141 |
| 不正确率 | 0.12% | 0.00% | 0.06% | 0.35% | 0.67% | 0.00% | 1.19% |

可以看出，11 855 节电池容量预测总正确率为 98.81%，不正确率为 1.19%。预测容量不准确的电池，有以下 4 种情况：

①预测为不合格（<75%），实际为合格但须关注（75%～85%），占比 0.12%。

②预测为合格但须关注（75%～85%），实际为不合格（<75%），占比 0.06%。

③预测为合格但须关注（75%～85%），实际为合格（>85%），占比 0.35%。

④预测为合格（>85%），实际为合格但须关注（75%～85%），占比 0.67%。

## 6.2.2　内阻诊断技术

蓄电池内阻是反应蓄电池性能重要参数，与蓄电池容量存在一定的关联性。一般认为蓄电池内阻由金属通路电阻和化学通路电阻两部分组成，随着蓄电池性能的退化，金属通路电阻和化学通路电阻都会增大。大量研究表明，在蓄电池的不同阶段，对应的内阻值也不相同，在充电过程中，电池的内阻逐渐减小，而随着放电过程的进行，内阻逐步增大。当荷电状态在 50% 以上时，其内阻基本不变化，但当荷电状态低于 40% 时内阻迅速上升。相关研究表明，在蓄电池不满容量状态下（剩余容量低于正常容量的 60%），蓄电池的内阻明显增大，容量与内阻的相关性良好，而在蓄电池满容量及剩余容量较高时（剩余容量大于正常容量的 70%），蓄电池内阻变化很小。

通过分析运行中 99 组蓄电池内阻测量值与核容放电数据，从中研究内阻与实际放电容量之间的关联性，对蓄电池日常维护具有良好的现实意义。

1. 基本情况

蓄电池组基本情况见表 6 - 7，这 99 组蓄电池由国内外 16 个企业生产，电池总数量 8171 节，由 11 个地市局（检修公司）负责运维管理，运行年限 1～10 年。

2019 年 3～11 月，在核容放电前，先采用便携式内阻仪测量上述 99 组电池的内阻，再对其进行满容量核容放电。

表 6-7                                        蓄 电 池 组 基 本 情 况

| 变电站电压等级 | | | | 电池标称电压 | |
|---|---|---|---|---|---|
| 35kV | 110kV | 220kV | 500kV | 2V | 12V |
| 25 组 | 47 组 | 15 组 | 12 组 | 79 组 | 20 组 |
| 共计 99 组 | | | | 共计 99 组 | |

通过核容放电，发现容量小于 80％ 标称容量的电池 248 节，占总电池数 8171 节的 3.04％。248 节容量不足电池分布在 43 组电池中，占 99 组电池的 43.4％。

2. 单体电池内阻与容量关联性

根据有关规程，蓄电池出厂时，蓄电池组中各蓄电池内阻值偏差范围为 ±10％，即单体电池内阻与整组电池内阻平均值相比较，如公式（6-19）所示，单体电池内阻 $K_I$ 在出厂应为 90％～110％。

$$K_{1i} = \frac{R_i}{\sum\limits_{j=1}^{n} R_j} \times n \times 100\% \qquad (6-19)$$

式中：$R_1$ 为 1 号电池内阻；$n$ 为电池组单体电池数量；$K_1$ 为 1 号电池内阻与整组电池内阻平均之比（％）。

采用公式（6-19），通过上述 99 组电池内阻测量值，计算每节电池内阻与整组电池内阻之比为 $K$，将 $K$ 分为 4 个区间，来分析每节电池内阻与容量的关系（表 6-8）。

表 6-8                                    每节电池内阻与容量关系

| 项目 | $K<120\%$ | | $120\%\leqslant K<150\%$ | | $150\%\leqslant K<200\%$ | | $K\geqslant200\%$ | |
|---|---|---|---|---|---|---|---|---|
| 容量 | 正常 | <80％ | 正常 | <80％ | 正常 | <80％ | 正常 | <80％ |
| 数量 | 7827 节 | 157 节 | 93 节 | 63 节 | 3 节 | 14 节 | 0 节 | 14 节 |
| 占比 | 98.0％ | 2.0％ | 59.6％ | 40.4％ | 17.7％ | 82.3％ | 0 | 100％ |

由表 6-8 可知，单体电池内阻偏离平均值越大，其容量小于 80％ 的比例越高，当内阻达到或超过 2 倍平均值，其容量全部小于 80％。但也有 157 节电池容量小于 80％，对应电池内阻小于 120％×平均值。显然，仅仅依据内阻测量值，并不能发现所有容量不足 80％ 的电池。

3. 单体电池内阻与整组容量关联性

该 99 组电池中，有 43 组电池容量小于 80％，其中 23 组电池是由 $K<120\%$ 的电池造成的。具体情况如下：

（1）电池组中所有电池内阻偏差 $K<120\%$，有 12 组电池容量小于 80％。

（2）电池组中，电池存在 $120\%\leqslant K<150\%$，有 8 组电池容量小于 80％ 是由 $120\%\leqslant K<150\%$ 的电池造成的，另有 10 组电池容量小于 80％ 是由 $K<120\%$ 的电池造成的。

（3）电池组中，电池存在 $150\%\leqslant K<200\%$，有 5 组电池容量小于 80％ 是由 $150\%\leqslant K<200\%$ 的电池造成的，另有 1 组电池容量小于 80％ 是由于 $K<120\%$ 的电池造成的。

（4）有 7 组电池中，电池存在 $K \geqslant 200\%$，该 7 组电池容量均小于 80%。

### 4. 整组电池内阻离散度与容量关联性

随着运行时间及充放电次数不断增加，由于单体电池初始容量、内阻及自放电等参数的不一致性，将导致单体电池内阻间的差异性也不断增大。如公式（6-20），用内阻离散度 $\delta$ 来描述单体电池内阻间的差异性。

$$\delta = \frac{\sum_{j=1}^{n} |R_j - R_A|}{\sum_{j=1}^{n} R_j} \times 100\% \qquad (6-20)$$

$$R_A = \frac{\sum_{j=1}^{n} R_j}{n} \qquad (6-21)$$

采用公式（6-21），通过上述 99 组电池内阻测量值，计算每组电池内阻离散度 $\delta$。将离散度 $\delta$ 分为 3 个区间，分析内阻离散度与电池组容量的关联性，见表 6-9。

表 6-9　　　　　　　　　内阻离散度与电池阻容量的关联性

| 项目 | 内阻离散度 $\delta$ | | | | | |
| --- | --- | --- | --- | --- | --- | --- |
| | $\delta < 4\%$ | | $4\% \leqslant \delta < 11\%$ | | $\delta \geqslant 11\%$ | |
| 容量 | 正常 | <80% | 正常 | <80% | 正常 | <80% |
| 组数 | 25 | 5 | 30 | 24 | 1 | 14 |
| 占比 | 83.3% | 16.7% | 55.6% | 44.4% | 6.7% | 93.3% |

### 5. 内阻与容量关联性分析的意义

由上述分析可知，当单体电池内阻大于或等于平均值 150% 时，其容量小于 80% 的比例高于 90%；当整组电池内阻离散度 $\delta \geqslant 4\%$ 时，可发现 88.4% 电池组不合格。如果采用在线设备测量内阻，减少人为测量误差，再借助内阻历史测量数据，应该可以进一步减少对容量不足电池的误判与漏判，提高内阻与容量关联性比例。

众所周知，蓄电池日常维护工作中，核容放电周期为 1~2 年，而电池容量下降有一个渐变的过程。在两次核容放电期间，电池容量完全可能下降至不满足运行要求而不被及时发现，给电网安全造成隐患。如果通过内阻测量及分析可以发现容量不足的电池，显然可以大大提高直流电源系统供电可靠性。

## 6.2.3 蓄电池核容控制技术

### 1. 在线式远程核容技术原理

在线式远程核容技术拓扑结构图如图 6-18 所示，包括逆变模块组、双向隔离 DC/DC 模块组、控制器、蓄电池巡检仪、主回路控制开关 K1 和 K4、主回路单向隔离保护二极管 Q1 和 Q2、以及放电系统内部控制回路空气断路器和直流接触器构成。

在线式远程核容技术通过控制器监测直流系统运行状态，在系统运行正常情况下可以对蓄电池组进行核容放电；首先控制器控制开关 K1 或者 K4 断开，此时利用二极管 VD1 或者

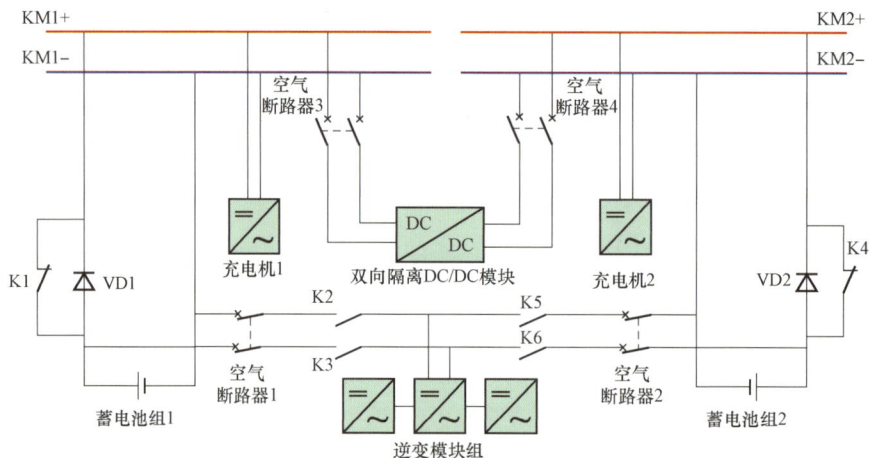

图 6-18　在线式远程核容技术拓扑结构

VD2 单向导通特性能够保证蓄电池处于热备状态；控制器控制逆变模块组按照设置参数对蓄电池进行核容放电。

在线放电安全保障：

（1）放电过程中蓄电池处于热备状态，随时可以给直流负荷供电。

（2）放电过程中系统异常或者设备异常放电自动停止。

（3）放电过程中双向隔离 DC/DC 模块组作为后备电源组运行，保障全核容末期蓄电池容量不足情况下直流系统后备电源问题。

在线式核容放电系统设备及功能见表 6-10。

表 6-10　　　　　　　　　在线式核容放电系统设备及功能

| 序号 | 设备 | 功能 |
| --- | --- | --- |
| 1 | 蓄电池远程核容控制装置 | 实现蓄电池放电数据的显示、控制操作、数据及信号的上传 |
| 2 | 逆变放电负载模块 | 实现 DC/AC 转换，进行回馈式核容放电试验 |
| 3 | 蓄电池状态监测系统 | 实现蓄电池组电压、电流、环境温度、单体电压、单体温度、单体内阻采集 |
| 4 | 二极管及电控控制开关 | 电控开关实现蓄电池脱离母线、二极管实现蓄电池故障续流 |
| 5 | 隔离式双向 DC/DC 装置 | 实现两段相互独立的直流系统的智能互为备用 |
| 6 | 开路续流模块 | 实现蓄电池故障安全续流，保障直流系统可靠供电 |

**2. 离线式远程核容技术原理**

离线式远程核容技术拓扑结构如图 6-19 所示，包括逆变模块组、控制器、蓄电池巡检仪、主回路电动控制母联开关，以及放电系统内部控制回路空气断路器和直流接触器构成。

离线式远程核容技术通过控制器监测直流系统运行状态，在系统运行正常情况下可以对蓄电池组进行核容放电；控制器通过闭合母联开关、退出蓄电池组，对蓄电池组进行核容放电，完全模拟人工核容放电要求。

离线式远程核容系统设备及功能见表 6-11。

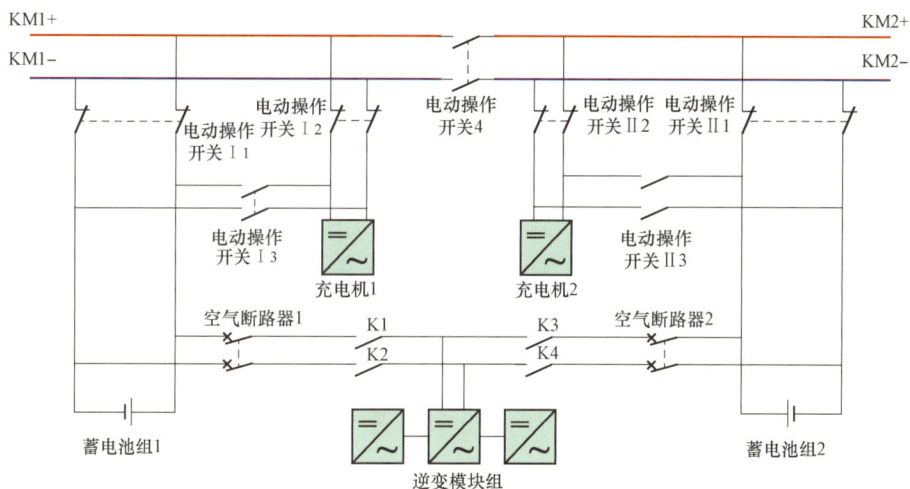

图 6-19　离线式远程核容技术拓扑结构

表 6-11　　　　　　　　　　　离线式核容放电系统设备及功能

| 序号 | 设备 | 功能 |
|---|---|---|
| 1 | 蓄电池远程核容控制装置 | 实现蓄电池放电数据的显示、控制操作、数据及信号的上传 |
| 2 | 逆变放电负载模块 | 实现 DC/AC 转换，进行回馈式核容放电试验 |
| 3 | 蓄电池状态监测系统 | 实现蓄电池组电压、电流、环境温度、单体电压、单体温度、单体内阻采集 |
| 4 | 电动控制母联开关 | 用电动控制母联开关代替原系统手动母联开关、充电机输出刀闸和蓄电池输出刀闸等；实现自动分/合母联开关，自动投/退充电机与蓄电池，完全模拟人工放电倒闸方式 |

### 3. 对比分析

在线式远程核容技术和离线式远程核容技术对比分析见表 6-12。

表 6-12　　　　　　在线式远程核容技术和离线式远程核容技术对比分析

| 项目 | 在线核容技术 | 离线核容技术 |
|---|---|---|
| 母联方式 | 双向隔离 DC/DC 模块组 | 电动控制母联开关 |
| 蓄电池运行状态 | 热备状态 | 离线运行 |
| 后备电源保障 | 蓄电池组、双向隔离 DC/DC 模块组关联另外一段直流系统 | 电动操作开关关联另外一段直流系统 |
| 核容深度 | 全核容/半核容 | 全核容/半核容 |
| 核容工作方式 | 改变电路实现核容 | 完全模拟传统人工核容 |
| 系统关联性 | 核容电池与运行直流系统关联 | 核容电池组与运行直流系统无关联 |
| 放电负载 | 逆变模块 | 逆变模块 |
| 安全性 | 安全 | 安全 |

**4. 不同电压等级变电站相应核容放电标准**

(1) 110kV 及以下电压等级远程核容系统标准。110kV 变电站直流系统多采用单电单充的接线方式，即一组充电机与一组蓄电池的单母线接线方式。根据《电力系统用蓄电池直流电源装置运行与维护技术规程》（DL/T 724—2021），当全站（厂）仅有一组蓄电池时，不应退出运行，也不应进行全核对性放电，只允许用 $I_{10}$ 电流放出其额定容量的 50%。当任一单体蓄电池电压下降到 1.90V 时，应停止放电。放电后，应立即用 $I_{10}$ 电流进行恒流充电。当蓄电池电压达到（2.3~2.33）$V \times N$ 时转为恒压充电。当充电电流下降到 $0.1I_{10}$ 电流时，应转为浮充电运行。重复几次上述充放电过程后，蓄电池组极板得到了活化，容量可以得到恢复。若有备用蓄电池组替换时，该组蓄电池可进行全核对性放电。

远程核容系统可针对单母线运行方式，设计半核容远程智能维护系统，其原理图如图 6-20 所示。

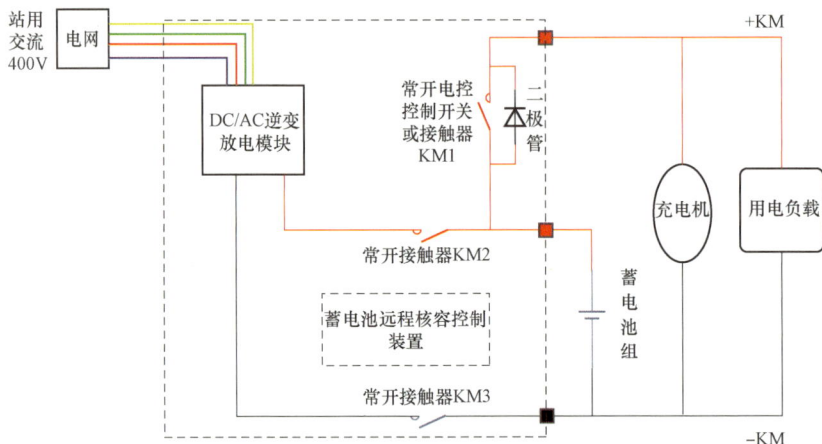

图 6-20 单母线半核容远程智能维护系统原理图

放电时，蓄电池远程核容控制装置发出命令控制常开电控开关或接触器 KM1 断开，常开接触器 KM2、KM3 闭合，系统将蓄电池组经过 DC/AC 逆变放电模块并入电网中，实现蓄电池组进行 0.1C 电流进行核容放放，而二极管单向导通特性能够保证蓄电池处于热备状态；当放电停止条件到时（$I_{10}$ 电流放出其额定容量的 50% 或当任一单体蓄电池电压下降到 1.9V），常开接触器 KM2、KM3 断开，常闭电控开关或接触器 KM1 闭合，把蓄电池组投入直流系统让充电机对蓄电池组进行充电。

(2) 220kV 及以上电压等级变电站远程核容系统标准。220kV 变电站直流系统必须采用两电两充或两电三充接线方式，即两组充电机两组蓄电池的双母线接线方式或三组充电机两组组蓄电池的双母线接线方式。根据《电力系统用蓄电池直流电源装置运行与维护技术规程》（DL/T 724—2021），全站（厂）若具有两组蓄电池时，则一组运行，另一组退出运行进行全核对性放电。放电用 $I_{10}$ 恒流，当单体蓄电池电压下降到 1.80V 终止放电电压时，停止放电。放电过程中，记录蓄电池的端电压、每个单体蓄电池电压等参数。若蓄电池组第一次核对性放电就放出了额定容量，则不再放电，充满容量后便可投入运行；若放充三次均达不到蓄电池额定容量的 80％以上，则应安排更换。

当一组蓄电池要退出运行并进行全核容放电时，为避免交流失电压导致母线失电事故，必须进行倒闸操作，因此离线式远程核容系统和在线式远程核容系统采取不同的做法防止事故发生。

离线式远程核容系统使用电控控制开关代替原隔离开关，完全模拟人工倒闸操作，合上母联开关，将蓄电池和退出完成核容放电试验。

在线式远程核容系统则采用隔离式双向 DC/DC 装置，取代人工合母联操作，如图 6-21 所示。

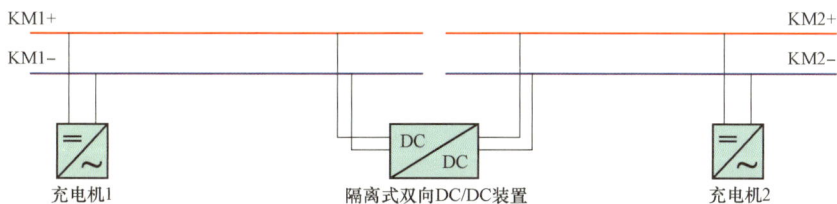

图 6-21　隔离式双向 DC/DC 装置

隔离式双向 DC/DC 装置采用双向 DC/DC 电能转换模块进行设计，设备跨接在两段直流母线之间，通过高速采样两段直流母线电压判断直流系统电源故障情况，当某段直流系统故障时设备自动启动 DC/DC 转换功能。

隔离式双向 DC/DC 装置解决了两段独立直流系统智能互为备用问题，具有自动投入、高电压隔离、短路保护等特性。

## 6.2.4　充电装置性能劣变在线监测技术

### 1. 充电装置故障类型

（1）充电装置浮充电压过高。如图 6-22 所示，在浮充电状态下，充电装置输出电压为 $2.25V \times 104 = 234V$，但瞬间跳变至 236.96V，持续时间约 400ms，在此期间充电装置提供蓄电池组的充电电流达到 69.41A，远超该组蓄电池允许的均衡充电电流 40A，即大于 $0.1C_{10}$。

（2）均充电流过大且不稳定。某蓄电池容量为 500A·h，均流充电电流应为 $0.1C_{10}$，即 50A。但在均流充电过程中，充电机输出电流逐步增加到约 70A，随后减少至接近 60A 且在上下波动，如图 6-23 所示。

（3）定期均衡充电过程中，均压充电时间不够。均衡充电中的均压充电后期充电电流小于 0.01A 时，应保持 3h 涓流充电。如图 6-24 所示，2 号直流系统定期均衡充电过程只持续了 2s，显然不满足要求。

### 2. 充电装置故障危害

直流电源系统中，充电装置除了提供正常的负荷电流外，主要是给蓄电池组充电，包含均衡充电与浮充电两种充电方式，其中均衡充电又分为均流充电和均压充电两个阶段。

均流充电阶段要求充电装置提供给蓄电池组的充电电流保持在 $0.1C_{10}$，在 ±1％内变化；均压充电阶段要求充电装置输出电压保持在整定值（如 2.35V×电池节数），在 ±0.5％内变

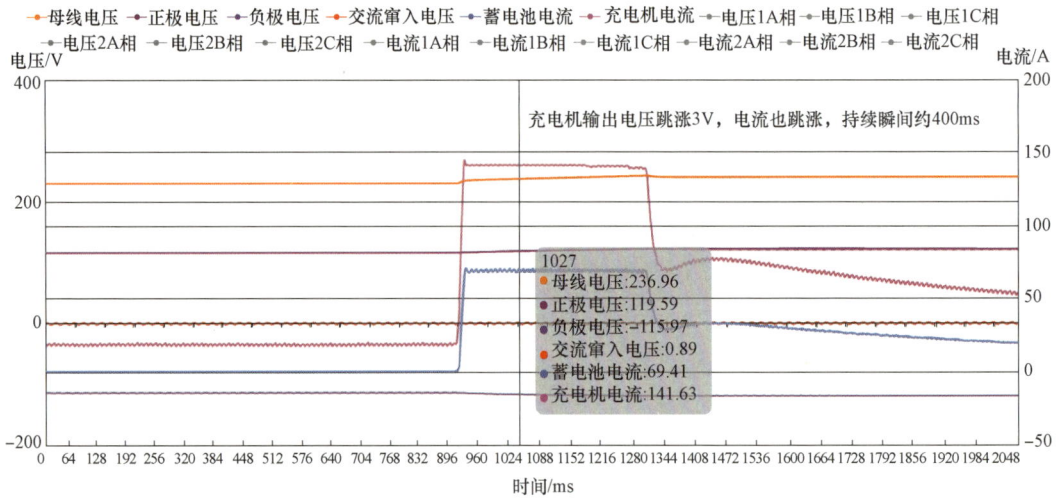

图 6-22　充电装置浮充电压过高故障波形

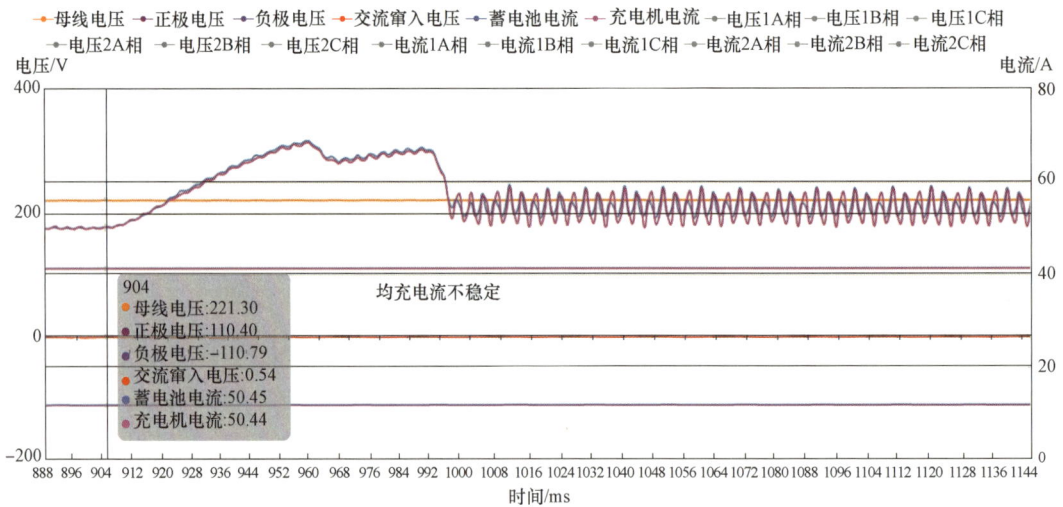

图 6-23　充电装置均充电流过大不稳定故障波形

化；浮充电要求充电装置输出电压保持在整定值（如 2.25V×电池节数），在±0.5%内变化。

充电装置在蓄电池组中的输出电压和电流不能满足上述要求，均将造成蓄电池的过充电或者欠充电，见表 6-13。

表 6-13　　　　　　　　　　充电装置性能不合格对蓄电池的影响

| 均流充电 | | 均压充电 | | | 浮充电 | | 定期均衡充电 | |
|---|---|---|---|---|---|---|---|---|
| 电流过大 | 电流过小 | 电压过高 | 电压过低 | 时间不够 | 电压过高 | 电压过低 | 间隔太长 | 间隔太短 |
| 欠充电 | 过充电 | 过充电 | 欠充电 | 欠充电 | 过充电 | 欠充电 | 欠充电 | 过充电 |

众所周知，无论蓄电池过充电还是欠充电，都将加速蓄电池的劣化，缩短蓄电池的使用

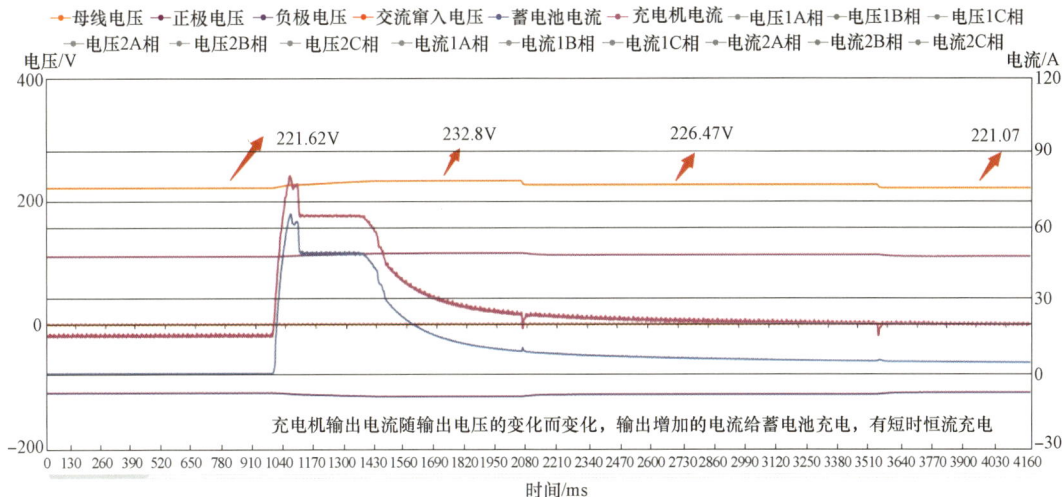

图 6-24　定期均充均压充电时间不够

寿命。

### 3. 充电装置故障诊断

要实现充电装置故障在线诊断，应对充电装置的输出电压及蓄电池电流进行准确测量，并识别充电装置的工作状态，即均流充电、均压充电、浮充电。

充电装置故障诊断依据，如下：

浮充电状态下，充电装置输出电压范围为整组电池浮充电压整定值±0.5％。

（1）均流充电状态下，充电装置提供给蓄电池组充电电流范围为 $0.1C_{10}±1\%$。

（2）均压充电状态下，充电装置输出电压范围为整组电池均压充电电压整定值±0.5％。

（3）均压充电状态下，涓流充电时间不小于 3h。

（4）定期均衡充电周期为 90 天。

（5）非均流充电状态下，充电装置提供给蓄电池组充电电流小于 $0.1C_{10}$。

## 6.2.5　蓄电池均衡控制技术

### 1. 蓄电池均衡原理

因为串联型电池由于单体蓄电池，电压有限，因此大部分直流系统使用的都是蓄电池组，这些蓄电池组是由单体电池串联而成。研究与实践表明，蓄电池组的寿命远远不及单体电池的寿命，达不到厂商的标称值，主要原因是由于蓄电池组中电池单体不均衡即电池的不一致性造成的。

蓄电池的不一致性是指同一型号规格的电池电压、内阻、容量等参数存在差异，产生的原因主要有两个方面：一是在制造过程中，由于工艺和材料均匀性问题，使得同批次出厂的同型号电池容量、内阻等不完全一致；二是电池在使用过程中，各个电池单体初始容量、自放电及使用环境等方面的差异，增加了电池的不一致性。

电池的不一致性会使电池组容量低的电池更容易过充电和过放电，容量减少，而且随着时间的推移，将进一步加深蓄电池参数的不一致性，正是这种恶性循环极大地缩短了蓄电池组的使用寿命。实际运行中发现（以25℃环境下2V电池为例），普遍存在浮充状态的串联蓄电池组中每块电池电压并不一致，有一部分蓄电池电压达到2.32V以上，更甚至有个别达到2.38V以上的，而另一部分蓄电池电压低于2.18V，甚至有低于2.15V的情况，这种情况严重超出蓄电池正常浮充电压2.25±0.03V要求。

同一组中给每节电池提供的充放电电流是完全一致的，而实际每只蓄电池会因生产线制造工艺精度或配组控制精度问题产生很细微的差异（不是质量问题或工艺有问题），导致每只蓄电池实际参数也不可能完全一致，如自放电率、容量、内阻等性能，这些细微的差异随着时间的积累（如1年以上）就能达到相当的水平，比如自放电率较低一些电池已经开始出现了较严重的过充电（电压达到2.30~2.38V），已经接近或达到蓄电池均充电压，根据蓄电池厂家公布电池的特性，蓄电池处于均充状态的最长时间要小于或等于48h，否则将可能导致电池失水、电解液干涸、热失控、极板过度腐蚀等情况，尤其是热失控，它是蓄电池在充电过程中尤其是过充电时产生大量热量不能及时释放，温度和化学反应之间形成正回馈而出现的失控状态，这将对电池产生毁灭性打击，可能令电池"发鼓"、漏液，甚至爆炸等情况，严重影响电池寿命、容量甚至导致电池直接损坏，出现这种情况后如果没有人为干预将一直持续运行数年，因而电池在2~3年内容量变为70%以下甚至报废是很正常的事，然而自放电率高或容量稍大的电池已经出现了较严重的欠充电（电压2.13~2.20V），这样除了自身容量不足外还会导致蓄电池极板出现硫化结晶而失去活性的不可逆反应，严重导致蓄电池容量下降直至损坏，串联型蓄电池组的容量遵循木桶效应原理，性能最弱的电池决定了整组电池的性能，可见对单只电池的均衡维护是至关重要的，只有让蓄电池组中的每只电池都工作在最佳工作状态，蓄电池组才能发挥最佳性能。

2. 常用的蓄电池均衡方法

（1）均衡电阻法。在电池组的各单体电池上附加一个并联均衡电路（放电电阻），以达到分流的作用。在这种模式下，当某个电池首先达到满充时，均衡装置能阻止其过充并将多余的能量转化成热能，继续对未充满的电池充电。该方法简单，但以消耗大量能量为代价，而且，均衡电阻大小难以确定，电阻太大均衡效果不明显，电阻太小功耗却较大。

（2）预放电均衡法。在充电前对每个单体逐一通过同一负载放电至同一水平，然后再进行恒流充电，以此保证各个单体之间较为准确的均衡状态。但对蓄电池组，由于个体间的物理差异，各单体深度放电后难以达到完全一致的理想效果。即使放电后达到同一效果，在充电过程中也会出现新的不均衡现象。

（3）电容切换均衡法。均衡充电时，电容通过单刀双掷开关交替地与相邻两个电池连接，接受高电压电池的充电，再向低电压电池放电，直到两电池的电压趋于一致。该方法不用消耗能量，效率明显高于上述方法，但该方法由于引进了电容，均衡频率受到一定限制，且单刀双掷开关的实现比较复杂。

（4）多绕组变压器均衡法。如果变压器的二次绕组匝数相等时，它们就能提供相同的电压对单体蓄电池充电，由此达到电压均衡的目的。然而实际上，任何相互耦合的绕组之间耦合系数都不可能为1，因此在实际应用中必须考虑变压器的漏感及二次绕组之间的互感，在这种情况下，即使二次绕组匝数完全相同，也未必能提供相同的电压。所以，这种方法的重点是如何减少绕组的漏感和互感的影响。

### 6.2.6　蓄电池脱离母线故障诊断与有效性检测技术

1. 蓄电池组脱离母线故障诊断综合判据模型

蓄电池组脱离母线主要是指电池出口熔断器故障造成的蓄电池组脱离直流母线，这种事故危害极大，可能造成直流母线全部失电、引起变电站瘫痪等恶性事故，必须给予足够重视。造成蓄电池组脱离母线的主要原因有电池组出口熔断器熔断和电池上母线开关故障。

现有的检测方式主要靠电池出口熔断器辅助触点报警，但辅助触点由于氧化接触不良或卡死无法动作等故障时有发生，因此，单靠这种方式难于彻底杜绝该类事故的发生。

本项目提出了一种准确可靠的蓄电池组脱离母线在线检测技术，其基本工作原理是：实时采样并对比直流母线电压和蓄电池组电压，同时在正常浮充运行时，利用高精度电流表实时在线准确检测蓄电池组的浮充电流，并结合定期自动通信调低充电机输出电压，使蓄电池组负担负荷电流，并结合蓄电池上母线断路器和出口熔断器辅助触点，来综合判断电池出口熔断器和开关状态，从而保证蓄电池在任何时候都不脱离直流母线并向其可靠供电。

2. 蓄电池组有效性在线检测技术

蓄电池作为直流供电系统的核心设备，在站用交流故障时及时提供保护电源，维持发电站、配电所保护设备的可靠运行，因此蓄电池可靠与否直接关系到电力系统的用电安全。由于蓄电池长期在线处于浮充电状态，蓄电池性能的优劣很难判断，诸如容量降低、内阻增大，更有甚者电池极柱虚接等情况不能及时获得，一旦需要蓄电池投入使用，因上述问题电池组不能为电力保护系统提供电源，失去了应有的意义，全站将处于脱保护的状态。

目前监测蓄电池性能仅有的方式是对蓄电池做核定性放电试验。一般周期为 $2 \sim 3$ 年，大量案例证明检测期间电池虚接、内阻增大、电池失效经常出现，给系统安全带来一定风险，另外该方案需要人员现场维护，整体效率低、成本高、工作量大。

（1）技术原理：蓄电池有效性在线解决方案，是在充电模块、蓄电池组均不脱离系统的前提下，在不改变系统参数的基础上，智能完成对蓄电池有效性的检测以及蓄电池组应对冲击负荷的耐受性。该判别装置及检验方法可以实现蓄电池组有效性在线监测和带载能力动态测试。工作原理：利用二极管单向导通和自动降压特性，在保证充电机在线的前提下，对充电机上母线直流输出电压进行适当降低，从而使蓄电池组承担站用直流常规负荷，如果现场负荷太小，可投入模拟负载，对蓄电池组进行放电测试，以快速验证蓄电池组的有效性和带载能力。

整个在线判别装置由二极管 VD1，…，VD$n$、直流接触器 KM1；电压传感器 TV1、TV2；电流传感器 TA；模拟负载电阻 $R_1$，…，$R_n$；IGBT VT1，…，VT$n$；CPU 及接线端子 M＋、M－、CD＋组成。电气原理如图 6-25 所示。

（2）检测方法。

1）试验前直流系统状态检查。在测试蓄电池组性能前，直流接触器 KM1 主触点处于闭合状态，二极管 VD1，…，VD$n$ 被短接不起作用，通过电压传感器 TV2 先检查充电机及直流母线电压，判断直流系统的运行状况是否正常，确认正常后，方可进行下一步操作。

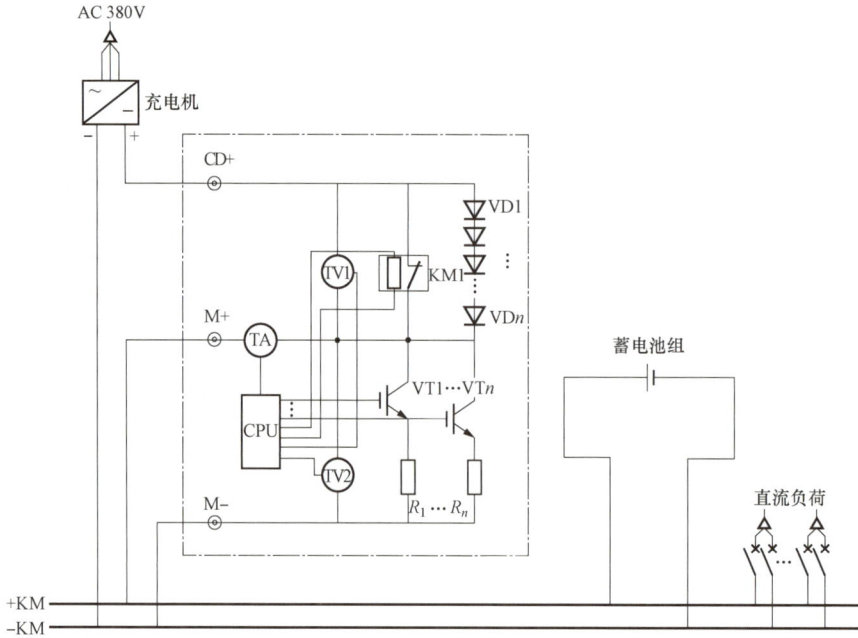

图 6-25 蓄电池有效性在线判别装置原理图

2）启动测试。CPU 驱动直流接触器 KM1 线圈，使 KM1 主触点处于断开状态，二极管 VD1，…，VD$n$ 投入运行，降低充电机上母线直流输出电压，从而使蓄电池组承担站用直流常规负荷，处于放电状态。

3）投入模拟负载电阻。如果站用直流负荷较小，CPU 驱动 IGBT VT1，…，VT$n$，自动投入模拟负载电阻 $R_1$，…，$R_n$，以增大蓄电池组放电电流。

4）放电过程监视。放电过程中，通过电压传感器 TV1、TV2，实时在线监视充电机输出直流电压和直流母线电压，一旦充电机或蓄电池组输出异常，直流电源系统立即结束放电，恢复到正常运行状态。

5）结束放电。设定的放电时间一到，CPU 立即驱动 IGBT VT1，…，VT$n$ 断开模拟负载电阻 $R_1$，…，$R_n$（如果已投入），再控制直流接触器 KM1 线圈，使 KM1 主触点处于闭合状态，短接二极管 VD1，…，VD$n$，充电机自动向常规站用直流负荷供电及蓄电池组充电，直流电源系统恢复正常运行方式。

6）试验结果判断。放电结束时，如果直流母线电压高于定值，表明蓄电池组性能基本良好，可满足变电站实际需要；如果直流母线电压低于定值，表明蓄电池组容量不足，蓄电池性能出现明显下降，应尽快进行标准放电核容试验予以准确验证。

（3）实施效果。

1）电池有效性检测功能。能够自动定期或手动启动全面检查蓄电池的有效性，及时发现单体电池开路、电池组开关故障或断开、电池组保险熔断、连接线脱落、跨层线断线、螺栓松动等情况，验证系统是否能够承担常态负荷，确保直流系统运行安全。

2）电池抗冲击能力检测。该可以智能投切内部负荷，模拟多个断路器同时保护跳闸或合闸动作电流，并动态检测母线电压波动和压降，验证蓄电池组抗叠加冲击负荷的能力。

3）电池除硫活化功能。通过变频脉冲扫描技术，对蓄电池进行共振式扫频，可起到一定抑制、消除电池极板硫化、恢复电池容量的作用。

3.蓄电池组开路续流技术

（1）开路续流原理。蓄电池开路故障通常在大电流充、放电的情况下才发生，在浮充电状态下才发生，浮充电状态下，开路故障一般不能显现出来。因此，需要采取措施，防止蓄电池开路故障造成蓄电池组脱离母线而导致保护拒动的事故。

如图 6-26 所示，在每个电池上并联一个功率二极管，任意一节或多节电池开路，蓄电池组均可通过续流二极管提供放电电流，从而确保蓄电池组正常供电。

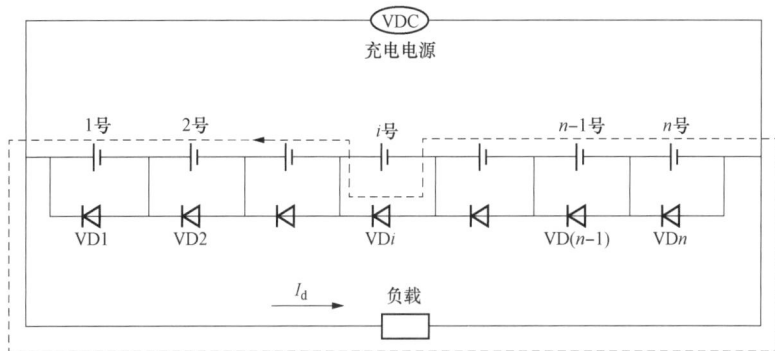

图 6-26　蓄电池开路续流原理

蓄电池组处于充电状态下，所有二极管两端施加反向电压，二极管不导通，不影响正常运行，当交流失电压或充电机故障不能输出时，蓄电池组通过放电给负载供电，此时，若发生蓄电池开路，如图 6-28 中 1 号电池，并接于 1 号电池两端的二极管 VD$i$ 随之导通，放电电流 $I_d$ 得以继续。即续流二极管只在放电状态下，且蓄电池存在开路故障时续流，其他条件下，二极管反向截止不工作，对蓄电池组正常运行不构成危害。

（2）蓄电池开路告警检测。蓄电池开路故障一般在事故放电状态下被发现，虽然采用上述方法，开路电池不至于影响蓄电池组的放电功能，但运维人员并不知道发生了蓄电池开路。因此需要对开路电池进行检测，并发出告警信号。

变电站直流系统事故放电电流一般在几安培到几十安培之间，如此大的电流通过并接在开路故障电池上的二极管必然会产生发热，并引起二极管升温，为保证二极管正常工作，应在二极管上增加散热装置，改善散热条件，防止二极管升温太高而损坏。基于此现象，可以通过检测二极管的温度变化来判断二极管是否导通，进而判断蓄电池是否开路。

如图 6-27 所示，K1～K$n$ 是温敏开关，与并联在蓄电池两端的二极管散热装置粘贴在一起，感受散热器的温度变化，当温度超过设定值时，相应的温敏开关节点闭合，如图 6-29 中温敏电阻 K2。

K2 闭合时，告警继电器 JK 动作，输出告警节点 JK1，告知运维人员本站有蓄电池开路。与此同时，继电器 J2 也动作，常开节点 J21 闭合，达到自保持效果，这样蓄电池开路报警信号不会消失。另外，串联在回路的发光二极管 VD2 也被点亮，表示该节蓄电池存在开路故障。

179

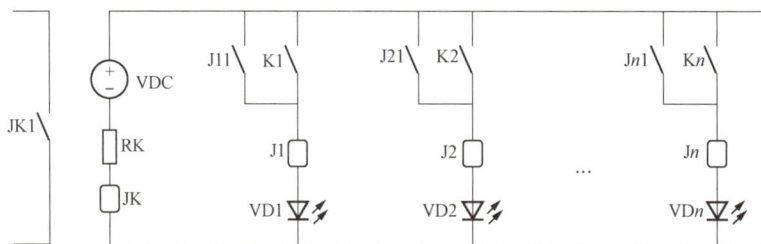

图 6-27 蓄电池开路告警检测电路

不难发现，任意一节电池开路或多节电池开路，均可发出蓄电池开路故障告警信息，并且开路电池对应的发光二极管同时被点亮，告诉运维人员是哪节或哪几节电池发生了开路故障。

# 6.3 其他新技术

### 6.3.1 并联直流电源供电技术

#### 1. 并联型直流电源系统原理

传统直流电源系统蓄电池组采用串联形式，由多节单体蓄电池串联获得直流额定电压。当单体劣化及开路时会影响整组输出，需要蓄电池电参数严格保持一致，新旧电池不能混合使用，蓄电池组无法实现在线全容量核容、在线更换，蓄电池组只能整组冗余配置、难以分散布置、防爆防燃处理成本高。

并联型直流电源系统针对蓄电池串联形式的弊端创新蓄电池连接方式，基本思路是通过单只 12V 或 24V 电池直接升压得到系统端电压，单只 12V 电池与其充放电管理回路形成备用电源支路，通过增加备用电源支路并联的数量来满足系统容量要求，带载时间取决于蓄电池放电电流及在容量支持下的放电时间。具体实现方式为依据直流电源充放电方式，结合电力电子装置，构成单个并联电源组件，如图 6-28 所示。将多个电源组件并联于直流系统中，辅以通信设备，构成并联直流电源系统，如图 6-29 所示。

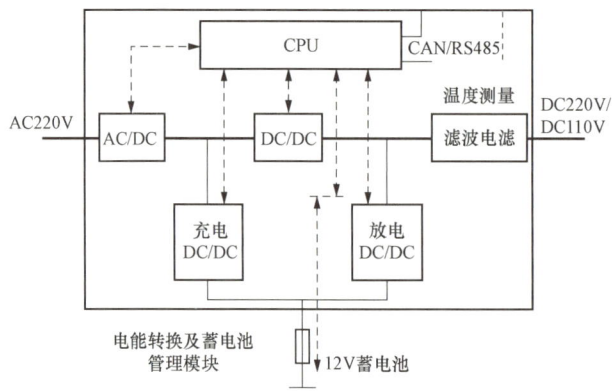

图 6-28 并联电源组件

实际运行中，当交流电源正常运行时，交流电源通过 AC/DC 转换为直流电源带正常负

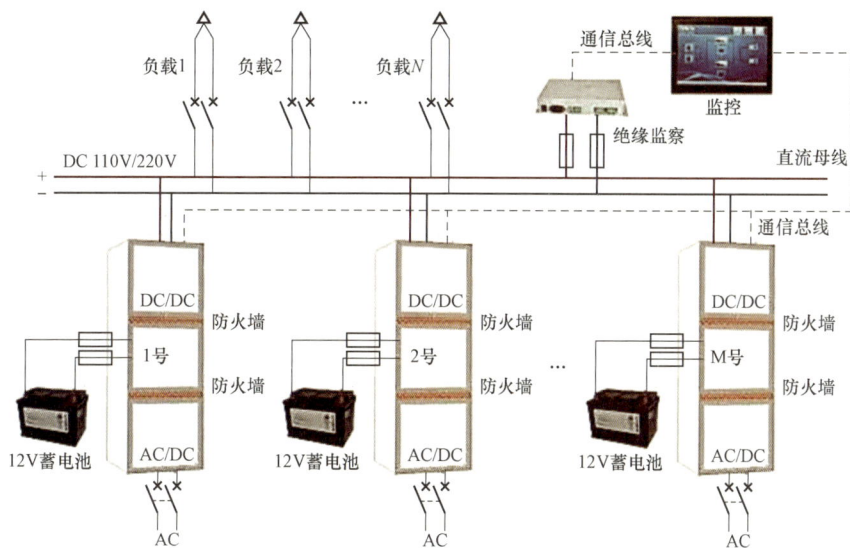

图 6 - 29　并联直流电源系统

载；当交流电源失电时，各支路蓄电池不间断地通过放电回路带载，同时各支路按照均流机制，实现输出电流平均分配。蓄电池在各种情况均需要充电电路和放电电路，所以并联型直流电源系统并联电池模块必须将 AC/DC 整流电路、DC/DC 变换电路、蓄电池充放电管理电路集成设计。

2. 并联型直流电源系统配置与组成

并联型直流电源系统组成如图 6 - 30 所示，主要由交流进线、并联电池管控模块、12V蓄电池、直流母线、直流馈线开关、绝缘检测模块、可控型电容器储能输出智能装置、直流监控管理模块组成。

并联智能电源系统相比串联型的变化：

（1）充电模块功能由"并联电池管控模块"承担。

（2）串联型蓄电池组被多个并联冗余配置的"并联电池组件"取代。

（3）蓄电池组巡检装置功能由"并联电池管控模块"承担。

（4）无需配置蓄电池组核容假负载。

3. 并联型直流电源系统关键技术

（1）馈线短路隔离技术。并联直流电源系统中蓄电池通过 DC/DC 电路间接并联于母线上，馈线短路时，直流系统需要提供足够的短路电流保证馈线保护能够动作跳闸。要求并联电池模块有一定的过载能力，并能够实现馈线短路隔离。目前主要通过并联电源变换模块过载输出特性、增加设计续流电路来实现。

（2）优化并联电源变换模块过载输出特性。优化后的输出限流特性曲线如图 6 - 31 所示，横坐标 $I'/I_e$ 表示过载电流的倍数，纵坐标代表模块限流保护的时间（s）。随着倍数越大，模块达到限流保护的时间越短，同时电池输出电流越大，并联电池模块能够在馈线故障发生时，短时间内提供过载电流，实现断路器可靠脱扣，达到馈线故障隔离效果。

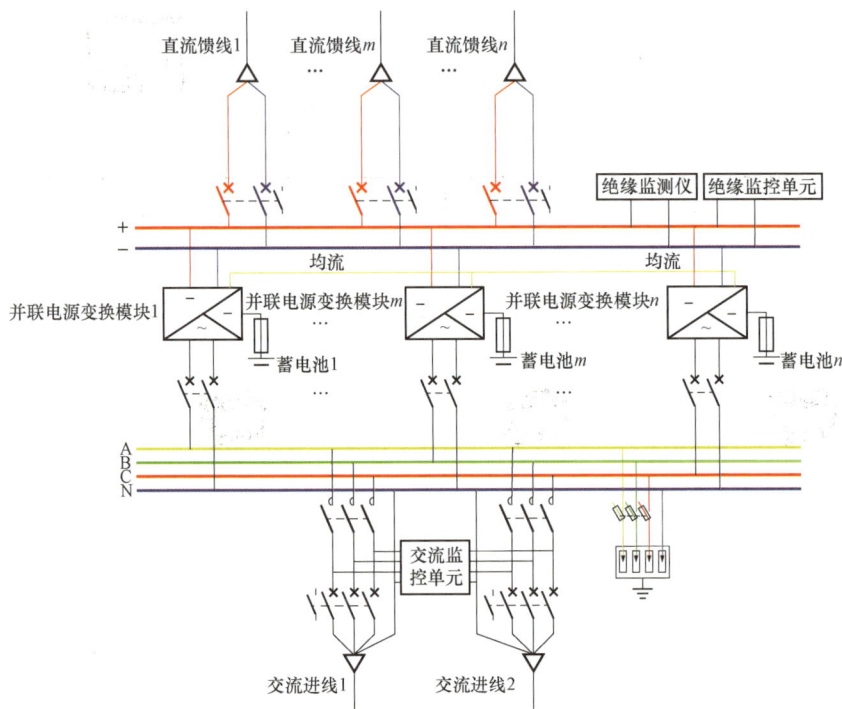

图 6-30　并联直流电源系统组成

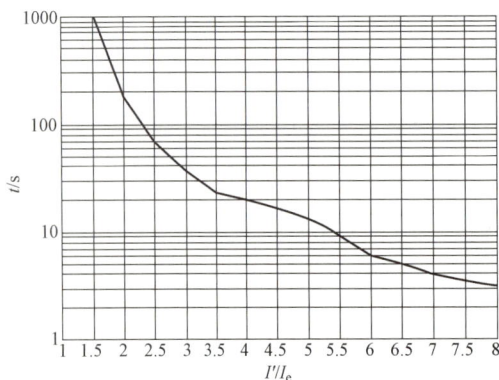

图 6-31　并联直流电源系统输出限流特性曲线

（3）基于并联型直流电源系统的串联电池组续流。如图 6-32 所示，利用并联型直流电源系统中各支路电池与交直流母线及其他支路电池完全隔离的结构，以低于直流母线电压的多支路 16 节或 8 节 12V 电池串联，通过放电二极管、保护熔断器与 DC220V/110V 直流母线连接，串联蓄电池组只具有对直流母线的放电通路，正常运行时，由具有稳压功能的并联电池模块带载。当系统负荷过载或发生短路故障时，仍然由并联电池模块提供电流，如直流母线电压拉低至串联电

池组电压，则同时由串联电池组提供续流。

（4）自动在线全容量核容技术。并联型智能直流电源系统在不停电情况下进行蓄电池一对一在线核容，在不影响直流系统安全的前提下有效监测蓄电池状态。在核容放电后有效进行均浮充管理，保证蓄电池安全性。直流电源系统在不停电的情况下，由直流微机监控装置远程控制将待核容模块进行全容量放电，其他模块在市电供电下正常工作。

（5）均流技术。并联电池采用数字化主从式平均电流法实现各模块分担相等的负载电流，通过数字化控制，调整各模块的输出电压，从而调整输出电流，达到电流均分目的。采用 $n+1$ 冗余，电源系统可靠性高，每个监控系统监控的模块数多，均流精度高且无振荡现象。

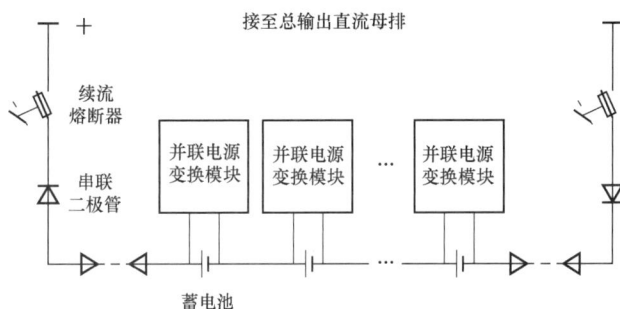

图 6 - 32　并联型直流电源系统串联电池组续流原理

## 6.3.2　直流守护电源系统

### 1. 基本原理

电力用直流守护电源系统由充电装置、蓄电池组、馈出回路、监控装置、绝缘监测装置和蓄电池守护装置等组成（图 6 - 33），其主接线方式和运行模式与传统的电力用直流电源设备相同，与传统电力用直流电源设备的差别是：①充电装置具有高低电压穿越功能；②增加了蓄电池守护装置。

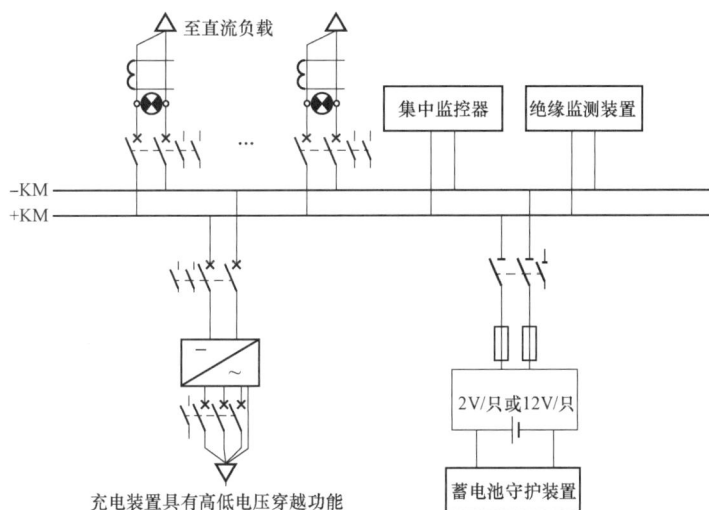

图 6 - 33　电力用直流守护电源系统

蓄电池守护装置是由若干组双向 DC/DC 模块、蓄电池巡检仪和蓄电池管理单元组成，图 6 - 34 是以四组双向 DC/DC 模块为例的蓄电池守护装置及与蓄电池组的接线示意图，蓄电池组通过中间抽头被分为 1 号分组、2 号分组、3 号分组和 4 号分组共四个蓄电池分组，各个分组的蓄电池节数相等或相近，四个蓄电池分组分别与四组双向 DC/DC 模块一一对应。

### 2. 功能及特点

电力用直流守护电源系统是在传统的电力用直流电源设备的基础上增加了充电装置高低

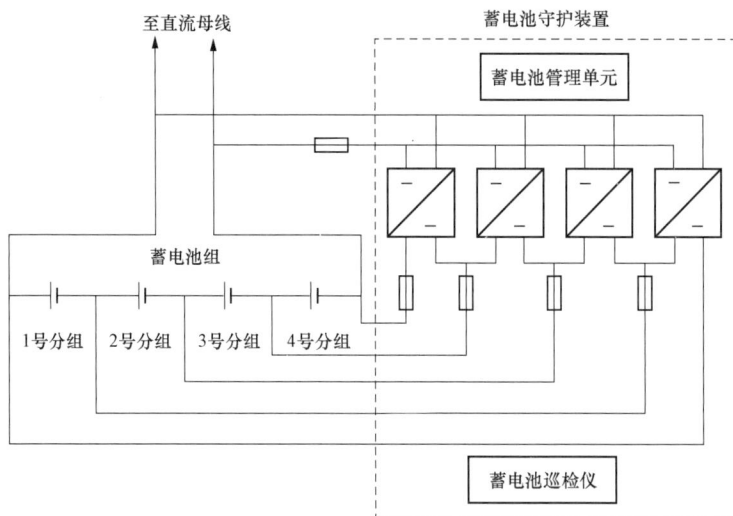

图 6-34  蓄电池守护装置组成及与蓄电池接线示意图

电压穿越功能和蓄电池守护装置。因此，电力用直流守护电源系统的功能是在保留传统的电力用直流电源设备功能（称为基本功能）的基础上新增了若干功能（称为新增功能）。

正常情况下，蓄电池守护装置处于热备用状态，电力用直流守护电源系统的运行模式和技术指标与传统的电力用直流电源设备完全相同，符合电力行业标准：DL/T 459《电力用直流电源设备》、DL/T 781《电力用高频开关整流模块》、DL/T 856《电力用直流电源和一体化电源监控装置》、DL/T 1074《电力用直流和交流一体化不间断电源》、DL/T 1392《直流电源系统绝缘监测装置技术条件》的规定。

电力用直流守护电源系统与传统的电力用直流电源设备相比，新增功能主要体现在以下几点：

（1）充电装置高低电压穿越功能。充电装置高低电压穿越区及各区域持续时间如图 6-35 所示，图中纵坐标为交流输入电压的百分比，横坐标为充电装置在各个区域持续输出额定电流的最小时间。其中输入电压共分为 4 个区域：$(20\%\sim40\%)U_N$、$(40\%\sim80\%)U_N$、$(80\%\sim120\%)U_N$、$(80\%\sim120\%)U_N$、$(120\%\sim130\%)U_N$，其中 $U_N$ 为额定值，$(80\%\sim120\%)U_N$ 为充电装置正常工作区。

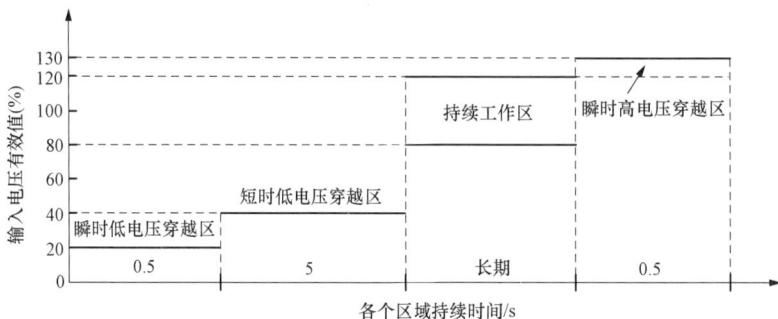

图 6-35  充电装置高低电压穿越区及各区域持续时间

（2）蓄电池在线自动核容功能。能实现蓄电池在线自动核容（含远程控制核容），适用于一组充电机一组蓄电池、二组充电机二组蓄电池等任何配置和任何等级的直流电源系统。

（3）为直流母线增加了三重保护功能，守护直流母线的安全。在传统的电力用直流电源设备的基础上，事故工况下为直流母线额外增加了三重保护功能：

1）蓄电池健康状态在线监测（浅放电）功能，根据蓄电池的电压变化判断蓄电池的放电能力，确保蓄电池运行于健康状态。

2）当前者失效、个别蓄电池故障时，无故障的蓄电池通过蓄电池守护装置自动为直流母线供电（多通道冗余供电）。

3）当前两者同时失效时，具有高低电压穿越功能的充电装置，在电网电压低至 $20\%U_N$、高至 $130\%U_N$ 时，仍能为继电保护的跳闸、切换等操作提供电能。

# 第7章　交直流电源运维设备

交直流电源运维设备主要包括交流电源绝缘故障查找装置、充电装置综合特性测试装置、蓄电池性能测试与防开路装置、保护电器性能测试装置、直流绝缘监测性能测试与接地故障查找装置。

## 7.1　交流绝缘故障查找仪

### 1. 功能和使用场景

交流绝缘故障查找仪通过钳形电流互感器测量交流回路漏电流，并根据漏电流测量值判断是否存在交流回路绝缘故障，主要用于站用交流电源系统绝缘故障查找。

交流绝缘故障查找仪能避免单相负荷电流、三相不平衡负荷电流的影响，并能满足共中性线回路绝缘故障查找需要。交流绝缘故障查找仪可查找相—地、相—相及中性线多点接地等绝缘故障，也可用于排除单相负荷一端接入二次接地网或直接接地等错误接线问题。

### 2. 关键指标

(1) 测量电流频率：50Hz、100Hz、150Hz、200Hz、250Hz。

(2) 柔性线圈测量电流范围：0~20A、精度≤50（1±1%）mA。

(3) 磁芯互感器测量电流范围：0~5A、精度≤50（1±1%）mA。

(4) 双机测量时差：≤±15$\mu$s/h。

(5) 双机矢量测量电流范围：0~40A、精度≤50（1±1%）mA。

(6) 通信距离：≤2km。

(7) 电源工作时长：≥8h。

### 3. 使用注意事项

在查找交流绝缘故障过程，应防止人身触电、交流电源系统短路或失电压、互感器二次开路。

## 7.2　充电装置综合特性测试仪

### 1. 功能和使用场景

充电装置综合特性测试仪可测试充电模块的稳压精度、稳流精度、纹波系数、电压整定误差、电流整定误差等。

充电模块特性测试仪主要用于充电模块的研发、出厂调试、现场验收及定期检验等的检测和试验。

### 2. 关键指标

(1) 工作电源：AC220（1±15%）V，AC380（1±10%）V。

（2）兼容 220V 与 110V 充电模块（其他电压等级可订制）。

（3）负载电流：50A（可扩展）。

（4）直流电压测量：0～300V；0.2%。

（5）直流电流测量：0～50A；0.5%。

（6）交流电压测量：0～500V；1%。

（7）峰波峰峰值测量：0～10V；1%。

（8）峰波有效值测量：0～10V；1%。

3. 使用注意事项

（1）设备不应置于不平稳的平台或桌面上，以防止仪器跌落受损。

（2）为保证工作可靠性，设备的通风散热处不应堵塞。

（3）使用过程中请保证设备外壳良好接地。

（4）使用过程中应防止异物掉入机箱内部，以免发生短路。

（5）不得在含有可燃性气体环境附近使用设备。

# 7.3 蓄电池组放电仪

1. 功能和使用场景

蓄电池组放电仪可对整组蓄电池进行核容放电，主要用于蓄电池组验收及定期核对性容量试验。在放电过程中，当蓄电组端电压、单体电池电压、放电时间或放电容量达到设定值时，放电仪将自动停止放电，并实时记录放电电流、整组电压及单体电池端电压，放电数据可导出。目前使用的蓄电池组放电仪基本是通过电阻丝/PTC 等发热，消耗蓄电池组的放电能量。

2. 关键指标

（1）直流电压：0～300V 或 0～150V；0.2%。

（2）直流电流：0～100A；1%。

（3）测试时间：0～12h；±1s。

（4）工作温度：-10～80℃；±1℃。

（5）保护性能：输入端过电压保护；电池电压极性反接保护；过电流保护；过热保护。LCD 提示，蜂鸣器告警。

（6）单体电压采集：采用射频无线模块，支持 2V/6V/12V 电池电压监测，无线模块支持多达 120 节。

（7）数据保存容量：不少于 32 组测试数据。

（8）工作环境散热：强迫风冷。

（9）工作环境噪声：<60dB。

3. 使用注意事项

（1）在放电测试过程中，操作人员不得离开现场。

（2）设备的规格应与电池组电压等级匹配，否则可能导致设备损坏。

（3）如发生过热、过电流或器件损坏，设备将发出故障报警，应立即停机检查，避免故障扩大，并与厂商联系。如因过热引发保护，则稍后再开机，并注意降温。

# 7.4 内 阻 测 试 仪

### 1. 功能和使用场景

蓄电池内阻测试仪可以在线检测单体电池的电压和内阻，能够根据设置自动判别是否超限，有效判断单体电池的优良状况。仪表同时具备测试数据的同步保存，查询、删除和导出功能。一般都有上位机软件，可对测试的数据通过图表等方式进行分析和显示，自动生成电池的检测报告，主要用于蓄电池的出厂调试、入网检测、现场验收及定期检验等。

### 2. 关键指标

（1）内阻测量：$0.000 \sim 100.000 \text{m}\Omega$；$5\%$。

（2）最小测量分辨率：内阻：$1\text{u}\Omega$；电压：$1\text{mV}$。

（3）电压测量：$0.000 \sim 25\text{V}$；$\pm 0.1\% \text{rdg} \pm 6\text{dgt}$。

（4）存储：不少于 4 组 120 节电池测量数据；具备测量数据的保存、读取和删除。

（5）测试后不应造成蓄电池间的不均衡度增加，被测蓄电池容量损失不大于 $0.0005 C_{10}$。

（6）每只电池每次测试时间应不大于 3s。

（7）测量连接条电阻（可选）。

（8）通信接口 USB 接口（可插接 U 盘）。

（9）采用可充电电池供电，连续工作时间不小于 5h。

### 3. 使用注意事项

（1）测试时注意表笔极性与电池极性（红正、黑负）请勿接反。

（2）测试单节蓄电池时，电池电压不应超限。

（3）测试时注意力度，保护好表笔探头的金属部分，避免造成测试误差增大。

（4）注意防潮，不要让磁芯头生锈或腐蚀。

（5）为保持仪器工作用蓄电池的最佳状态，建议定期给电池充电（每月一次）。

（6）充电器指示灯为红色时表示正在充电，当其为绿色时表示电池已经充满电。

# 7.5 活 化 仪

### 1. 功能和使用场景

蓄电池活化仪（$2 \sim 12\text{V}$）一体机适用于 2V、6V、12V 蓄电池，用于日常维护中对落后蓄电池活化或新电池不充电的便携式产品，它具有三种独立的使用方式：电池放电方式、电池充电方式和电池活化方式。可以针对落后电池不同的实际情况，对落后电池进行容量试验、低压恒流充电及循环多次充放电，以激活电池极板失效的活性物质，提升落后电池的容量。同时配备 PC 机应用软件，将采集的数据上传至计算机，便于进行各种分析。

### 2. 关键指标

（1）工作电源：AC220V。

（2）直流电压：0～15V；0.5％。

（3）直流电流：0～300A；1％。

（4）测试时间：0～15h；±1s。

（5）温度：－10～80℃；±1℃。

（6）显示方式：LCD 彩屏中文大字符，不小于 5in。

（7）数据记录间隔：根据数据变化阈值自动记录，并定时自动保存。

（8）数据保存空间：4MB，掉电不丢失。

（9）查询方式：仪器面板方式，可追溯查询每次放电测量数据及结果。

（10）计算机管理方式：可查询任意时刻活化状态、容量提升情况。

（11）对地绝缘：2kV/500MΩ。

（12）可闻噪声：＜45dB。

（13）通信串口：RS232。

3. 使用注意事项

（1）正负极不可接反，否则不仅不能进行充放电，而且可能烧坏整机。

（2）使用前，正确选择单体电池电压（2V、6V、12V）。

（3）启动机器后，确保仪器夹钳和蓄电池端子接触紧固。

（4）严禁蓄电池正、负极间短路。

（5）单次充放电时间一般不超过 24h。

（6）更换测试蓄电池时，应先关闭电源。

# 7.6　开路续流装置

1. 功能和使用场景

续流装置用于防止蓄电池组开路。一般在蓄电池组中每个单体蓄电池上并联安装续流装置，当发生任意一节电池开路时，续流装置的二极管等元件自动接通，保证蓄电池组能够为负荷提供连续不断的电源，防止因个体失电压造成整组蓄电池开路，导致继电保护、控制等装置拒动。

当发生蓄电池开路续流装置处于续流状态时，续流装置的监控模块自动出现黄灯告警，同时输出告警信号到后台，可实时告知工作人员蓄电池开路续流情况，以便工作人员及时处理蓄电池组异常故障。

续流装置可用于通信电源、站用直流电源、交流不间断电源等针对蓄电池带载能力要求较高的场所。

2. 关键指标

（1）最大平均工作电流：30A/50A/100A（根据事故放电平均电流选择）。

（2）最大峰值工作电流：800A。

（3）最大工作压降：1V（2V/100A 条件下）。

（4）最大泄漏电流：10μA。

（5）最高反向耐压：1200V。

（6）最低使用寿命：20年。

（7）续流间断时间：0ns。

（8）适用：2～12V等各种类型电池构成的电池组。

3. 使用注意事项

（1）安装前应注意极性和接线，做好个人防护，严禁带电操作。

（2）续流装置模块固定应可靠。

（3）续流装置模块机内有高压，不得随意拆卸。

（4）运送过程中应避免磕碰或严重撞击。

（5）日常储存及运行中均应注意防潮、防火。

（6）电源告警灯常亮后，经人工复位方可熄灭。

# 7.7 直流保护电器级差配合测试装置

1. 功能和使用场景

直流保护电器级差配合测试装置主要用于直流电源系统上下级保护电器之间的级差配合测量或验证，具有短路电流预估和短路模拟校验两种测试功能，全汉化图形界面，人机对话方式操作简单、方便，可显示短路电流、分断时间及开关分断特性曲线，能自动生成Word或Excel格式测试报告，方便用户使用和数据分析，具有"短通"延时、人工急停等多种保护模式，确保测试过程安全。

2. 短路电流预估法

如图7-1所示，在被测直流断路器负载侧连接可调电阻，产生小电流激励信号，测量测试点电压下降值。基于欧姆定律，计算出回路等效阻抗和测试点的短路电流值，结合直流断路器时间-电流特性判断直流断路器选择性情况。

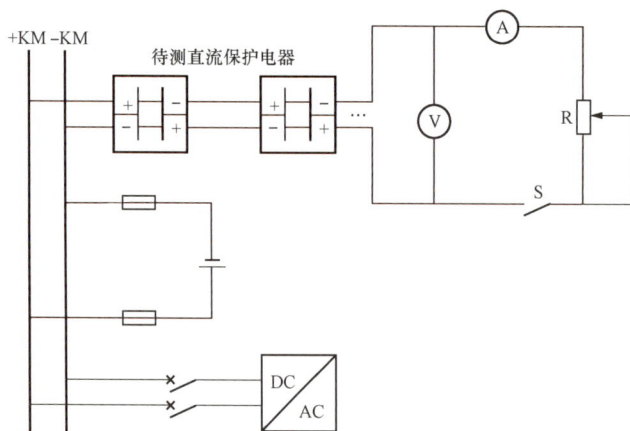

图7-1 短路电流预估法试验接线

3. 短路模拟校验法

如图7-2所示，在被测直流断路器负载侧模拟金属性短路故障，记录短路电流值、分断时间,观察本级直流断路器动作情况及上级直流断路器是否出现越级跳闸。

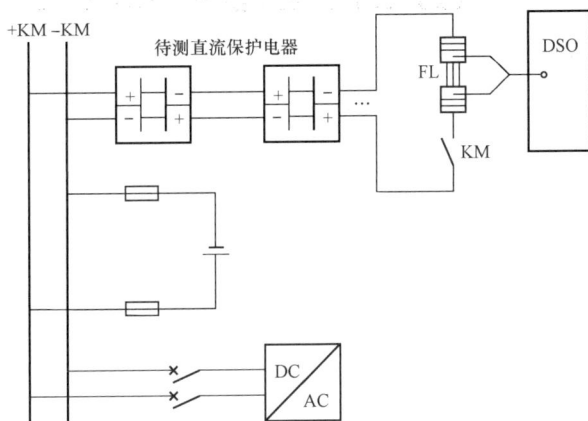

图 7 - 2 短路模拟校验法试验接线

直流保护电器级差配合测试装置适用于变电站、换流站、发电厂及其他电力工程中直流电源系统保护电器级差配合现场验收、选型校验等。

4. 关键指标

(1) 工作电源:AC220(1±15%) V。

(2) 电压等级:DC110V、DC220V。

(3) 电压采集范围:0～300V。

(4) 电压测量精度:≤±0.2%。

(5) 预估测试电流测量范围:0～50A。

(6) 预估测试电流测量精度:≤±0.5%。

(7) 短路电流测量范围:0～2000A。

(8) 短路电流预估精度:≤±10%。

(9) 录波分辨率:8 位。

5. 使用注意事项

(1) 现场进行直流系统级差配合试验应选择在新建变电站、发电厂投运前或发电厂检修期间,直流电源系统图纸等相关技术资料齐全,直流电源系统为辐射型网络供电且在正常运行。

(2) 级差配合试验一般采取抽测的方法,选择"一对多"回路、不同层级、不同型号等具有代表性的直流断路器进行测试。

(3) 直流保护电器级差配合试验尤其是采用短路模拟校验测试方法时,建议仅在负荷终端处直流断路器进行。

(4) 试验接线时应注意正负极性,严禁接反。

(5) 现场进行直流保护电器级差配合试验时应先采用小电流预估法进行试验,根据预估电流大小判断试验风险,再决定是否采用短路模拟校验法开展级差配合试验。

## 7.8 直流断路器安秒特性测试仪

1. 功能和使用场景

直流断路器安秒特性测试仪主要用于直流电源系统直流断路器的动作特性（安秒特性）测试。具有直流断路器过载保护、短路（瞬动）保护动作（时间－电流）特性测试、曲线绘制及查看功能；一般为具有友好的人机对话界面，每步操作均有提示及确认，同步显示动作电流波形和幅值，保护动作告警提示；具备完善的输入缺相、过热保护，测试回路开路保护和限流、限时保护功能，可手动中断、暂停与恢复动作特性测试。设备一般配置有管理系统，对测试数据和动作波形进行储存、查询、分析与管理，自动生成 Excel 格式（或方便转成 Excel 格式）测试报告，方便数据共享和用户使用。

直流断路器安秒特性测试仪适用于变电站、换流站、发电厂及其他电力工程中，厂站用电源系统直流断路器的动作特性测试。

2. 关键指标

（1）工作电源：AC380(1±20％) V 或 220(1±20％) V。

（2）额定电压：DC110V、220V。

（3）连续工作时间：最大输出直流电流时，不小于 1s；30％最大输出直流电流时，不小于 120min。

（4）时间常数可调范围：2～5ms。

（5）录波采样率：不低于 20MHz（短路保护试验时）。

（6）波形时间测量：0.05～1ms/div；0.2％。

（7）波形幅度测量：1mV/div～10V/div；1％。

（8）过载时间测量：0～120min；±1s。

（9）通信接口：USB、RS232 或 RS485 标准接口。

3. 使用注意事项

（1）安秒特性试验一般采取抽测方式，选择不同厂家、不同型号等具有代表性的直流断路器进行测试。

（2）试验接线时应注意正负极性，严禁接反。

（3）测试间隔时间设置合理，以保证直流断路器充分冷却。

## 7.9 绝缘监测装置校验仪

1. 功能和使用场景

绝缘监测装置校验仪主要用于校验直流电源系统绝缘监测装置的功能与技术参数，可模拟直流系统各种接地故障，如单点接地、多点接地、两极接地、交流窜入直流系统接地及两套直流系统互窜故障，还可输出直流系统对地电容及直流馈线对地电容，以校验绝缘装置接地故障告警、选线功能与对地电容对绝缘装置性能的影响等。

绝缘监测装置校验仪可对绝缘装置的直流母线电压、正负极对地电压、对地交流电压、对地电容、对地绝缘电阻等参数测量精度进行校验，可用于绝缘装置的研发、出厂调试、入网检测、现场验收及定期检验等多种场所。

2. 关键指标

(1) 工作电源：AC220(1±10％) V。

(2) 直流电源输出：0V 和 20～250V 持续可调，最大输出电流为 1000mA。

(3) 电压精度：≤1％。

(4) 纹波系数：≤1％。

(5) 交流电源输出：50V/110V/220V 可选择，最大输出电流为 500mA。

(6) 正负极绝缘电阻整定：0～1000kΩ，步长为 1kΩ。

(7) 平衡桥电阻整定：0～1000kΩ，步长为 1kΩ。

(8) 电阻精度：≤1％。

(9) 支路±极对地分布电容：0.1～10.9μF，步长为 0.1μF。

(10) 系统±极对地分布电容：10～100μF，步长为 10μF。

(11) 电容精度：≤5％。

3. 使用注意事项

(1) 在校验仪输出状态下，插、拔端子时要防止触电和短路。

(2) 用于现场验收和定期检验时，严禁校验仪与现场直流电源系统发生电气连接。

(3) 使用前，应先关闭绝缘装置电源，并脱离直流电源系统后，再接入绝缘装置校验仪。

## 7.10　直流接地查找仪

1. 功能和使用场景

直流接地查找仪也叫便携式直流接地检测仪、直流接地故障定位仪、接地故障测试仪等，一般由信号发生系统和便携寻测装置（含开口式采样钳等配件）两部分构成，可检测直流电源系统对地绝缘状况，在不断电情况下查找直流系统中交流窜入直流接地（不具备交流窜电查找功能的不得用来查找交流窜电故障）、单点接地、单极多点接地、两极接地、蓄电池接地、直流环网等接地故障点。

直流接地查找仪按检测方法分为直流差值法和交流低频法，原理上都是通过信号发生系统将直流接地查找仪的专用信号接入直流系统，再通过开口式专用采样钳，分别钳在被测直流支路上，根据感应到的相应电流差值信号来判别该支路有无接地故障及接地方向。其中直流差值法主要通过周期性投切定值检测电阻，使直流接地故障支路的电流不平衡度（漏电流）产生相应变化，根据检测到的馈线回路状态来定位接地故障点；交流低频法通过外部信号源或交变电阻产生交流检测信号，从而利用已知频率和振幅的正弦交流低频激励信号，对比接地故障支路检测信号来定位接地故障点。为降低对原系统的影响，目前接地查找仪基本上采用直流差值法。

直流接地查找仪多用于于变电站、换流站、发电厂等直流系统未安装绝缘监测装置，或装置功能失效，不能通过拉路法来准确查找直流系统接地点的多种场所。

2. 关键指标

(1) 220V 直流电源系统允许波动范围：180～286V。

(2) 110V 直流电源系统允许波动范围：90～143V。

(3) 220V 直流电源系统投切的检测电阻值：≥50kΩ。

(4) 110V 直流电源系统投切的检测电阻值：≥30kΩ。

(5) 正弦交流低频激励信号：峰值≤10V，频率≤5Hz。

(6) 故障定位报警响应时间：≤20s。

(7) 接地电阻检测范围：0～100kΩ。

(8) 接地电阻检测准确度：≤2(1+10%) kΩ。

(9) 信号功率：≤0.2W。

(10) 检测电阻功率：≥10W。

(11) 抗系统对地总电容干扰：≤100μF。

(12) 抗馈线支路对地电容干扰：≤5μF。

3. 使用注意事项

(1) 使用前应检查接地查找仪自身绝缘情况，避免发生次生短路或接地。

(2) 使用前应切除直流母线上其他运行绝缘监测仪，使系统脱离绝缘监测装置平衡桥，避免产生干扰。

(3) 信号发生系统宜接入蓄电池组端处提供工作电源。

(4) 装置绝缘强度应不低于被侧系统。

(5) 接地检测过程中引起的直流对地电压波动不得大于额定电压的 10%。

(6) 接地查找仪信号发生器各连线接入直流系统后，应先检查正确性，再开机。

(7) 检测前应确认接地故障查找仪装置自检及功能测试正常。

(8) 如信号接收器使用电池，则应检查仪器电量充足。

(9) 检测时不要用手握钳表，应让钳表处于静止状态，以免影响检测准确。

(10) 检测时应注意馈线端子松紧度，避免造成导线脱落。

(11) 使用时应注意避免造成信号接收器卡钳弯曲变形。

(12) 钳表和信号接收器长期不用应及时关闭电源。

(13) 接地查找结束后拆除连线，恢复原直流系统接地平衡桥。

# 7.11  示  波  器

1. 功能和使用场景

示波器是一种用途十分广泛的电子测量仪器。它能把肉眼看不见的电信号变换成看得见的图像，便于人们研究各种电现象的变化过程。示波器利用狭窄的、由高速电子组成的电子束，打在涂有荧光物质的屏面上，就可产生细小的光点。在被测信号的作用下，电子就好像一支笔的笔尖，可以在屏面上描绘出被测信号的瞬时值的变化曲线。利用示波器能观察各种不同信号幅度随时间变化的波形曲线，还可以用它测试各种不同的电量，如电压、电流、频率、相位差、调幅度等。

2. 关键指标

（1）测量通道：≥2。

（2）扫描频率：≥20MHz。

（3）电压测量：500VAC/VDC。

（4）电流探头：10A/100A。

（5）电压探头：X1/X10。

3. 使用注意事项

（1）在测量过程，应防止触电和造成交直流电源系统短路或失电压。

（2）在测量过程，应防止造成直流电源系统接地故障。

# 参 考 文 献

［1］赵宗营，石绪东．变电站站用交流电源系统设计与分析［J］．光源与照明，2023．

［2］全国输配电技术协作网直流电源系统专业技术委员会．直流电源系统典型案例分析［M］．北京：中国电力出版社，2017．

［3］国网黑龙江省电力有限公司运维检修部．变电站直流电源系统全过程精益化管理［M］．北京：中国电力出版社，2017．